人力資源管理

沈遠平 編著

財經錢線

前　言

　　本書專為公開教育的人力資源管理專業編寫，適用於公開教育管理學科各專業的學習者。根據公開教育的特點，本書的編寫目的是，一方面使學習者瞭解和熟知人力資源管理的基本理論和原理，另一方面注重提高學習者人力資源管理實務的操作應用能力。本書分為十章，主要內容包括：人力資源管理基本概念、工作分析與職位評價、人力資源規劃、人員招聘與人事測評、人力資源培訓與開發、職業管理、績效管理與績效評估、激勵理論與實踐、薪酬管理與薪酬設計、勞動關係管理。本書的特點是理論知識闡述簡明扼要、通俗易懂，實務操作訓練簡便易學、實用有效；在教學方法上引入案例分析學習法，著力提高學習者思辨能力和實際運用能力；在每章的結構上以引導案例開篇，以主題理論和原理為中心，以案例分析練習結束，並設計以章節主題內容為導向的思考題和練習，以幫助學習者將所學知識內化，成為自己的心得和體驗。

　　本書由沈遠平教授組織編寫，並負責全書的體系框架設計、提綱編寫、全書統稿以及修改、審稿定稿等工作；江曉黎、楊思思參與了本書的起草編寫，江曉黎起草編寫了第一、二、三、四、五章，楊思思起草編寫了第六、七、八、九、十章。劉進老師、劉春江老師、索學芳老師參與全書審稿工作。

　　本書編寫時間比較倉促，編者水準有限，錯誤和疏漏在所難免，請廣大讀者批評指正。

編者

目 錄

第一章 人力資源管理概述 (1)
第一節 人力資源管理的含義和特點 (2)
一、人力資源的內涵 (2)
二、人力資源管理的含義與目標 (4)
三、人力資源管理的特點與作用 (6)
第二節 現代人力資源管理理論與發展 (10)
一、人事管理與現代人力資源管理 (10)
二、現代人力資源管理理論的發展 (12)
三、人力資源管理面臨的挑戰 (18)
第三節 戰略人力資源管理 (20)
一、戰略人力資源管理概述 (20)
二、戰略人力資源管理的理論與內容 (23)
三、戰略人力資源管理體系 (26)

第二章 工作分析與職位評價 (30)
第一節 組織結構設計 (31)
一、組織結構的基本概念 (31)
二、組織結構的基本類型 (33)
三、如何設計一個富有彈性的組織結構 (39)
第二節 工作分析 (43)
一、工作設計 (43)
二、工作分析概述 (46)
三、工作分析的基本方法 (49)
四、工作分析的實施過程與管理 (55)
第三節 職位說明與職位評價 (59)
一、職位說明書 (59)
二、職位評價 (62)
三、職位評價方法 (65)

第三章　人力資源規劃 ……………………………………………… (72)

第一節　人力資源規劃概述 ………………………………………… (73)
一、人力資源規劃的含義 ……………………………………… (73)
二、人力資源規劃的主要內容 ………………………………… (74)
三、人力資源規劃的目標與作用 ……………………………… (77)

第二節　人力資源需求與供給的預測 ……………………………… (79)
一、人力資源需求預測 ………………………………………… (79)
二、人力資源供給預測 ………………………………………… (83)
三、人力資源供需平衡 ………………………………………… (87)

第三節　編製人力資源規劃的程序 ………………………………… (88)
一、規劃前的準備工作 ………………………………………… (88)
二、確定人力資源規劃方案 …………………………………… (90)
三、人力資源規劃的具體步驟 ………………………………… (90)

第四章　人員招聘與人事測評 ……………………………………… (93)

第一節　員工招聘概述 ………………………………………………… (94)
一、員工招聘的基本概念 ……………………………………… (94)
二、員工招聘的原則 …………………………………………… (96)
三、員工招聘的主要程序 ……………………………………… (97)

第二節　招聘渠道與招聘管理 ……………………………………… (100)
一、招聘渠道 …………………………………………………… (100)
二、招聘計劃的制訂與實施 …………………………………… (102)
三、招聘評估 …………………………………………………… (106)

第三節　人員甄選與人事測評 ……………………………………… (108)
一、人員素質測評 ……………………………………………… (108)
二、選拔工具的可靠性與有效性 ……………………………… (110)
三、員工錄用測評的基本方法 ………………………………… (111)

第五章　人力資源培訓與開發 ……………………………………… (119)

第一節　人力資源培訓與開發概述 ………………………………… (120)

一、人力資源培訓與開發的概念 …………………………………（120）
　　二、人力資源培訓與開發的目的和作用 …………………………（122）
　　三、人力資源培訓與開發的主要方法 ……………………………（123）
　第二節　人力資源培訓需求分析 ………………………………………（126）
　　一、培訓需求分析概述 ……………………………………………（126）
　　二、培訓需求分析過程 ……………………………………………（128）
　　三、將培訓需求轉換為培訓目標 …………………………………（130）
　第三節　人力資源培訓的實施與評估 …………………………………（131）
　　一、培訓方案的設計 ………………………………………………（131）
　　二、培訓方案的實施 ………………………………………………（132）
　　三、培訓效果評估 …………………………………………………（134）

第六章　職業管理 …………………………………………………………（138）
　第一節　職業管理概述 …………………………………………………（139）
　　一、職業管理的有關概念 …………………………………………（139）
　　二、職業發展觀及其重要意義 ……………………………………（139）
　第二節　職業發展規劃 …………………………………………………（141）
　　一、職業發展規劃概述 ……………………………………………（141）
　　二、職業發展階段 …………………………………………………（142）
　　三、職業發展規劃設計與實施 ……………………………………（143）
　第三節　管理人員的職業管理 …………………………………………（145）
　　一、管理人員選拔的特殊性 ………………………………………（145）
　　二、管理人員的遴選 ………………………………………………（146）
　　三、管理人員的接班計劃 …………………………………………（150）

第七章　績效管理與績效評估 ……………………………………………（154）
　第一節　績效管理 ………………………………………………………（154）
　　一、績效管理概述 …………………………………………………（154）
　　二、績效管理的影響因素 …………………………………………（156）
　　三、績效管理的作用 ………………………………………………（157）
　　四、績效管理與人力資源管理各模塊之間的關係 ………………（158）

3

第二節　績效考核 …………………………………………… (158)
　　一、績效考核的基本概念 ………………………………… (158)
　　二、績效考核的內容 ……………………………………… (160)
　　三、績效考核的實施 ……………………………………… (162)
　　四、績效考核結果的應用 ………………………………… (163)
第三節　績效考核的辦法 …………………………………… (165)
　　一、排序法 ………………………………………………… (165)
　　二、配對比較法 …………………………………………… (166)
　　三、強制分佈法 …………………………………………… (166)
　　四、關鍵事件法 …………………………………………… (167)
　　五、量表法 ………………………………………………… (167)
　　六、關鍵績效指標法 ……………………………………… (169)
　　七、目標管理法 …………………………………………… (171)
　　八、平衡計分卡 …………………………………………… (172)
第四節　績效考核中的問題及對策 ………………………… (173)
　　一、績效考核中容易出現的主要問題 …………………… (173)
　　二、如何避免績效考核中的問題 ………………………… (175)

第八章　激勵理論與實踐 …………………………………… (178)
第一節　激勵的理論、類型和原則 ………………………… (179)
　　一、激勵理論的相關概念 ………………………………… (179)
　　二、動機概述 ……………………………………………… (180)
　　三、激勵概述 ……………………………………………… (181)
第二節　激勵理論 …………………………………………… (184)
　　一、內容型激勵理論 ……………………………………… (185)
　　二、過程型激勵理論 ……………………………………… (190)
　　三、調整型激勵理論 ……………………………………… (194)
　　四、綜合型激勵理論 ……………………………………… (197)
第三節　激勵的應用 ………………………………………… (199)
　　一、激勵的實施步驟 ……………………………………… (199)
　　二、激勵方式 ……………………………………………… (201)

第九章　薪酬管理與薪酬設計 ……………………………………（205）

第一節　薪酬理論概述 ………………………………………（206）
一、薪酬與報酬的基本概念 …………………………………（206）
二、薪酬管理 …………………………………………………（207）
三、激勵與薪酬管理 …………………………………………（208）

第二節　薪酬管理體系設計 …………………………………（210）
一、薪酬管理體系設計的基本原則 …………………………（210）
二、薪酬管理體系設計的模式 ………………………………（211）
三、薪酬管理體系設計的基本流程 …………………………（212）
四、薪酬體系設計應注意的幾個問題 ………………………（215）

第三節　激勵性薪酬與福利 …………………………………（216）
一、個人激勵薪酬 ……………………………………………（216）
二、群體激勵薪酬 ……………………………………………（218）
三、福利 ………………………………………………………（219）

第四節　薪酬制度 ……………………………………………（221）
一、薪酬制度的作用 …………………………………………（221）
二、薪酬制度的不同選擇 ……………………………………（222）
三、薪酬制度的實施與反饋 …………………………………（223）
四、企業各類人員薪酬的設計方法 …………………………（224）

第十章　勞動關係管理 ……………………………………………（228）

第一節　勞動關係概述 ………………………………………（228）
一、勞動關係的含義 …………………………………………（228）
二、勞動關係的法律特徵 ……………………………………（230）
三、勞動關係的基本內容 ……………………………………（230）
四、勞動關係的重要性 ………………………………………（230）
五、勞動人事法規政策 ………………………………………（231）

第二節　勞動者的地位與權益 ………………………………（232）
一、勞動者的地位 ……………………………………………（232）
二、勞動者的權利 ……………………………………………（232）

三、工會、職代會的地位和作用 ……………………………………（234）
第三節　勞動爭議及處理 …………………………………………………（235）
　　一、勞動爭議概述 …………………………………………………（235）
　　二、解決勞動爭議的基本原則 ……………………………………（235）
　　三、解決勞動爭議的途徑和方法 …………………………………（236）
　　四、勞動協商與談判 ………………………………………………（237）
第四節　勞動關係的熱點問題 ……………………………………………（238）
　　一、勞動保護與社會保障 …………………………………………（238）
　　二、懲處的公平 ……………………………………………………（239）
　　三、辭職與解雇 ……………………………………………………（239）
　　四、退休 ……………………………………………………………（240）

第一章　人力資源管理概述

學習目標

1. 瞭解人力資源與人力資源管理的基本概念
2. 熟悉人力資源管理理論的建立與發展
3. 熟悉人事管理與人力資源管理的區別與聯繫
4. 瞭解戰略人力資源管理的意義和作用

引導案例

東芝公司總裁土光敏夫與他的員工[①]

熱愛自己的員工是經營者之本。一個優秀的企業家，只有做到讓員工們認識到自己存在的價值和具備了充分的自信之後，才有可能做到與員工們產生內心的共鳴，事業才能迅猛發展。

土光敏夫使東芝企業獲得成功的秘訣是「重視人的開發與活力」。他走遍了東芝在全國的各公司、企業，有時甚至乘夜間火車親臨企業現場視察。有時，即使是星期天，他也要到工廠去轉轉，與保衛人員和值班人員親切交談，從而與員工建立了深厚的感情。他說：「我非常喜歡和我的員工交往，無論哪種人我都喜歡與他交談，因為從中我可以聽到許多創造性的建議，使我獲得極大收益。」

有一次，土光敏夫在前往東芝工廠時，正巧遇上傾盆大雨，但他趕到工廠後，下了車，不用雨傘，站在雨中和員工們講話，激勵大家，並且反覆地講述「人最寶貴」的道理，員工們很是感動。他們把土光敏夫圍住，認真傾聽他的每一句話。

熾熱的話語把大家的心連到了一起，使他們忘記了自己是站在大雨之中。激動的淚水從土光敏夫和員工們的眼裡流了出來，其情其景，感人肺腑。

講完話後，土光敏夫的身上早已濕透了。當他要乘車離去時，激動的員工們一下子把他的車圍住了，他們一邊敲著汽車的玻璃門，一邊高聲喊道：「社長，當心別感冒！保重好身體，更好地工作。您放心吧，我們一定會拼命地工作！」

面對這一切，土光敏夫情不自禁地淚流滿面，他被這些為了自己公司的興旺發達而拼搏的員工們的真誠所打動，他更加想到了自己的職責，更加熱愛自己的員工。

土光敏夫對人的管理方式是日本家族式管理的充分體現，也是東芝公司一直在行業中遙遙領先的原因之一。

問題：通過閱讀此案例，你對土光敏夫的人力資源管理方式有怎樣的感悟？

[①] 土光敏夫. 企業家反身管理 [OL]. http://baike.baidu.com/view/4198406.htm.

第一節　人力資源管理的含義和特點

一、人力資源的內涵

1. 人力資源的含義

從經濟學的理論來講，資源是指為創造財富而投入到生產活動中的一種要素，它可以分為五類：自然資源、資本資源、信息資源、時間資源、人力資源。人力資源是指一般可以用於生產活動的、一定範圍內人口總體所具有的勞動能力的總和。人力資源是最重要的資源之一，是生產活動中最活躍的因素，其他各種資源只有在人力資源的主導作用下，才能被賦予活力，才能創造財富。

「人力資源」這一概念最早由美國著名管理學者德魯克在他的《管理的實踐》(1945)一書中提出。他指出：「和其他所有資源相比，人力資源唯一的區別就是它是人」，人力資源擁有其他資源所沒有的素質，即「協調能力、融合能力、判斷力和想像力」。而且，「人對自己是否工作擁有完全的自主」——經理們可以利用其他資源，但是人力資源只能自我利用。因此，人力資源是一種特殊的資源，它必須通過有效的激勵機制才能被開發利用，為企業創造經濟價值。

德魯克提出的這一概念隨後被管理學界、企業界所接受，雷西斯·列科及內貝爾·埃利斯等學者也從多個角度對人力資源的內涵分別進行了界定。本書綜合各主要觀點認為：人力資源是指能夠推動整個經濟和社會發展的、具有智力勞動和體力勞動能力的人的總和。

由於人力資源是一個內涵相當豐富的概念，為了便於理解，我們可以從以下五個方面對這一概念進行把握：

(1) 人力資源的本質在於人是一定體質、智力、知識與技能即腦力與體力的總和；

(2) 人的體力和智力是人力資源基礎性的內容；

(3) 人的勞動能力必須能為社會創造價值，是社會財富形成的源泉；

(4) 人力資源所包含的能力是為社會創造正向價值的能力，也就是說，這種創造價值的能力必須為社會所接受；

(5) 人力資源所包含的能力能夠以一定的數量和質量表示出來。

人力資源的數量是指一定範圍內可以投入勞動運行的人口數量，包括有勞動能力的在職及非個人原因暫時失業的人口。人力資源的質量是指一定範圍內（國家、地區、企業等）的勞動力的素質的綜合反應，具體包括體質、智力、知識、技能和勞動意願等。

對人力資源概念的把握是理解、實施人力資源管理的基礎。另外，我們還必須明確一點，那就是不同類別的人力資源價值不同，在招聘、選拔、培訓、薪酬等工作上的成本也不同，所以除了正確理解人力資源的概念之外，我們還必須瞭解人力資源的分類，這也是人力資源管理與開發的基礎性工作之一。

2. 人力資源的特點

人力資源是一種特殊而又重要的資源，是各種生產力要素中最具有活力和彈性的部分，是社會生產最基本的要素，具有以下基本特徵：

（1）人力資源的生物性。與其他任何資源不同，人力資源屬於人類自身所有，存在於人體之中，是一種「活」的資源，與人的生理特徵、基因遺傳等密切相關，具有生物性。

（2）人力資源的時代性。人力資源的數量、質量以及人力資源素質的提高，即人力資源的形成，受時代條件的制約，具有時代性。

（3）人力資源的能動性。人力資源的能動性是指人力資源是人的體力與智力的結合，具有主觀能動性和不斷開發的潛力。人力資源的能動性，主要表現在三個方面：

①自我強化：人類的教育和學習是人力資源自我強化的主要手段。人們通過正規教育、非正規教育和各種培訓努力學習理論知識和實際技能，刻苦鍛煉意志和身體，使自己獲得更高的勞動素質和能力，這就是自我強化過程。

②選擇職業：在市場經濟中，人力資源主要靠市場來調節。人作為勞動力的所有者，可以自主擇業。選擇職業的過程也是人力資源主動與物質資源結合的過程。

③積極勞動：敬業、愛崗、積極工作、創造性勞動，這是人力資源能動性的最主要方面，也是人力資源發揮潛能的決定因素。

（4）人力資源的動態性。由於人作為生物有機體，有其生命週期，能從事勞動的自然時間被限制在生命週期的中間一段，人的勞動能力隨著時間而變化，在青年、壯年、老年各個年齡組的人口的數量及其相互聯繫，特別是「勞動人口與被撫養人口」比例，都是不斷變化的。因此，必須研究人力資源形成、開發、分配和使用的動態性。

（5）人力資源的再生性。人力資源是可再生資源，通過人類總體內各個個體的不斷替換更新和勞動力的「消耗—生產—再消耗—再生產」的過程實現其再生。人力資源的再生性除了受生物規律支配外，還受到人類自身意識、意志的支配，以及人類文明發展活動的影響、新技術革命的制約。

（6）人力資源的社會性。與物質資源相比，人力資源的社會性和群體性是其最本質的屬性，這種性質不但體現在人力資源的形成、發展與變化上，而且還體現在人力資源的作用成果上。人力資源的社會性主要體現在人力資源發揮作用的過程中，它們一般都存在於不同的勞動群體中，而這種群體性的特徵就構成了人力資源社會性的基礎。其影響因素主要有人類特定的生產方式和生存條件、社會經濟條件和其他社會因素等。所以，從本質上講，人力資源是一種社會資源，應當歸整個社會所有，而不僅僅歸屬於一個具體的社會經濟單位。

3. 人力資源的經濟作用

在當今時代，隨著經濟一體化、全球化、知識化趨勢的不斷加強，人力資源日益成為現代經濟發展的重要因素，人才的作用在全球綜合國力競爭中越來越具有決定性的意義。

（1）人力資源是企業興盛之本。任何企業都擁有三種資源：一是物力資源；二是財力資源；三是人力資源。一般來說，雖然物力資源和財力資源是衡量企業的重要的

有形尺度，但是它具有有限性的特點。而人力資源正好與之相反，它是一種無形資源，具有相對的無限性，是可再生的資源。企業可以通過教育、培訓和開發等活動提高人力資源的品質，增加人力資源的數量，用人力資源代替非人力資源，從而減輕企業發展過程中非人力資源稀缺的壓力。從企業的生產經營過程看，人力資源是物力資源和財力資源的黏合劑。企業效益的高低取決於人力資源對非人力資源黏合的強度和效用。企業只有提高人力資源的素質，對人力資源進行合理有效的管理，調動勞動者的積極性，這種黏合的強度和效用才能提高，企業的效益才能提高，企業也才能長盛不衰。

（2）人力資源是經濟增長的決定因素。經濟增長是指國民生產總值或國內生產總值在量上的擴張，它由三個要素構成，即資本、勞動力、技術進步。而資本又分為物質資本和人力資本，我們能夠看到人力資源在資本、勞動力和技術進步中所起的作用。人力資本、勞動力、技術進步分別是人力資源不同側面的表現，其量的多少、質的高低取決於人力資源的數量及素質，尤其是人力資源的素質，包括勞動者的勞動態度、工作質量、創新能力、獨立工作能力、動手解決問題能力、自學能力、知識水準等，可將其歸納為精神素質、文化素質、技能素質。也可以說，高素質的勞動者是企業的寶貴財產，人力資源的素質高低決定了產品的質量優劣和勞動生產率的高低，以及投入與產出的比例。因此，人力資源數量與質量的不斷提升和發展直接推動著自然物質資源及資本資源的不斷更新和發展，進而推動著整個社會經濟的增長和發展，是經濟增長的主要決定因素。

（3）人力資源是可持續發展的決定因素。可持續發展的核心是生態持續、經濟持續和社會持續三者的統一，它取決於社會活動的主體——人，即人類對可持續發展的認識態度，提高人的素質是實現可持續發展的關鍵。在自然資源約束、環境保護、人與自然和諧的要求下，所消耗的只能是高品質的人力資源，需要用人的聰明才智來調節上述三者的關係以達到平衡。

二、人力資源管理的含義與目標

1. 人力資源管理的含義

現在的企業管理者已逐漸意識到人力資源與企業組織本身所面臨的問題之間有著很大的關係。例如，許多企業組織都面臨以下兩方面的問題：

（1）人力資源成本——不少管理者認識到有效的管理不僅是管理財力和物力，更要通過人力資源管理有效地降低人力資源的使用成本。

（2）效率——面對其他企業和國家的競爭，提高效率是保證自身競爭優勢的重要條件，而該條件的促成，離不開對人力資源的管理。

所以，企業的衰亡主要是由於不能合理地選才、用才、育才和留才，以至於不能建立和保持一個有效率、有活力的員工隊伍。這一結論是對人力資源重要性的論證，也為當代企業管理與發展指明了方向——人力資源管理。

人力資源管理，就是指運用現代化的科學方法，對與一定物力相結合的人力進行合理的培訓、組織和調配，使人力、物力經常保持最佳比例，同時對人的思想、心理和行為進行恰當的誘導、控制和協調，充分發揮人的主觀能動性，使人盡其才、事得

其人、人事相宜,以實現組織目標。現代企業中的人力資源管理,主要具有以下五種基本功能:

(1) 獲取。根據企業目標確定所需的員工條件,通過規劃、招聘、考試、測評、選拔來獲取企業所需人員。

(2) 整合。通過企業文化、信息溝通、人際關係和諧、矛盾衝突的化解等有效整合,使企業內部的個體、群眾的目標、行為、態度符合企業的要求和理念,使之形成高度的合作與協調,發揮集體優勢,提高企業的生產力和效益。

(3) 保持。通過薪酬、考核、晉升等一系列管理活動,保持員工的積極性、主動性、創造性,維護勞動者的合法權益,保證員工擁有安全、健康、舒適的工作環境,以增進員工滿意感,使之安心滿意地工作。

(4) 評價。對員工工作成果、勞動態度、技能水準以及其他方面做出全面考核、鑒定和評價,為做出對員工相應的獎懲、升降、去留等決策提供依據。

(5) 發展。通過員工培訓、工作豐富化、職業生涯規劃與開發,促進員工知識、技巧和其他方面素質提高,使其勞動能力得到增強和發揮,最大限度地實現其個人價值和提高其對企業的貢獻率,達到員工個人和企業共同發展的目的。

2. 人力資源管理的目標

人力資源管理目標是指企業人力資源管理需要完成的職責和應該達到的績效。人力資源管理既要考慮組織目標的實現,又要考慮員工個人的發展,強調在實現組織目標的同時實現個人的全面發展。

人力資源管理目標包括全體管理人員在人力資源管理方面的目標任務,以及專門的人力資源管理部門的目標與任務。顯然,兩者有所不同,屬於專業的人力資源管理部門的目標任務不一定是全體管理人員的人力資源管理目標與任務,而屬於全體管理人員承擔的人力資源管理目標任務,一般都是專業的人力資源管理部門應該完成的目標任務。

無論是專門的人力資源管理部門還是其他非人力資源管理部門,進行人力資源管理的目標與任務主要包括以下三個方面:

(1) 保證組織對人力資源的需求得到最大限度的滿足;

(2) 最大限度地開發與管理組織內外的人力資源,促進組織的持續發展;

(3) 維護與激勵組織內部人力資源,使其潛能得到最大限度的發揮,使其人力資本得到應有的提升與擴充。

從管理理論和人力資源管理的發展歷史來看,不同時期的人力資源管理目標是不同的,而且人力資源管理目標是緊緊圍繞管理理論的核心而建立的。隨著人們對人性認識的不斷深化,從人事管理到人力資源管理的進步,人力資源管理的目標也逐漸完善和清晰。歸納起來,目前人們對人力資源管理目標的認識有以下幾點:

首先,加強了對人和事的研究,例如工作分析、編寫職位說明書、開展人事測評,將人與事有機地結合起來,建立員工招聘和選拔系統,以獲得最符合組織需要的員工。

其次,建立完整的培訓體系,通過各種培訓活動,最大化發掘每個員工的潛質,既服務於組織的目標,也確保員工的事業發展和個人的尊嚴,重視員工的職業生涯發

展規劃，爭取員工與組織共同發展。

再次，建立績效管理體系，通過績效評估，保持那些通過自己的工作績效幫助組織實現組織目標的員工，同時建立激勵機制，幫助那些潛力尚未發揮的員工創造出應有的績效；同時通過績效評估，幫助那些無法對組織提供幫助的員工找到合適的位置。

再其次，就是建立公平、公正的薪酬體系和獎懲機制，使員工的工作價值真正得到體現。

最後，確保組織遵守政府關於人力資源管理方面的法規和政策。

3. 人力資源管理的任務

人力資源管理關心的是「人的問題」，其核心是認識人性、尊重人性，強調現代人力資源管理「以人為本」。對一個組織來講，主要關心人的本身、人與人的關係、人與工作的關係、人與環境的關係、人與組織的關係等。

目前比較公認的觀點是：現代人力資源管理就是獲取、整合、保持激勵、控制、調整及開發的過程。換句話講，人力資源管理主要包括求才、用才、育才、激才、留才等工作任務。

具體說來，現代人力資源管理主要包括以下具體的工作任務：

（1）制訂人力資源計劃；
（2）人力資源成本會計工作；
（3）崗位分析和工作設計；
（4）人力資源的招聘與選拔；
（5）雇傭管理與勞資關係；
（6）入職教育、培訓和發展；
（7）工作績效考核；
（8）幫助員工職業生涯發展；
（9）工資報酬管理；
（10）員工福利管理；
（11）保管員工檔案。

三、人力資源管理的特點與作用

1. 人力資源管理的特點

根據人力資源的特徵，對人力資源的開發和管理不同於對其他資源的開發和管理。在人力資源開發和管理上，其意義要從兩個方面來理解：

一方面，人力資源外在要素——量的管理。對人力資源進行量的管理，就是根據人力和物力及其變化，對人力進行恰當的培訓、組織和協調，使二者經常保持最佳比例和有機的結合，使人和物都充分發揮出最佳效應。

另一方面，對人力資源內在要素——質的管理。質的管理是對人的心理和行為的管理。就人的個體而言，主觀能動性是積極性和創造性的基礎，而人的思想、心理活動和行為都是人的主觀能動性的表現。就人的群體而言，每一個個體的主觀能動性，並不一定都能形成群體功能的最佳效應。只有群體人員在思想觀念上一致、在感情上

融洽、在行動上協作，才能使群體的功能等於或大於每一個個體功能的總和。

人力資源開發與管理，作為一個學科，具有以下幾個明顯的特點：

（1）綜合性。人力資源開發與管理是一門相當複雜的綜合性的科學，需要綜合考慮各種因素，如經濟因素、政治因素、文化因素、組織因素、心理因素、生理因素、民族因素、地緣因素等。從學科上來講，它涉及經濟學、社會學、人類學、心理學、人才學、管理學等多門學科。

（2）實踐性。人力資源開發與管理成為一門學科，僅僅是最近二三十年的事情，它是現代社會化大生產高度發達、市場競爭全球化和白熱化的產物，其主要理論誕生於發達國家。人力資源開發與管理的理論，來源於實際生活中對人力進行管理的經驗，是對這些經驗的概括和總結，並反過來指導實踐，接受實踐的檢驗。

（3）發展性。人力資源管理，實際上就是現代人事管理，是在人事管理發展的基礎上建立起來的。人力資源管理在管理的觀念和實踐上都有飛躍的發展，但還需要繼續探索和完善。

（4）民族性。人的行為深受其思想觀念和感情的影響，而人的思想感情無不受到民族文化傳統的制約。因此，人力資源開發和管理帶有鮮明的民族特色。隨著全球經濟的發展，人力資源管理中民族性的特點越來越突出，怎樣對來自不同國家（地區）的員工進行管理已經成為當前人力資源管理的重要課題。

（5）社會性。作為宏觀文化環境的一部分，社會制度是民族文化之外的另一重要因素。現代經濟是社會化程度非常高的經濟，在影響勞動者工作積極性和工作效率的諸多因素中，生產關係（分配制度、領導方式、勞動關係、所有制關係等）和意識形態是兩個重要的因素，而它們都與社會制度密切相關。

2. 人力資源管理的職責

通過前面對人力資源管理目標和任務的分析，我們可以得出這樣一個概念：人力資源管理是每一位管理者工作的一個組成部分，每一位管理者都負有人力資源管理的職責。無論你是處在哪個層級上的管理者，無論你是直線管理者還是職能管理者，你都要通過對人的管理來達成工作目標。在人力資源管理方面，他們都要參與招募、面談、甄選、培訓、績效考核等人事管理活動。一般大型企業組織都設有專門的人力資源管理部門。人力資源管理部門的管理者與組織內其他部門的管理者在人力資源管理方面所承擔的責任和職能是不同的。因此，每一位管理者都應該明白自己的人力資源管理職責。

（1）直線職權與職能職權

職權是指做出決定、指揮他人工作以及發布命令的權力。在管理中，我們通常把直線職權與職能職權劃分開來。

直線管理者：擁有直線職權的管理者屬於直線管理者。他們被授權指揮下屬的工作，負責實現組織的基本目標。

職能管理者：擁有職能職權的管理者屬於職能管理者。他們被授權以指導、協助和建議的方式支持直線管理者去實現這些基本目標。

每一位管理者都具有人力資源管理的職責，在直線管理與職能管理之間，以及人

力資源管理部門的人員的人力資源管理職責是不同的，但他們又要相互配合形成組織中人力資源管理的整體。

（2）直線管理與職能管理中的人力資源管理

人力資源管理的主要職能和實踐活動可以歸納為四個方面：錄用、保持、發展和調整。在人力資源管理的四個主要方面，直線管理者和職能管理者各自所承擔的責任和職能可以歸納為表1-1[①]：

表1-1　　　　直線管理者與職能管理者在人力資源管理中的分工

職能	直線管理者的責任和職能	職能管理者的責任和職能
錄用	提供工作分析、工作說明和最低合格要求的資料，使各個部門的人事計劃與戰略計劃相一致。對工作申請人進行面試，綜合人事部門收集的資料，做出最終的錄用決定。	工作分析、人力資源計劃、招聘、準備申請表、組織筆試和面試、核查背景情況和推薦資料、身體檢查。
保持	公平對待員工，溝通、當面解決抱怨和爭端，提倡協作、尊重人格、按照貢獻評獎。	薪酬和福利政策、勞工關係、健康與安全、員工服務。
發展	在職培訓、工作豐富化、應用激勵方法、向員工反饋信息。	技術培訓、管理發展與組織發展、職業前景規劃、諮詢服務、人力資源管理研究。
調整	執行紀律、解雇、提升、調動。	調查員工抱怨、下崗再就業服務、退休政策諮詢。

（3）人力資源管理部門的管理職責

從管理職能的劃分來看，人力資源管理部門的管理者屬於職能管理人員。他們在招募、雇傭、報酬、績效管理、員工關係等方面向直線管理者提供專業的幫助、建議和指導。但是，在人力資源管理的實踐活動中，人力資源管理部門通常又能夠發揮直線職能、協調職能和服務職能。

直線職能，是指在人事部門中，以直接指揮別人活動的形式執行直線管理的職能。換言之，他們在人事部門中所行使的是直線職權。隨著人力資源管理的地位和作用越來越被組織的高層領導所重視，人力資源管理部門可以直接參與高層的戰略研究和制定。人們對人力資源管理部門也就有了新的認識，他們常常把人事主管的「建議」看成是「上面的意思」，使得人事管理部門無意中行使了一種暗示職權。這是因為直線管理人員知道，人事主管經常有機會就甄選、輪崗、晉升等人事領域中的敏感問題與高層管理者接觸。

協調功能，也被稱為控制功能。人事主管以及人事部門就像是高層管理者的左膀右臂，負責確保既定的人事目標、人事政策以及人事程序確實被直線管理者認真、連續地執行了。

---

① WAYNE F CASIO. Managing Human Resources [M]. New York：McGraw-Hill，1995.

服務（職能）功能是人力資源管理者工作中最基本的內容。在人力資源管理的各個方面，他們都要向直線管理者提供人力資源的專業性幫助和服務。此外，他們也要對人力資源管理進行研究，為高層管理者在制定人力資源管理政策時提供必要的可靠的信息和建議。

3. 人力資源管理的地位與作用

（1）人力資源管理的重要性

隨著知識經濟的到來、高科技的不斷發展，人才競爭成為一個組織、一個國家面對的主要問題。是否能夠獲得組織需要的人才、是否能夠留住這些人才、是否能夠挖掘這些人才的潛力並使他們的才能得到充分的發揮，將決定一個組織、一個國家的競爭力。人力資源管理在整個管理中顯得越來越重要。要做好人力資源管理工作，不僅要具備現代人力資源管理的理念，而且要掌握現代人力資源管理的基本工具和技術。對於每一位管理者來講，人力資源管理工作在其所有的管理工作中都占據著非常重要的位置。其具體表現為：

第一，人力資源管理是每一位管理者的工作職責和任務，對每一位管理者都很重要。每一位管理者在管理活動中，主要的工作就是處理人與事的關係，對人的管理工作占據了相當大的部分。根據上述觀點，每一位管理者都要承擔各自的人力資源管理責任和任務。因此，他們必須掌握一定的人力資源管理的理念和技術。

第二，管理者實際上是通過其他人來實現組織的工作目標的。這就要求管理者必須在人員規劃、人力調配、培養員工、激勵員工和提高工作效率方面做得很好，才能使組織獲得成功。

第三，組織之間的競爭歸根究柢是人才的競爭。如何控制組織內部人才的流動率、如何留住組織所需要的人才、如何培養員工對組織的忠誠，這些都是當前人力資源管理面臨的最大挑戰之一。每一位管理者都要在這方面下工夫，做好人才的獲取、培養、使用、保持工作。

第四，人力資源管理的一個重要觀點就是，人是組織生存、發展並始終保持競爭力的特殊資源。心理學的第一定律認為，每個人都是不同的，每個人總是在生理或心理上存在著與其他人有所不同的地方，這是人力資源區別於其他形式的經濟資源的重要特點。掌握這一特點，是人力資源管理的前提。

（2）人力資源管理的地位與作用

人力資源管理的功能決定了它在企業管理中的地位和作用。人力資源管理功能的增加和增強，使人力資源管理進入了組織高層，而不再是過去的簡單職能服務部門，不再僅僅是處理日常人事事務，而是要參與到組織高層的管理決策活動之中。目前的人力資源管理的地位和作用具有以下幾個方面的特點：

第一，人力資源管理的參謀和諮詢功能將得到擴展。市場競爭日益激烈，主要是對人才的爭奪和競爭，一個組織能否在人才競爭中獲勝，人力資源管理成了組織管理中最重要的事項。因此，組織高層領導在組織的人事決策中往往要發揮人力資源管理的參謀和諮詢職能。

第二，人力資源管理的直線功能將得到強化。傳統的人事管理將「人事部門」列

為職能服務部門，但是，隨著人力資源管理職能的不斷演變，許多組織和企業的「人事部門」行使了直線職能，而且獲得了成功。人力資源管理職能的演變和轉化，使得人力資源管理成為了一門專業。許多高校管理學科都開設了人力資源管理專業，人力資源管理研究成為了一項專業的研究。人力資源管理的專業化使得人事管理職業化。一個組織或企業的人力資源管理就不再僅僅是服務職能，而是要進行專業的領導和管理。但同時，人力資源管理人員要成為組織或企業的人力資源管理高層領導，他或她必須具備該組織或企業一流的業務經營管理的經歷。一位優秀的人力資源管理者，不僅是人力資源管理專家，而且要精通本組織的業務。

第三，人力資源管理在制定和執行組織戰略方面的作用將越來越大。戰略管理已經成為許多組織或企業保持自己優勢競爭地位的重要管理手段。在戰略的制定和執行中，人力資源管理將發揮非常重要的作用，因而產生了戰略人力資源管理。組織或企業的高層領導在戰略規劃階段就將人力資源管理部門吸收進來，參與到組織的戰略管理之中。人力資源管理將逐漸從戰略的「反應者」轉變為戰略的「制定者和執行者」。

第二節　現代人力資源管理理論與發展

一、人事管理與現代人力資源管理

「人力資源管理」是近些年來出現的術語，早些年人們常用的詞彙是「人事管理」。人力資源管理是由傳統人事管理演化而來的。人事管理的發展演化是與人類社會經濟管理活動的發展和管理理論的發展緊密聯繫在一起的。因此，在瞭解人事管理的產生和發展演化過程的同時，我們還要掌握與其相關的人力資源管理理念。

1. 人事管理活動的產生

自從有了人類社會活動，就有了人事管理活動。管理活動是進行共同生產勞動所必然引起的活動，人類社會的共同勞動也就必然產生管理活動。管理活動首先就是對人和事的管理，人事管理作為管理活動的主要組成部分，隨著管理的產生而產生，隨著管理的發展而發展，並最後分離出來，成為一種專門的管理。

在社會大分工之前，由於生產力水準極其低下，物質資料的生產方式非常簡單，人與事的關係也相對單一，因此沒有專門的管理人事關係的人事管理部門或機構。隨著社會生產力的發展，產生了社會大分工，農業和畜牧業的分離、手工業和商業獨立成為一個行業、腦力勞動和體力勞動的分離，使得社會生產勞動中人與事的關係更加複雜了。為了應對日益複雜的人與事的關係，保證社會生產的順利進行，就必然地產生了專門處理人與事關係的人事管理部門，人事管理活動的主要特點也越來越明顯，其職能也越來越清晰。從這個時期開始，專門從事組織、協調、控制人與事關係的人事管理活動才真正產生了，人們也開始專門研究人事管理。

2. 人事管理活動的發展和人事管理理念的演化

從人事管理的發展過程來看，每一次生產力的飛躍發展和每一次產業革命都會帶

來人事管理的巨大變化。使人事管理在理論上和管理實踐上發生根本變化，促使人事管理轉向人力資源管理的，是第二次世界大戰以後的第三次技術革命。促使其發生根本轉變的原因不僅僅是技術革命帶來的生產力的發展和新興產業的誕生，而且還有國際環境的變化。管理的理論更加完善、更加系統，使得人力資源管理的功能在過去的人事管理的基礎上不僅得到擴展，而且發生了功能的轉變。

　　首先，第二次世界大戰以後，世界科技的發展速度是空前的。人們的工作方式發生了巨大的變化。世界範圍內高新技術的蓬勃發展與廣泛應用，不僅僅給人們帶來了巨大的物質利益，而且大大減輕了人們的勞動強度，使人們的生活更加輕鬆、方便。但是，它同時也產生了許多負面的影響。機械化大生產和科學技術的應用使得人—機交互作用的範圍擴大，人對機器和技術的依賴性也增大，而人與人之間的交流卻越來越少，使人產生孤獨感。另外，高科技、流水線、自動化使勞動者在工作中處於完全被動的地位，不能發揮其主觀能動性，而且自己的勞動節奏和產量都受到機器的控制。勞動專業化分工也越來越細，使得勞動者覺得其工作單調無聊、枯燥乏味、精神緊張。這些問題都使工作效率不斷下降。因此，人事管理就必須面對這些問題，解決好如何激勵員工的工作活力、如何開發員工的才能和主觀能動性等問題。

　　其次，隨著生產力的高度發展和人們的生活水準不斷提高，人們的需求層次也跟著提高了，勞動者的知識結構和知識水準也都發生了變化，對於具有一定知識水準的勞動者的管理也成了難題，這些勞動者變得難以管理了。金錢的激勵作用變得越來越小，傳統的人事管理的激勵方法也顯得不奏效了。

　　再次，世界範圍內的經濟競爭日益激烈，促使各國關注本國的人力資源開發，促進傳統的人事管理轉向人力資源管理。人們已經意識到，經濟競爭的關鍵是看誰擁有合格的人才。人才已成為各國綜合實力發展的決定因素。因此，對人才的爭奪已擴大到世界範圍。同時，各國把開發本國的人力資源放在了重要的戰略地位上。人力資源開發成為了從幼兒開始的教育到成年後的使用、調配、繼續教育管理直到老年退休後發揮餘熱等貫穿一個人一生全過程的整體性、綜合性、全面性的行為過程，其對象是全社會的人。

　　最後，還有一些環境因素促進人事管理向人力資源管理轉變，比如隨著世界市場的形成和跨國公司的建立所帶來的資金、技術、人力的跨國流動，在人員的選拔、培訓和獎酬等方面對傳統人事管理提出了新的要求，這些都促進了傳統人事管理轉向人力資源管理。

　　在傳統的人事管理轉向人力資源管理的過程中，各國不同的企業都在摸索人力資源管理的模式，至今仍未有一種固定的人力資源管理模式，人力資源管理的方法也在不斷地創新。但是，人力資源管理的主導思想是基本一致的，即以人為中心進行管理，它圍繞「開發其能力，激活其活力」的二元目標，著重於尋求人與工作相互適應，注重工作內容豐富化和工作水準的挑戰性，強調員工與組織共同發展。

　　3. 現代人力資源管理與傳統人事管理的區別

　　人力資源管理就是現代人事管理。它是在人事管理發展的基礎上建立起來的。人力資源管理是對人力資源的獲取、開發、保持和利用等方面所進行的計劃、組織、指

揮和控制的活動，是通過協調社會勞動組織中的人與事關係和共事人關係，以充分開發人力資源、挖掘人的潛力、調動人的積極性、提高工作效率，實現組織目標的理論、方法、工具和技術。人力資源管理與傳統的人事管理的根本區別在於：

第一，從管理觀念上看，傳統的人事管理視人力為成本，而人力資源管理則視人力為資源。兩種不同的觀念在對人的管理上是截然不同的。前者將人力視為成本，其工作的重點是如何降低人力成本的投入（工資、獎金、福利費、培訓費等）；而後者視人力為資源，不僅把人力看成自然性資源，而且是更重要的資本性資源，因此，人們將人力資源看成生產資料一樣進行投資，以提高其產出率。

第二，從管理模式看，傳統人事管理多為「被動反應型」，而人力資源管理是「主動開發型」。過去，傳統的人事管理是根據員工的自我條件和績效水準去管理，忽視人的潛能的開發和激勵人的主觀能動性，而人力資源管理則注重實現社會人力資源開發戰略，因此表現出其主動性的一面。這一特點正是區別傳統人事管理與人力資源管理的關鍵，從而實現了傳統人事管理向人力資源管理的轉化。

激勵和挖掘人的潛力，提高工作績效，是人力資源管理的核心。人力資源管理理論認為，工作績效是能力（一個人能夠做什麼）和激勵（一個人想做什麼的積極性）的乘積函數。因此，人力資源管理的目標是二元化：一是開發人的能力，二是激發人的活力。為實現其二元目標，人力資源管理必須首先建立起科學嚴謹的人力資源培訓管理體系，其次是建立起多維交叉的員工激勵體系，最後是將人力資源開發貫穿於人力資源管理的全過程。

第三，從管理的重心來看，傳統人事管理以事為重心，而人力資源管理則以人為重心，注重人與事互相適應，把人的發展和組織的發展有機地結合起來。傳統的人事管理以事為重心表現在以事擇人，謀求事得其人、人適其事，這一點無疑是對的。但是它過分強調了人適應其工作，不利於調動人的積極性和創新能力。與此不同的是，人力資源管理以人為重心，注重人與事的互相適應，不僅謀求事得其人，而且要人盡其才。以人為重心還注重人的潛能的開發，注意人性特點，從人的需要來進行工作設計，通過工作豐富化、擴大化、工作輪換等手段來激勵人的工作積極性，這彌補了只靠物質獎勵的不足。

第四，從管理的地位來看，傳統人事管理處於執行層，而人力資源管理處於決策層。人力資源的重要性使人力資源管理的地位大大提高，人力資源管理被視為一種專業性工作，而且被設置在組織管理的高層。另外，在制定企業經營發展戰略時，人力資源戰略也被視為最重要的部分之一。

二、現代人力資源管理理論的發展

現代人力資源管理理論的發展與管理理論的發展緊密聯繫在一起，其發展演變過程主要經歷了三個不同的發展階段，各個階段內的理論也不盡相同，但是都為人力資源管理的發展提供了科學的理論基礎，並形成了現代人力資源管理理論框架。

1. 人際關係學說與行為科學理論階段

（1）人際關係（人群關係）學說階段。人際關係學說理論是作為科學管理的對立

面而出現的。科學管理理論是建立在這樣一個思想基礎上的：如果管理人員規定出標準的操作方案和刺激辦法，進行嚴格的管理，生產率就可以提高。它不考慮個人行為的差別和人與人之間的關係影響，可以說是排除了對人的因素的考慮。而人際關係學說則把注意力集中到人的因素方面來。這種人力管理思想的產生，是前後進行了十年的「霍桑實驗」的結果，其代表人物是梅奧。總之，傳統管理都是「以事為中心」的，而霍桑實驗證明了要「以人為中心」，要在激勵人的積極性上下工夫。

梅奧的這些觀點主要反應在他於1932年出版的《工業文明的人類問題》、《工業文明的社會問題》等書中。在這些著作裡，他建立了「人群關係」學說，形成了人群關係學派，這就為後來「行為科學」的產生與發展奠定了基礎。此後，西方從事這方面研究的人大量湧現。

(2)「行為科學」階段。20世紀50年代初期，在美國建立了人群行為研究基金會，並在1953年邀請了有關大學的一些教授舉行討論會，在這次會上首次提出了「行為科學」這一名稱。與人群關係學派不同，行為科學家為充分開發和利用人力資源，將注意力從維護良好的人群關係轉到了對企業組織人群行為的科學分析上。

2. 系統理論與經驗主義階段

從20世紀40年代至今，西方管理理論出現了許多學派。以巴納德為代表的社會系統學派認為，社會的各級組織都是一個協作的系統，即由相互進行協作的個人組成的系統。而系統的效率是指系統成員個人目標的滿足程度，協作效率則是個人效率的結果。因為協作只是個人為了滿足其「個人目標」才產生的。協作系統成員個人目標是否得到滿足，直接影響到他們是否積極參加協作系統，以及對協作系統做出貢獻的程度。如果協作系統成員的個人目標得不到滿足，他們就會認為這個系統是沒有效率的，他們就會不支持或甚至退出這個系統。所以，衡量一個協作系統的效率的尺度，就是它生存的能力即它繼續為其成員提供使他們的個人需要得到滿足的誘導，以便使集體目標得以實現的能力。如果一個系統是無效率的，那麼它的能力就必定很差。在這裡，巴納德把對正式組織的要求同個人的需要連接起來了。他的這一觀點，被西方某些管理學者譽為管理思想上的里程碑，至今仍被許多人信奉。

以德魯克為代表的經驗主義學派認為，作為企業的經理人，有兩項別人無法替代的特殊任務：

(1) 經理人在做出每一項決策和採取每一次行動時，要把當前利益和長遠利益協調起來；要樹立目標，並將目標分解和傳達給有關人員；要進行組織工作，對工作進行分類並劃分成一些較小的活動，以便進行管理，建立組織機構，選拔人員等；要進行激勵工作，經理人要利用獎金、薪酬、提拔、培訓等手段來激勵人們做好工作，並利用自上而下、自下而上的溝通工作使企業活動協調；要對企業的所有人員的工作進行評價；要使員工得到成長和發展。總之，經理人的工作就是激勵、指揮和組織人們去做好他們的工作。

(2) 經理人必須造成一個「生產的統一體」，這個統一體的生產力要比它的各個部分的生產力的總和更大。在這個意義上說，經理人好比是一個樂隊的指揮。為了造成一個「生產的統一體」，經理人要克服企業中所有的弱點，並使各種資源特別是人力資

源得到充分的發揮。在這裡，對人的管理和人力資源開發被德魯克強調到非常重要的地位。

20世紀60年代出現的系統理論學派，就是用「系統理論」把泰勒的「科學管理」和「行為科學」以及現代管理的一些學派綜合起來，形成的一種新的管理理論。這一學派認為，工商企業是一個由相互聯繫而共同工作的各個要素所組成的一個系統，以便達到一定目標。這些要素之間相互影響和制約，影響企業的發展。

系統管理理論在一定程度上克服了以前管理理論的某些片面性，把對人的管理放在科學的地位上。如上所述，傳統管理理論大多強調「以事為中心」，強調環境和條件，強調標準操作和技術因素，忽視了人的社會心理因素的作用，而行為科學學派則重視人的社會心理因素，對技術方面的因素有所忽視。系統管理理論則要求把人和物的各種因素綜合起來加以考察，以探討其中相互運動的規律，並對人力管理子系統給予充分的重視。

3. 人力資本理論階段

人力資本是為提高人的能力、挖掘人的潛力而投入的一種資本，是西方教育經濟學中的一個基本概念。經濟學家早就知道，人是國家財富的一個重要部分。現代經濟學將資本分成物質資本和人力資本兩種形式。所謂人力資本就是體現在勞動者身上、以勞動者的數量和質量表示的資本，它對經濟起著生產性的作用，能使國民收入增加。人力資本和物質資本可以互相補充、互相代替。當代世界經濟競爭日益激烈，而經濟競爭的實質是科學技術的競爭，說到底是人才的競爭，因此人才培養是教育與經濟發展中的重要戰略。

人力資本理論來源於西方教育經濟學理論。早在1644年，古典經濟學的代表人物之一威廉·配第（1623—1687）就提出教育經濟價值的問題。在此之後，古典哲學家、經濟學家亞當·斯密（1723—1790）、阿爾弗雷德·馬歇爾（1842—1924）和約翰·斯德達密爾（1806—1873）等在他們的著作中都提醒人們注意教育作為一種國家投資的重要性，並探討如何資助教育事業，培養人才。亞當·斯密大膽地把一個國家全體居民所有後天獲得的和有用的能力看成是資本的組成部分，他曾明確提出，學到有用的才能是財富的內容，應列入固定資本範圍。

阿爾弗雷德·馬歇爾在經濟理論中正式提出人的能力因素。他說：「生產的發動機是兩樣東西：一個是知識，一個是組織，而不是土地和種子。」他在《經濟學原理》一書中，考察生產因素時，與從前的經濟學家不同之點在於，除土地、勞動、資本三因素外，提出了人的健康程度、產業訓練問題，即把人的能力因素同人的健康程度及產業訓練問題聯繫起來。他說：「我們必須考察人的體力的、精神的、道德的健康及其程度所依存的各種條件。唯有這些條件，才是勞動生產率的基礎。物質財富的生產是依存於勞動生產率的。而且，物質財富，重要的在於通過很好地利用此財富提高人力。」

人力資本作為一種理論是20世紀50年代從經濟學中分化出來的。對「人力資本」研究卓有貢獻的應當是西奧多·舒爾茨，他於1979年獲諾貝爾經濟學獎，是人力資本理論的代表人物。舒爾茨的《人力資本投資》、《教育的經濟價值》等一系列論著，使得人力資本理論系統化、理論化。

按照舒爾茨的解釋，人力資本是與物質資本相對應的。他認為，資本有兩種形式，即物質資本和人力資本。物質資本是體現於物質產品上的；人力資本是體現在勞動者身上的。由於各勞動者的素質、工作能力、技術水準、熟練程度各異，故受教育和訓練之後，各勞動者的能力、智力、技術水準等提高的程度也不相同。因此，人力資本是以勞動者的質量或其技術知識、工作能力表現出來的資本。

舒爾茨的基本經濟理論是由農業、人力資本和經濟發展三個部分組成的，其核心是人力資本理論。1960 年，舒爾茨在美國經濟學會年會上發表的題為《人力資本投資》的報告中，對這一理論作了系統闡述，並震動了整個西方學術界。他提出的人力資本理論的主要內容是：

（1）人力資源是一切資源中最主要的資源，人力資本理論是經濟學的核心問題。舒爾茨一直強調要把人力資本理論作為經濟學的核心問題來研究。

（2）在經濟增長中，人力資本的作用大於物質資本的作用。

（3）人力資本的核心是提高人口質量，教育投資是人力投資的主要部分。

（4）教育投資應以市場供求關係為依據，以人力價格的浮動為衡量符號。

4. 經典人力資源管理理論

（1）泰羅的科學管理理論（1903）

泰羅是美國古典管理學家，主要著作有《科學管理原理》（1911）和《科學管理》（1912）。

他提倡的科學管理的核心包括：①管理要科學化、標準化；②要倡導精神革命，勞資雙方利益一致。實施科學管理的結果是提高生產效率，而高效率是雇員和雇主實現共同富裕的基礎。因此，泰羅認為只有用科學化、標準化的管理替代傳統的經驗管理，才是實現最高工作效率的手段。

科學管理的內容包括以下五個方面：

①進行動作研究，確定操作規程和動作規範，確定勞動時間定額，完善科學的操作方法，以提高工效。

②對工人進行科學的選擇，培訓工人使用標準的操作方法，使工人在崗位上成長。

③制定科學的工藝流程，使機器、設備、工藝、工具、材料、工作環境盡量標準化。

④實行計件工資，超額勞動得超額報酬。

⑤管理和勞動分離。

科學管理理論應用的成功案例：利用福特圖表進行計劃控制，創建了世界第一條福特汽車流水生產線，實現了機械化的大工業，大幅度提高了勞動生產率，出現了高效率、低成本、高工資和高利潤的局面。

（2）吉爾布勒斯夫婦的動作研究（1907）

福蘭克·吉爾布勒斯（Frank B. Gilbreth，1868—1924），美國動作研究之父。吉爾布勒斯夫人，美國歷史上第一位心理學博士，被尊稱為美國「管理學第一夫人」。主要著作：《動作研究》（1911）、《管理心理學》（1917）、《疲勞研究》（1919）、《時間研究》（1920）。

他們採用觀察、記錄和分析的方法進行動作研究，以確定標準工藝動作，提高生產效率。同時，他們制定了生產流程圖和程序圖，至今仍被廣泛應用。他們主張，通過動作研究可以開發工人的自我管理意識；他們開創疲勞研究的先河，對保障工人健康和提高生產率的影響持續至今。

（3）韋伯的組織理論（1911）

馬克斯·韋伯（Max Weber, 1864—1920），德國古典管理學家，被尊稱為「組織理論之父」。主要著作：《新教倫理與資本主義精神》、《一般經濟史》、《社會和經濟組織的理論》。

韋伯認為，社會上有三種權力，一是傳統權力，依傳統慣例或世襲而來；二是超凡權力，來源於自然崇拜或追隨；三是法定權力，通過法律或制度規定而獲得的權力。

對經濟組織而言，應以合理合法權力為基礎，才能保障組織連續和持久的經營目標。而規章制度是組織得以良性運作的保證，是組織中合法權力的基礎。韋伯構建的理想的官僚組織模式為：

①組織依據合法程序產生，有明確的目標和完整的規章制度。

②組織結構是層控體系，組織中的人依據其職位的高低和正式的工作職責行使職權。

③人與人的關係是人對工作的關係，而不是人對人的關係。

④按職位需求，公開甄選適崗人才。

⑤對人員進行合理分工，並進行專業培訓，以提高生產效率。

⑥按職位和貢獻付酬，並建立升遷獎懲制度，以提高工人的事業心和成就感。

韋伯理性地、創造性地提出了行政組織科學的組織理論和組織準則，這是他在管理思想史上最大的貢獻。

（4）法約爾的一般管理理論（1916）

亨利·法約爾（Henri Fayol, 1841—1925），法國古典管理學家，與韋伯、泰羅並稱為西方古典管理理論的三位先驅，並被尊稱為管理過程學派的開山鼻祖。其代表作是《工業管理和一般管理》（1916）。

法約爾提出了管理的五大職能說，即管理就是計劃、組織、指揮、協調和控制五大職能，並提出14項管理原則：勞動分工、權力與責任、紀律、統一指揮、統一領導、個人利益服從整體利益、人員報酬、集中、等級制度、秩序、公平、人員穩定、創新和團隊精神。

法約爾的一般管理理論凝練出了管理的普遍原則，至今仍被作為我們日常管理的指南。

（5）梅奧的人際關係理論（1933）

喬治·埃爾頓·梅奧（George Elton Myao, 1880—1949），是原籍澳大利亞的美國行為科學家，人際關係理論的創始人。主要著作：《組織中的人》和《管理和士氣》。

梅奧在美國西方電器公司霍桑工廠進行了長達十年的著名的霍桑實驗，真正揭開了對組織中人的行為研究的序幕。霍桑實驗的初衷是試圖尋找改善外部條件與環境以提高勞動生產率的途徑，但結果表明影響生產率的根本因素不是外部工作條件，而是

工人自身因素和被團體接受的融洽感和安全感。

梅奧提出的「人際關係理論」改變了人們對員工屬性的認識，傳統意義上的經濟人被認為是社會人；企業中存在著非正式組織，必須注意與正式組織保持平衡；提高工人滿意度是提高勞動生產率的首要條件，高滿意度來源於物質和精神兩種需求的合理滿足。

（6）馬斯洛的需求層次理論（1943）

亞伯拉罕·馬斯洛（Abraham H. Maslow，1908—1970），美國心理學家，提出人類需求層次論學說。代表作：《人類動機理論》。

馬斯洛指出，人的需求層次如圖1-1所示，人的需求按重要性和層次性排序，低級層次需求獲得滿足後，人將追求高層次需求。

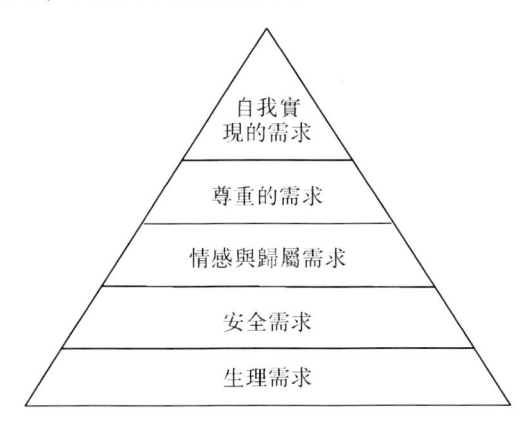

圖1-1　馬斯洛需求層次理論

（7）麥格雷戈的人性假設與管理方式理論（1960）

道格拉斯·麥格雷戈（Douglas M. Mc Gregor，1906—1964），美國著名行為科學家。代表作為《企業的人性方面》（1957），提出了著名的X理論—Y理論。

麥格雷戈稱傳統的管理觀點為X理論，並提出了對人性的假設條件和管理方式，他提出的相對於X理論的則是Y理論。

（8）赫茲伯格的雙因素激勵理論（1966）

福雷德里克·赫茲伯格（Frederick Herzberg），美國行為科學家。主要著作：《工作的激勵因素》、《工作與人性》、《管理的選擇：是更有效還是更有人性？》。雙因素理論是他最主要的成就。

赫茲伯格認為，能給員工帶來積極態度、較多滿意感和激勵作用的因素多為工作內容或工作本身方面的因素，這叫做激勵因素，比如成就感、同事認可、上司賞識、更多職責或更大成長空間等。使員工感到不滿意的、屬於工作環境或工作關係方面的因素，被叫做保健因素，如公司政策、管理措施、監督、人際關係、工作條件、工資福利等。

雙因素理論對管理者的啟示是：要重視員工工作內容方面因素的重要性，特別是要使工作豐富化，多方面滿足員工的需求。

(9) 威廉·大內的 Z 理論（1981）

威廉·大內是日裔美國學者，代表作為《Z 理論》（1981）。

Z 理論認為，企業的成功離不開信任、敏感和親密，因此完全可以以坦白、開放、溝通作為原則進行民主管理。

建立 Z 型組織的過程是：
①培養每個人的正直、善良的品行。
②領導者和管理者共同制定新的管理戰略，明確共同的經營宗旨。
③通過高效協作、彈性激勵措施來貫徹執行公司目標。
④培養管理人員的溝通技巧。
⑤穩定的雇傭制度。
⑥合理、長期的考核和晉升制度。
⑦崗位輪換，培養、擴大員工的職業發展之路。
⑧鼓勵雇員、工會參與公司管理，並擴大參與領域。
⑨建立員工個人和組織的全面整體關係。

(10) 彼德·聖吉的學習型組織理論（1990）

彼德·聖吉（Peter M. Senge）是美國「學習型組織理論」的創始人，當代最傑出的新管理學大師。其代表作是《第五項修煉——學習型組織的藝術與實務》。

學習型組織理論認為，企業持續發展的源泉是提高企業的整體競爭優勢，提高整體競爭能力。未來真正出色的企業是使全體員工全身心投入並善於學習、持續學習的組織——學習型組織。通過釀造學習型組織的工作氛圍和企業文化，引領員工們不斷學習，不斷進步，不斷調整觀念，從而使組織具有長盛不衰的生命力。

學習型組織的特點是：
①全體成員有共同的願望和理想。
②善於不斷學習。
③扁平式的組織結構。
④員工的自主、自覺性管理。
⑤員工家庭與事業之間的平衡。
⑥領導者的新角色是設計師、僕人和教師。

三、人力資源管理面臨的挑戰

1. 人力資源管理環境帶來的挑戰

第一，全球經濟一體化帶來的挑戰。隨著信息技術的迅速發展，全球經濟一體化的趨勢越來越明顯，並正在以前所未有的高速度向前發展。隨著區域性合作組織如歐盟、北美自由貿易區、亞太經合組織等的產生，國與國之間的界限已經越來越模糊。這種趨勢在過去幾年中迅速在全球蔓延，使世界經濟已經形成「牽一髮而動全身」的整體。當今的世界，國與國之間不僅僅只是競爭，更重要的是一個相互聯繫、相互制約、相互依存的整體。世界經濟格局的重大變化，對全球的勞動力市場也會產生巨大的衝擊。

在中國，隨著中國經濟的蓬勃發展和中國加入世界貿易組織（WTO），中國已經成了許多跨國公司投資的熱點。中國企業不僅要面對國內的競爭者，而且還要面對全球競爭者的挑戰。人力資源作為企業管理的一個重要組成部分，同樣面臨著非常激烈的挑戰。中國的企業管理者如何確保自己的人才不會流失，中國的企業管理者如何保持長期的競爭優勢，這是每一個有責任感的管理者都應該深思和解決的問題。

第二，技術進步帶來的挑戰。通常來說，技術進步必然帶來兩種結果：一是它能夠使組織更有實力、更具競爭性；二是它改變了工作的性質。比如說，網絡的普及已經使許多人在家辦公成為了一種可能，然而，這種高科技的使用必然對員工的素質提出更高的要求，在這種自由寬鬆的工作秩序下，如何對員工的工作進行監督和考評已成了一個新的課題。事實上，隨著技術的進步，其對組織的各個層次都產生了重要的影響，勞動密集型工作和一般事務性工作的作用將會大大削弱，技術類、管理類和專業化工作的作用將會大大加強。這樣一來，人力資源管理工作就面臨著結構調整等一系列重大變化。

第三，組織的發展帶來的挑戰。隨著全球經濟一體化的加劇，組織作為社會的基本單元已經發生了很大的變化，如今的時代，靈活開放已經成了組織發展的一種趨勢。競爭的加劇、產品生命週期不斷縮短以及外部市場的迅速變化，這些都要求組織要有很強的彈性和適應性。現代企業要參與市場競爭，就必須具有分權性和參與性，要以合作性團體來開發新的產品並滿足顧客需求，這就對人力資源管理提出了新的要求：現代企業的人力資源部門必須具備良好的信息溝通渠道；現代企業的人力資源管理部門對員工的管理要做到公平、公正和透明，要對員工有更加有效的激勵措施；要求組織內的每一位管理者都要從戰略的高度重視人力資源管理與開發，從而不斷適應組織變革的需要。

第四，人口結構變化帶來的挑戰。人口數量的變化具有明顯的地域差別。在歐美發達國家，由於經濟文化、思想觀念等因素的影響，人口的出生率普遍偏低，人力資源供應相對不足；在亞非國家，由於人口出生沒有得到有效的控制，人口出生率普遍偏高，人力資源相對供大於求。

勞動力的結構也發生了巨大變化。相對於亞非國家來說，歐美國家人口老齡化問題比較突出，而亞洲由於勞動力過剩，年輕勞動力的比例遠遠高於發達國家。相對來說，人才短缺仍然是世界各國普遍存在的問題。比如，中國在很長一段時期內，由於缺乏人才培養戰略與市場需求導向，造成人才結構嚴重不平衡，部分專業人才過剩，而部分專業人才嚴重缺乏，這對中國經濟發展帶來了很大的影響。

2. 人力資源管理自身發展的挑戰

（1）企業員工個性化發展的挑戰。即企業員工日益跨文化、多樣化、差異化、個性化，要求人力資源管理必須提供個性化、定制式人力資源產品/服務和關係管理，在人力資源管理中恰當地平衡組織與員工個人的利益。

（2）工作與生活質量提高的挑戰。即員工不再僅僅追求工資、福利，而是對企業在各個方面所能滿足自己日益增多的各種需求的程度越來越高、更全面化。因此，人力資源管理必須提供更加全面周到的人力資源產品/服務。

（3）工作績效評估的挑戰。即員工考核與報酬日益強調以工作績效考評為基礎，並形成績效、潛力、教導三結合的功能。

（4）人員素質的挑戰。即對企業家（CEO）、各類管理人員的素質要求日益提高，培訓、教育、考核、選拔、任用越來越重要。

（5）職業生涯管理的挑戰。主要是員工日益重視個人職業發展計劃的實現，企業必須日益重視職業生涯管理，為員工創造更多的成功機會和發展的途徑，獲得個人事業上的滿意度。包括較成熟的企業組織的中上層職位在飽和的情況下如何處理員工的晉升問題。

（6）人力資源要素發展變化的挑戰。要求人力資源管理必須不斷提高人力資源管理的預測性、戰略規劃與長遠安排。

（7）部門定位的挑戰。人力資源部門必須在眾多的企業職能部門中發揮其作用或顯示其特別績效，人力資源管理應擔當重要角色以保證人力資源的有效利用。

第三節　戰略人力資源管理

一、戰略人力資源管理概述

1. 企業發展戰略的基本概念

「戰略」的原意為「指導戰爭全局的計劃和策略」。《中國大百科全書·軍事》對「戰略」的定義是：「戰爭指導者為達成戰爭的政治目的，依據戰爭規律所制定和採取的準備和實施戰爭的方針、策略和方法。」在一般意義上，「戰略」（Strategy）一詞可以定義為「指導全局工作、決定全局命運的方針、方式和計劃」。

企業發展戰略則是指企業為了求得長遠的發展，在對企業內部條件和外部環境進行有效的分析的基礎上，根據企業的總體目標所確定的企業在一定時間發展的總體設想和謀劃，包括戰略指導思想、戰略目標、戰略重點和戰略步驟等。企業發展戰略是一個宏觀管理概念，它具有指導性、全局性、長遠性、競爭性、系統性、風險性六大主要特徵。

企業發展戰略的關鍵在於確定企業的長期目標，並通過對資源進行配置和經營實現這些目標。企業的戰略類型根據企業所處的環境，可以分為：穩定型、反應型、領先型、探索型、創造型。可以說企業實施戰略的過程也就是組織通過改變內部資源配置和行動方式，使之與環境相適應的過程。但無論企業發展戰略的類型如何不同，企業實行戰略管理的目的都是相同的，即在市場中生存、在競爭中取勝。這就是說企業要獲得相比較的競爭優勢，或取得更有利的市場地位。而企業的競爭優勢則是通過有效的人力資源管理戰略實現的。

企業發展戰略明確了企業發展的方向，它賦予企業理想與活力，決定著企業經營的成敗。著名的美、日汽車戰就是企業戰略管理的範例。20世紀70年代初，日本汽車廠家根據對國際市場的調查和預測，選擇了生產「輕便型」、「節能型」、「小型化」汽

車的發展戰略，終於在20世紀80年代的國際市場上擊敗了居於世界首位的美國小轎車，成為世界上最大的小轎車王國，而美國汽車業的「三大家」（通用、福特、克萊斯勒）1980年的虧損額則高達42億美元。很明顯，日本汽車廠家的成功和美國汽車廠家的失敗，皆源於各自的企業發展戰略。

隨著世界經濟全球化和一體化進程的加快和隨之而來的國際競爭的加劇，對企業發展戰略的要求也愈來愈高。而企業競爭優勢是通過有效的人力資源管理戰略實現的，有效的人力資源管理戰略可以幫助企業獲取和維持其競爭優勢，並通過員工的有效活動來實現組織的戰略目標。下面將對戰略人力資源管理進行詳細的說明與分析。

2. 戰略人力資源管理的內涵

人力資源的戰略管理又叫戰略人力資源管理，最早是戴瓦納（1981）在《人力資源管理：一個戰略觀》一文中提出的。戴瓦納在文中指出，由於經濟轉換、人口轉變、授權和規章法律、越來越多的管理複雜性和困難，使得人力資源管理的戰略位置正在變得越來越重要。為了應對這些變化，越來越多的企業和公司正在努力應對人力資源問題。

目前，學術界對於戰略人力資源管理的概念還沒有形成一致觀點，但戴瓦納對其的定義已被大多數人接受，即：「企業為實現目標所進行和所採取的一系列有計劃、具有戰略性意義的人力資源部署和管理行為。」

戴瓦納的定義充分詮釋了戰略人力資源管理的內涵和特徵：

（1）人力資源的戰略性。企業競爭優勢來自於企業人力資源系統中那些具有某種特殊技能和核心知識，處於企業經營管理的重要位置或關鍵職位的那些人力資本。與一般的人力資本相比，戰略人力資本在一定程度上具有專用性和不可替代性的特徵，這符合資源基礎理論的基本觀點。

（2）人力資源管理的系統性。人力資源管理的系統性主要表現為企業為了獲取和維持持續競爭優勢而進行的一系列人力資源管理政策、實踐、方法及手段。通過整個系統的默契配合，使企業人力資源得到最佳配置。

（3）人力資源管理的目標導向性。戰略人力資源管理通過組織結構將企業人力資源管理置於企業經營系統中，以促進企業各個方面和部門的信息一致性，從而實現組織績效最大化。

戰略人力資源管理是組織戰略不可或缺的有機組成部分，包括了組織通過人來達到組織目標的各個方面。因為人力資源是企業獲取競爭優勢的最主要的資源，所以企業可以通過人力資源規劃、政策及管理實踐來實現其具有競爭優勢的人力資源配置；企業還可以通過人力資源管理活動來達到組織戰略的靈活性，使人力資源與組織戰略相匹配，從而實現組織的發展戰略目標。由於人力資本已成為獲取競爭優勢的主要資源，戰略也需要人來執行，所以最高管理層在開發戰略時必須認真考慮人的因素。戰略人力資源管理正是企業發展戰略在這方面的整合。

3. 戰略人力資源管理與公司戰略的關係

戰略人力資源管理理念視人力為資源，認為人力資源是一切資源中最寶貴的資源，認為企業的發展與員工的職業能力的發展是相互依賴的，企業鼓勵員工不斷地提高職

業能力以增強企業的核心競爭力。而重視人的職業能力就必須首先重視人本身，把人力提升到了資本的高度，一方面通過投資人力資本形成企業的核心競爭力，另一方面是人力作為資本要素參與企業價值的分配。

那麼戰略人力資源與公司戰略的關係是什麼呢？

戰略人力資源管理認為人力資源是組織發展戰略不可或缺的有機組成部分，包括了公司通過人來達到組織目標的各個方面，如圖1-2所示。

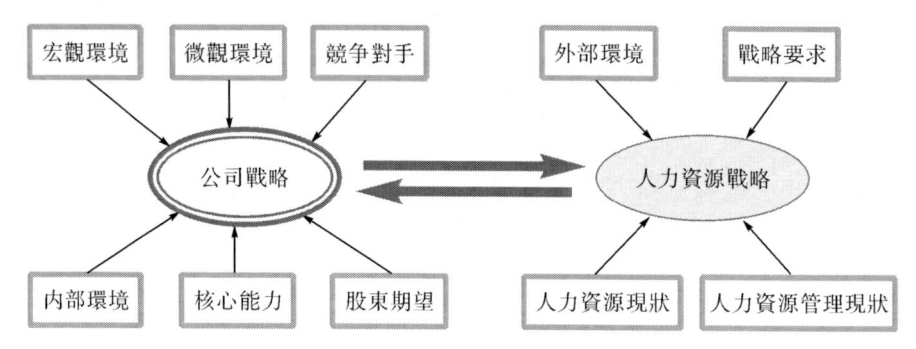

圖1-2 公司戰略和人力資源戰略的關係

一方面，企業戰略的關鍵在於確認好自己的客戶，經營好自己的客戶，實現客戶滿意和忠誠，從而實現企業的可持續發展。但是如何讓客戶滿意？這需要企業有優良的產品與服務，給客戶創造價值，能夠為客戶帶來利益；而高質量的產品和服務，需要企業員工的努力。所以，人力資源是企業獲取競爭優勢的首要資源，而競爭優勢正是企業戰略得以實現的保證。

另一方面，企業獲取戰略上成功的各種要素，如研發能力、行銷能力、生產能力、財務管理能力等，最終都要落實為人力資源。因此，在整個戰略的實現過程中，人力資源的位置是最重要的。

戰略人力資源管理強調通過人力資源的規劃、政策及管理實踐達到獲得競爭優勢的人力資源配置的目的，強調人力資源與組織戰略的匹配，強調通過人力資源管理活動實現組織戰略的靈活性，強調人力資源管理活動的目的是實現組織目標。戰略人力資源管理把人力資源管理提升到戰略的高度，就是系統地將人與組織聯繫起來，建立統一性和適應性相結合的人力資源管理。

戰略人力資源管理不是一個概念，而是一個有機的體系，由戰略人力資源管理理念、戰略人力資源規劃、戰略人力資源管理核心職能和戰略人力資源管理平臺四部分組成，如圖1-3所示。

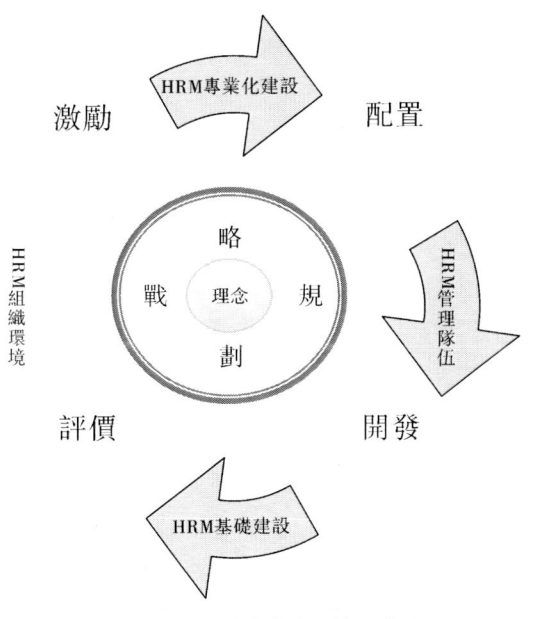

圖 1-3　戰略人力資源管理體系

戰略人力資源管理理念是靈魂，以此來指導整個人力資源管理體系的建設；

戰略人力資源規劃是航標，指明人力資源管理體系構建的方向；

戰略人力資源核心職能是手段，以此確保理念和規劃在人力資源管理工作中實現；

戰略人力資源管理平臺是基礎，在此基礎之上才能構建和完善戰略人力資源管理職能。

戰略人力資源管理認為開發人力資源可以為企業創造價值，企業應該為員工提供一個有利於價值發揮的公平環境，給員工提供必要的資源，賦予員工責任的同時進行相應的授權，保證員工在充分的授權內開展自己的工作，並通過制定科學有效的激勵機制來調動員工的積極性，在對員工能力、行為特徵和績效進行公平評價的基礎上給予相應的物質激勵和精神激勵，激發員工在實現自我價值的基礎上為企業創造價值。

二、戰略人力資源管理的理論與內容

1. 戰略人力資源管理理論

20世紀80年代以來，戰略人力資源管理在理論界和實踐界受到越來越多的關注。回顧20多年來西方戰略人力資源管理的發展，可以清楚地看到人力資源管理在企業中戰略地位的逐漸確立，戰略人力資源管理理論也越來越豐富。在眾多的理論中，戰略人力資源管理理論主要可以分為以下三個觀點：

（1）戰略人力資源管理的基本觀點

基本觀點的基本假設是不管企業的戰略如何，都存在著一種最好的HRM（企業人力資源管理）系統，這種HRM系統總是優於其他的系統，採納這種HRM系統的企業會提高績效。儘管這種方法得到了很多研究者的認同，也得到了實證的支持，但是，

對於何種人力資源管理實踐應該包括在這個最好的 HRM 系統之中，還沒有一致的結論。許多著名學者，如德萊利、萊文、澳斯特曼、普費等人都對此問題進行了研究，並提出了不同的人力資源管理實踐的內容和範圍。例如，德萊利（1989）等人認為，人力資源管理實踐包括八個方面，即甄選、績效評估、激勵性薪酬、職務設計、投訴處理程序、信息共享、態度評估和勞資關係。

海塞里德（1995）在此基礎上增加了招聘的激烈程度、每年的培訓實踐和晉升標準三個方面的內容。1996 年，德萊利和道梯在其論文中指出，有七個方面的人力資源管理實踐活動被認為是具有「戰略」特性的，它們是內部職業生涯的機會、正式的培訓系統、績效測評、利益共享、員工安全、傾聽機制和崗位界定。其基本觀點主要研究 HRM 對於企業績效的影響，側重 HRM 對於績效的影響有多大，通過什麼樣的中間機制發生作用。這方面的研究在近幾年湧現了大量的理論模型和實證研究。

（2）戰略人力資源管理的權變觀點

權變觀點是在研究企業不同戰略前提下，HRM 所做出的相應反應，如在企業成長的不同階段採用不同的戰略，所對應的人力資源管理戰略也是不同的。企業採取何種 HRM 系統應該根據企業的戰略而定，如果很少與戰略契合，則不但不會對績效做出貢獻，反而會對企業的績效造成損害。這種 HRM 系統之間及與企業戰略的配合是否有效果和必要，還沒有得到證實。

（3）戰略人力資源管理的匹配觀點

匹配觀點是研究人力資源管理系統內部以及人力資源管理系統與企業戰略的匹配，這種匹配的協同作用是否存在，以及對於企業的績效是否有影響。通過匹配調查來確定企業戰略和人力資源管理實踐及政策之間的「匹配」程度。這種匹配性包括「外部匹配性」（如與戰略的適應性）和「內部匹配性」（實踐中的一致性和相似性），主要考慮這些匹配性對組織輸出的影響。戰略人力資源管理要求人力資源管理必須與組織戰略一致，而且人力資源各項職能之間要實現有效匹配。戰略匹配或整合這個概念是戰略性人力資源管理的中心概念，我們需要戰略整合來保持企業戰略和人力資源戰略的完全一致，人力資源戰略支持企業戰略的實現，並且可以幫助我們制定企業戰略。

上述三種觀點就是戰略人力資源管理理論的主要觀點，它們的共同之處就是均與企業績效有關，但是，它們又有其各自的側重點，當然也有一定的局限性。但是，它們在一定程度上反應了戰略人力資源管理的目的，即通過戰略管理，使人力資源的作用得到了更好的發揮，讓企業獲得核心競爭力，組織取得競爭優勢，從而進一步提高企業的績效。隨著世界範圍內的競爭性、不確定性和不穩定性的加劇，為了取得成功，許多企業必須參與全球性的競爭，中國也不例外。但是，如何才能更好地參與其中呢？這要求我們根據戰略人力資源管理理論，制定適當的人力資源管理戰略，從而促進企業的發展。

2. 戰略人力資源管理的層次與內容

（1）戰略人力資源管理的三個層次

戰略性人力資源管理的核心在於通過有計劃的人力資源開發和管理，實現企業的

戰略目標。具體來說，戰略性人力資源管理結構應包含以下三個層次：

①戰略層次。這個層次主要解決長期規劃問題，協調企業與外部環境關係，追求企業整體利益；根據企業總體發展戰略制定企業人力資源戰略規劃，幫助企業實現其戰略目標。

②管理層次。這個層次的重點從制定人力資源戰略規劃轉移到制定營運性人力資源規劃，人力資源的戰略規劃和方針被細化為具體的人力資源活動方案。該層次的所有具體內容都應遵從戰略層次的綱要和方針，切實保證企業發展戰略目標的實現。

③運作層次。在這一層次，人力資源管理人員直接與產品生產或提供具體服務的基層人員接觸，充當協調者和激勵者，使人力資源規劃在這一層次得到具體實施。同時，要對人力資源規劃實施過程進行控制、監督、分析、評價，找出不足並進行適當調整，以保證企業戰略目標的實現。

（2）戰略人力資源管理的內容

許多學者已對人力資源戰略規劃的內容進行了劃分，對幾項內容上的劃分大體一致，但對另幾項內容的劃分又存在著許多區別，如劃分內容上的區別、表述上的差異等。認識人力資源戰略規劃的重點和兼顧內容，非常有利於認清各項內容的主次、結構和作用。在以上認識的基礎上，結合目前主流的劃分方式，人力資源戰略內容可分成七項子規劃：

①外部人員補充規劃：指根據組織內外環境變化和組織發展戰略，通過有計劃地吸收外部人員，從而對組織中長期內可能產生的空缺職位加以補充的規劃。

②內部人員流動規劃：指根據組織內外環境變化和組織發展戰略，通過有計劃地進行組織內部人員流動，實現在未來職位上配置內部人員的規劃。

③人員退出規劃：指組織根據組織內外環境變化和組織發展戰略的要求，通過人事測評和績效評估，有計劃地將那些不適合組織發展需要的人員退出組織，或實施職業轉型。

④職業生涯規劃：指組織根據組織內外環境變化和組織發展戰略，引導員工的職業發展方向，員工根據個人能力、興趣、個性和可能的機會制定個人職業發展規劃，從而組織可系統地幫助內部員工制定與組織目標相一致的個人職業發展規劃。

⑤培訓開發計劃：指根據組織內外環境變化和組織發展戰略，考慮員工發展需要，通過有計劃地對員工進行培訓和開發，提高員工能力、引導員工態度，使員工適應未來崗位的規劃。

⑥薪酬激勵規劃：指根據組織內外環境變化和組織發展戰略，為了使員工結構保持在一個恰當水準，為了提高員工工作績效和激發員工工作熱情，制定一系列薪酬激勵政策的規劃。

⑦組織文化規劃：指根據組織內外環境變化和組織發展戰略的需要，不斷完善組織長期累積形成的組織文化，不斷實施組織文化創新，使其在未來能更好地引導和激勵員工，從而為組織提供更優秀的人力資源規劃。

3. 戰略人力資源管理與傳統人力資源管理的區別

戰略人力資源管理與傳統人力資源管理存在明顯的不同，二者之間的區別可以歸納為以下幾點：

（1）管理理念：戰略人力資源管理以「人」為核心，視人為「資本」，強調「服務」，管理出發點是「著眼於人」，達到人與事的系統優化、使企業取得最佳的經濟和社會效益之目的。傳統人事管理以「事」為中心，將人視為一種成本，把人當成一種「工具」，強調「控制」，其管理的形式和目的是「控制人」。

（2）管理地位：在戰略人力資源管理中，人力資源管理部門作為企業的核心部門，直接參與組織整體戰略決策。而在傳統人事管理中，人事部門屬於企業的輔助部門，主要負責上級指令的貫徹執行，很少參與決策。

（3）管理內容：在戰略人力資源管理中，以人為中心，重點是開發實現戰略目標所必需的人力資源，靈活地按照國家及地方人事規定、制度，結合企業的實際情況制定符合企業需求的各種人力資源政策，建立起系統的人力資源管理體系。在傳統人事管理中，主要的工作是負責員工的考勤、檔案及合同管理等事務性工作。

（4）管理形式：戰略人力資源管理體現企業全員參與人力資源管理的特色，因為人力資源工作要想切實有效，沒有各部門的執行、配合是不可能實現的。傳統人事管理基本上是獨立作戰，與其他部門的關係不大。

（5）管理策略：戰略人力資源管理強調其在企業整體經營中的重要地位，側重變革管理和人本管理，屬預警式管理模式。傳統人事管理側重於規範管理和事務管理，屬事後管理。

（6）管理體制：戰略人力資源管理價值的體現是通過提升員工能力和組織績效來實現的，其管理特點為「主動開發型」，員工的工作自主性和主動性高。傳統人事管理價值的體現主要是在規範性及嚴格性，即是否將各項事務打理得井井有條、是否看得住和控制得住企業員工的行為等，其管理特點為「被動反應型」，員工的工作自主性低，主觀能動性差。

三、戰略人力資源管理體系

1. 人力資源管理體系

人力資源管理是一項系統工程。它本身是一個體系，其內部各個環節和部分相互聯繫，相互依賴，相互促進；它在整個管理中，與其他管理系統緊密聯繫，相互依存。人力資源管理體系不僅僅是職能的分工組合，而且包括戰略層面的全局把握，以及操作層面的科學管理①。從人力資源管理體系內的職能來看，績效管理是人力資源管理的核心，與其他職能緊密關聯，相互促進。人力資源管理的各個職能關係可以用圖1-4表示。

---

① 羅青華. 迎接企業間人力資源的競爭 [J]. 中外管理導報, 1999 (1): 29.

图1-4 人力资源管理各职能关系

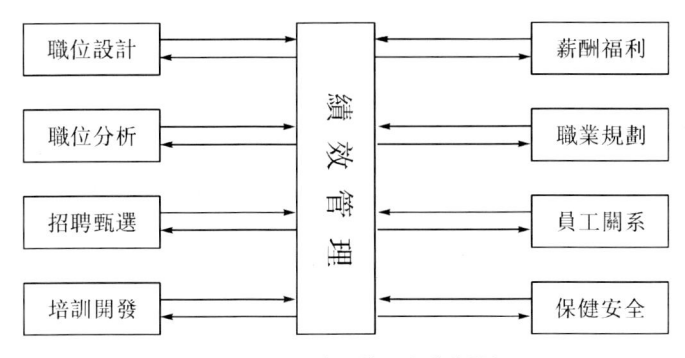

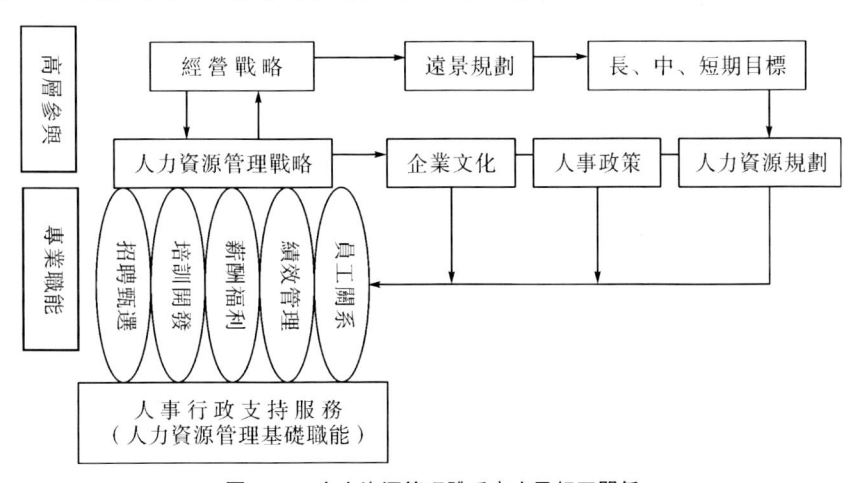

人力资源管理体系还体现在组织的所有各层级管理者都必须参与的一项重要的管理活动。从组织高层领导把握宏观战略、制定人力资源战略规划和各项人力资源管理政策制度等，到各层级管理者的人力资源管理操作职能的实施和实现，形成了一个完整的体系。因此，人力资源管理是从宏观战略到各个操作职能的全面系统的管理。

2. 人力资源管理体系的主要内容

从人力资源管理体系的内外部关系来看，人力资源管理体系的内容不仅仅包括其本身的工作职责，而且还涉及整个组织系统内的有关工作职责。首先，在制定组织发展战略时，它具有参谋即提出建议、组织内外部环境分析、信息收集分析、协助决策等职责和任务；在组织发展经营战略的指导下，制定人力资源战略。

人力资源战略的内容，不仅是制定人力资源战略目标、人力资源规划和人力资源管理政策，而且在组织文化建设方面，围绕组织的经营宗旨，倡导和建设符合组织经营宗旨的组织文化，其中包括组织的经营理念、价值观、行为规范，以及对员工管理的指导思想和政策等。在具体的人力资源管理操作层面，它不仅从事招聘甄选、培训开发、薪酬福利、绩效管理和员工关系等人力资源管理实务，而且负有对组织各个职能部门和直线部门的人力资源管理工作指导和行政支持服务等职责和任务。我们可以从图1-5中了解较全面的人力资源管理体系的内容。

图1-5 人力资源管理体系内容及相互关系

圖1-5中所示的人力資源管理體系內容及相互關係表達了以下幾層意思：

（1）組織的經營戰略是制定組織人力資源戰略的指導依據。同時，組織的人力資源戰略支持組織經營戰略的制定，並且是經營戰略不可缺少的一部分。在實行組織經營戰略過程中，人力資源戰略起著巨大的推動作用。

（2）人力資源戰略制定之後，將人力資源戰略目標分解到各職能中，並制定出指導各職能執行的政策和指導策略，指導各職能的運作。

（3）在組織經營戰略和人力資源戰略的制定中，必須有組織高層管理者的參與。各項人力資源專業職能的實施和發揮是組織各個業務部門所有主管共同的職責和任務。他們必須掌握人力資源管理的原理、政策和操作技能。

（4）在最下端的人事行政支持服務是人力資源管理的基礎職能。這是人力資源管理部門的主要職能之一。

從上面關於人力資源管理體系的內容介紹中，我們清楚地認識到：人力資源管理不僅是人力資源部門的事，它需要整個組織上至高層領導、下至各個部門各級主管的共同關注和參與，是組織中每一位管理者的職責。

本章小結

本章主要闡述了人力資源、人事管理、人力資源管理的基本概念；介紹了現代人力資源管理理論的建立與發展過程，以及與管理理論的關係。核心概念就是人力資源管理就是現代人事管理，重視人事匹配、人的能力的開發和培養、人的工作熱情的激發、人際關係的和諧等；在人力資源管理方面重點強調管理者的人力資源管理職責與任務，並對直線管理與職能管理在人力資源管理方面的聯繫與區別做了詳細的闡述；最後討論了企業戰略發展與戰略的人力資源管理問題，在企業發展戰略的指導下推行戰略人力資源管理。

關鍵概念

1. 人事管理　　2. 人力資源　　3. 人力資源管理　　4. 戰略人力資源管理
5. 科學管理　　6. 人際關係學說　7. 激勵理論　　　8. 學習型組織

本章思考題

1. 什麼是人力資源？它的作用是什麼？
2. 人力資源管理與人事管理的區別是什麼？
3. 人力資源管理對現代企業管理有著怎樣的意義？
4. 人力資源管理的經典理論有哪些？
5. 什麼是戰略人力資源管理？
6. 戰略人力資源管理與傳統人力資源管理是什麼關係？

案例分析

方正人力資源管理：改制與八年之變[①]

2008 年 12 月，《哈佛商業評論》發布了一種獨特的人力資源管理模式。李友無意間看到這篇文章，發現《對團隊的評估和考核》等文中提到的一系列做法，方正早在 2006 年就已開始施行。

「簡而言之，那就是一個 360 度的考核模式，員工的業績可以完全被數據化」。四年之後，李友又將方正的人力資源模式進化了一步，將員工的各方面的考核盡可能同步還原，「還原的考核結果無好壞之分，只是供決策者參考」。

在李友看來，人力資源是公司管理中最為關鍵的一環。「我從不認為中國公司真正缺錢，真正缺的還是人。」目前方正的員工超過 3 萬人，這一模式幾乎可以做到推行至基層員工的考核中。

在不久後即將召開的方正集團董事會中，一個核心議題便是方正在未來五年裡的用人策略。首要的一點似乎借鑑了「幹部年輕化」和性別平衡的做法，如規定「總監級的幹部，超過 35 歲就不再提拔」。李友希望將幹部的年齡結構控制下來，而統計結果顯示，公司 35 歲以下的幹部人數非常有限，性別比例更是失衡。

李友進入方正已經超過十年，在他看來，方正歷史上值得一提的事情，其一是激光照排技術的誕生，其二便是 2003 年 3 月 31 日開始的改制。他認為，改制使這家公司有了走向市場化的可能，從而才有機會發展壯大。方正的改制基本等同於「管理層持股」。當企業的業績與每個人掛勾後，每個人就有了更多努力的可能。除了收入本身，這還意味著對個人能力的認可，比如只有成績突出者才能去美國進修，而這也會被納入考核體系之內，從而形成正向循環。

案例思考題

1. 方正的人力資源管理模式有什麼特點？
2. 請結合本章節內容對方正人力資源管理的作用與意義進行評價。

[①] 方正人力資源管理：改制與八年之變 [OL]. 中國人力資源開發網，http://www.chinahrd.net/case/info/183525.

第二章　工作分析與職位評價

學習目標
1. 瞭解組織結構的基本含義和類型
2. 熟悉組織結構設計的基本原則、方法
3. 掌握工作分析的方法與實施過程
4. 瞭解和掌握崗位說明書的作用與編寫方法
5. 掌握職位評價的基本原則和方法

引導案例

瑪麗到底要什麼樣的工人[①]

「瑪麗，我一直想像不出你究竟需要什麼樣的操作工人，」海灣機械公司人力資源部經理約翰·安德森說，「我已經給你提供了四位面試人選，他們好像都還符合工作說明中規定的要求，但你一個也沒有錄用。」

「什麼工作說明？」瑪麗答道，「我所關心的是找到一個能勝任那項工作的人。但是你給我派來的人都無法勝任，而且，我從來就沒有見過什麼工作說明。」

約翰遞給瑪麗一份該項工作說明，並逐條解釋給她聽。然後他們發現，要麼是工作說明與實際工作不相符，要麼是它規定以後，實際工作又有了很大變化。例如，工作說明中說明了有關老式鑽床的使用經驗，但實際中所使用的是一種新型數控機床。為了有效地使用這種新機器，工人們必須掌握更多的數學知識。

聽了瑪麗對操作工人必須具備的條件及應當履行職責的描述後，約翰說：「我想我們現在可以重新寫一份準確的工作說明，以它為指導，我們就能找到適合這項工作的人。讓我們今後加強工作聯繫，這種狀況就再也不會發生了。」

上述情況反應了人事管理中一個普遍存在的問題：工作說明對完成工作所需職責和技能的要求與實際工作中的要求不匹配。因此，人力資源部經理約翰·安德森無法為新的崗位確定合適的人選。

問題：從這個案例中，你能看出什麼才是解決這個問題的關鍵所在嗎？

[①] 瑪麗到底要什麼樣的工人 [OL]．MBA 智庫，http://doc.mbalib.com/view/40407af567c74ee474c46e502cab435c.html.

第一節　組織結構設計

一、組織結構的基本概念

1. 組織結構概述

組織結構是指一個組織內各構成要素以及它們之間的相互關係，它描述組織的框架體系。組織結構主要涉及企業部門構成、基本的崗位設置、權責關係、企業流程、管理流程及企業內部協調與控制機制等。企業組織結構是實現企業宗旨的平臺，組織結構直接影響著企業內部組織行為的效果和效率，從而影響著企業目標的實現。圖2-1是一家小型通信企業的組織結構圖。

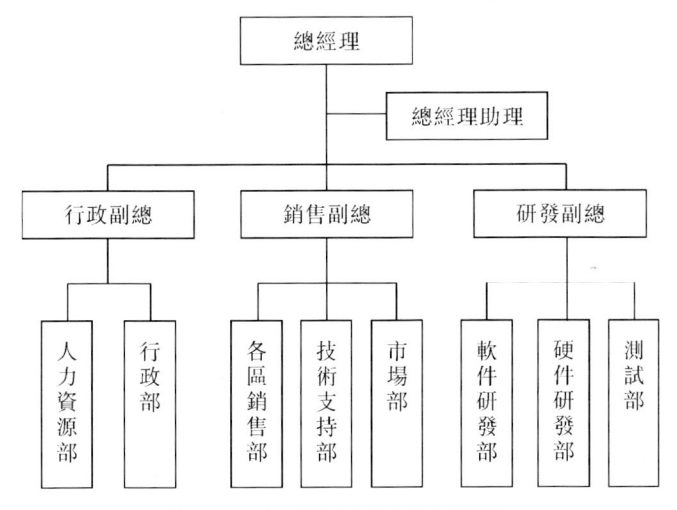

圖2-1　小型通信企業的組織結構圖

組織結構圖是常見的表示組織內部關係的一種圖表，它形象地反應了組織內部各部門、崗位相互之間的關係，因而組織結構圖是對組織結構的直接反應。但是，組織結構圖並不能代表組織結構的全部內容，完整的組織結構應包括如下四個關鍵要素：

（1）組織結構決定了正式報告關係，包括企業權力鏈條、組織層級數量、管理者的控制範圍及幅度。圖2-1說明了該組織的層級分三層，總經理為企業的最高管理者。

（2）組織結構明確了崗位和部門的一系列正式的任務安排，即企業的各項職能在各個部門與組織成員之間是如何分配的。從圖2-1中可以看出，該企業基本職能分配，例如招聘工作由人力資源部負責，產品研發根據產品的不同分別由軟件研發部和硬件研發部負責，但是由於組織結構圖本身的簡潔性要求，我們並不能直接從圖表中瞭解所有部門及成員的工作。

（3）組織結構確定了如何由個體組織合成部門，再由部門到整個組織。從圖2-1

中我們並不能看出這方面的內容。例如，人力資源部的負責人可能是人力資源經理，由他整合整個人力資源部的工作，並向行政副總負責，但是這在組織結構圖上是不能直接體現的。

（4）組織內部的協調機制。組織結構決定如何設計一些系統，並通過這些系統來保證跨部門間的有效溝通、合作與整合。例如，在圖2-1的企業中，如果市場部有職位空缺，市場部經理是直接找人力資源部經理解決還是向銷售副總或行政副總報告來申請人員補充呢？這就要根據組織結構協調機制來進行處理，所謂「沒有規矩不成方圓」，組織結構就是企業最根本的規矩系統。

2. 企業組織結構的內容與特點

關於組織結構的特點，可以歸結為以下三個方面：

一是複雜性。組織內部分化的程度，分工越細、組織層級越多、管理幅度越大，組織複雜性就越高。

二是規範性。組織依靠規則、程序、標準化規範性地引導員工的行為。規章制度越多，組織結構越正式化。

三是集權性。它是指決策權力在管理層級中的分佈和集中程度。

企業的組織結構框架主要包括以下三個方面的內容：

（1）單位、部門和崗位的設置。企業組織單位、部門和崗位的設置，不是把一個企業組織分成幾個部分，而是企業作為一個服務於特定目標的組織，必須由幾個相應的部分構成，就像人要走路就需要腳一樣。它不是從整體到部分進行分割，而是整體為了達到特定目標，必須有不同的部分。這種關係不能倒置。

（2）各個單位、部門和崗位的職責、權力的界定。這是對各個部分的目標、功能、作用的界定。如果一定的構成部分沒有組織不可或缺的目標、功能、作用，就會像人的尾巴一樣萎縮乃至於消失。這種界定就是一種分工，是一種有機體內部的分工。例如嘴巴可以吃飯，也可以用於呼吸。

（3）單位、部門和崗位角色相互之間關係的界定。這就是界定各個部分在發揮作用時，彼此如何協調、配合、補充、替代的關係。

這三個方面的內容是緊密聯繫在一起的，在完成第一個方面的內容的同時，實際上就已經解決了後面兩個方面的內容。但作為一項大的整體工作，三者存在一種彼此承接的關係。我們要對組織架構進行規範分析，其重點是第一個方面的內容，後面兩個方面的內容是對第一個方面內容的進一步展開。

3. 組織結構的基礎

通過對組織結構特點與內容的分析，我們認為在對組織結構進行設計之前，應該明確下列五個方面的內容，從而使組織結構更加適應企業的需要，進而促進企業的發展。

（1）有明確的組織疆界。組織的疆界是劃分企業內外資源的分水嶺。企業必須通過管理手段控制組織內資源，而通過市場手段購買組織外資源。聰明的企業家會有效地設計自己企業的疆界，專注於控制具有核心競爭力的資源，以達到企業利潤最大化的目的。

（2）集權與分權的統一。權力是組織中一種無形的力量。一個管理者的權力來源於組織對其的依賴度、所控制的財務資源、正式職位賦予的權力以及對決策信息的控制。管理者位於組織結構的中心，其權力的集中是組織正常運轉的保證。組織結構中高層對低層有控制的權力，而低層對高層同樣有討價還價的權力。為了減少高層和低層之間的權力摩擦，提高效率和員工參與意識，越來越多的組織傾向於將管理者的權力分散，分別授予中級管理人員和普通員工。

（3）注意對影響組織結構要素的分析。根據美國的伯頓和奧貝爾兩位教授的長期研究，影響組織結構的要素有六類，包括：領導和管理模式、組織及文化氛圍、組織規模及組織技能、組織的外部環境、組織的技術水準和組織的戰略發展。兩位教授還指出，很多企業組織結構的調整，目的多是希望新的組織結構能滿足六要素的要求。

（4）合適的部門組合。不同業務和不同目標的企業可能會有不同的部門組合即組織結構的類型，一般分為：職能式、矩陣式、事業部式、官僚式和特別式組合。隨著信息技術的發展和企業管理水準的提高，現代企業的組織架構正由一成不變的集權化、等級制的組織架構，轉向分權化而富有彈性的架構。

（5）迅速有效的執行能力。越龐大的組織，執行能力越低，這就導致了大企業的效率不如小企業。要提升企業的執行能力，首先應保證管理指令傳遞系統的順暢，每個員工都有明確的匯報路線，每個員工都有唯一的經理負責他的行政管理和工作行為。

此外，應注意管理層級和控制跨度。管理層級過多會導致企業執行速度減慢，而適當控制跨度可以減少管理成本，提高企業效率。管理層級和控制跨度是檢驗組織管理效率的主要因素。

二、組織結構的基本類型

1. 常用的組織結構類型

企業組織結構根據組織規模和基本目標及任務來確定，常用的組織結構類型有以下幾種：

（1）直線制

直線制是企業發展初期一種最簡單的組織結構，如圖2-2所示。

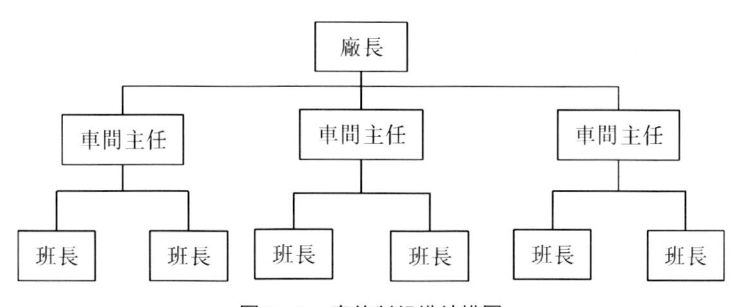

圖2-2 直線制組織結構圖

直線制組織的領導職能都由企業各級主管一人執行，上下級權責關係呈一條直線。下屬單位只接受一個上級的指令。

它的優點是：結構簡化，權力集中，命令統一，決策迅速，責任明確。

它的缺點是：沒有職能機構和職能人員當領導的助手。在規模較大、管理比較複雜的企業中，主管人員難以具備足夠的知識和精力來勝任全面的管理，因而不能適應日益複雜的管理需要。

這種組織結構形式適合於產銷單一、工藝簡單的小型企業。

（2）職能制

職能制組織結構與直線制恰恰相反。它的組織結構如圖2－3所示。

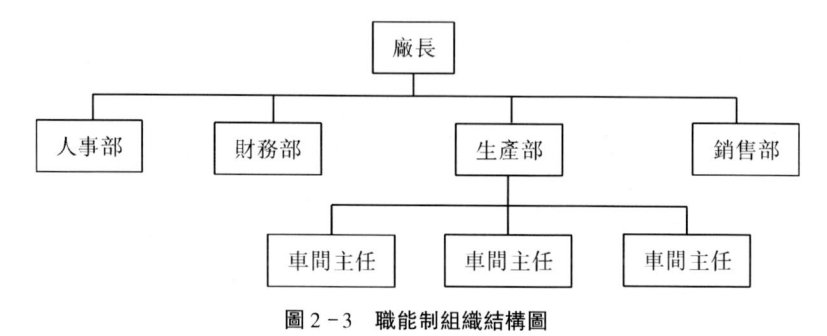

圖2－3　職能制組織結構圖

職能制組織的企業內部各個管理層次都設立職能機構，並由許多通曉各種業務的專業人員組成。各職能機構在自己的業務範圍內有權向下級發布命令，下級都要服從各職能部門的指揮。

它的優點是：不同的管理職能部門行使不同的管理職權，管理分工細化，從而能大大提高管理的專業化程度，能夠適應日益複雜的管理需要。

它的缺點是：政出多門，多頭領導，管理混亂，協調困難，導致下屬無所適從；上層領導與基層脫節，信息不暢。

（3）直線職能制

直線職能制吸收了以上兩種組織結構的長處而彌補了它們的不足，如圖2－4所示。

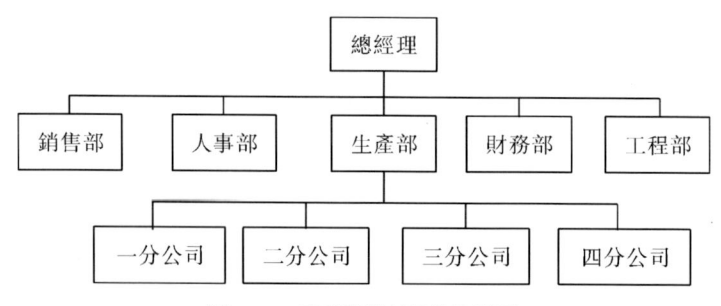

圖2－4　直線職能制組織結構圖

直線職能制組織企業的全部機構和人員可以分為兩類：一類是直線機構和人員；另一類是職能機構和人員。直線機構和人員在自己的職責範圍內有一定的決策權，對下屬有指揮和命令的權力，對自己部門的工作要負全面責任；而職能機構及其人員，則是直線指揮人員的參謀，對直線部門下級沒有指揮和命令的權力，只能提供建議和在業

務上進行指導。

它的優點是：各級直線領導人員都有相應的職能機構和人員作為參謀和助手，因此能夠對本部門進行有效的指揮，以適應現代企業管理比較複雜和細緻的特點；而且每一級又都是由直線領導人員統一指揮，滿足了企業組織的統一領導原則。

它的缺點是：職能機構和人員的權力、責任究竟應該占多大比例，管理者不易把握。

直線職能制在企業規模較小、產品品種簡單、工藝較穩定又聯繫緊密的情況下，優點較突出；但對於大型企業來說，由於產品或服務種類繁多、市場變幻莫測，就不適應了。

（4）事業部制

事業部制是目前國外大型企業通常採用的一種組織結構。它的組織結構如圖2-5所示。

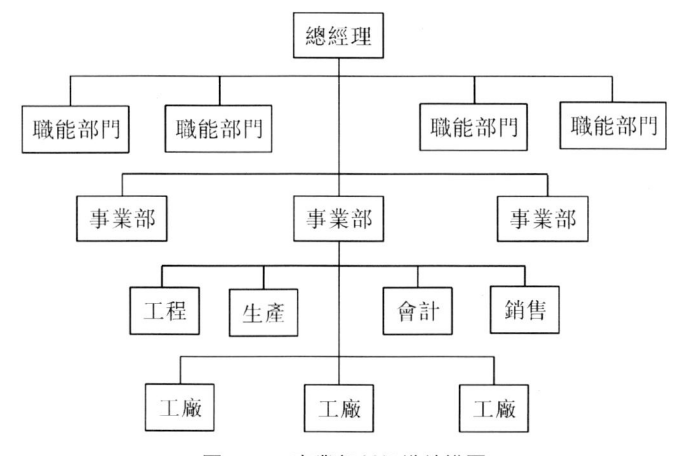

圖2-5 事業部制組織結構圖

事業部制要求把企業的生產經營活動，按照產品或地區的不同，建立經營事業部。每個經營事業部是一個利潤中心，在總公司領導下，獨立核算、自負盈虧。

它的優點是：有利於調動各事業部的積極性，事業部有一定的經營自主權，可以較快地對市場做出反應，一定程度上增強了適應性和競爭力；同一產品或同一地區的產品開發、製造、銷售等一條龍業務屬於同一主管，便於綜合協調，也有利於培養有整體領導能力的高級人才；公司最高管理層可以從日常事務中擺脫出來，集中精力研究重大戰略問題。

它的缺點是：各事業部容易產生本位主義和短期行為；資源的相互調劑會與既得利益發生矛盾；人員調動、技術及管理方法的交流會遇到阻力；企業和各事業部都設置職能機構，機構容易重疊，且費用（成本）增大。

事業部制適用於企業規模較大、產品種類較多、各種產品之間的工藝差別較大、市場變化較快及要求適應性強的大型聯合企業。

（5）矩陣制

矩陣制企業組織結構如圖2-6所示。

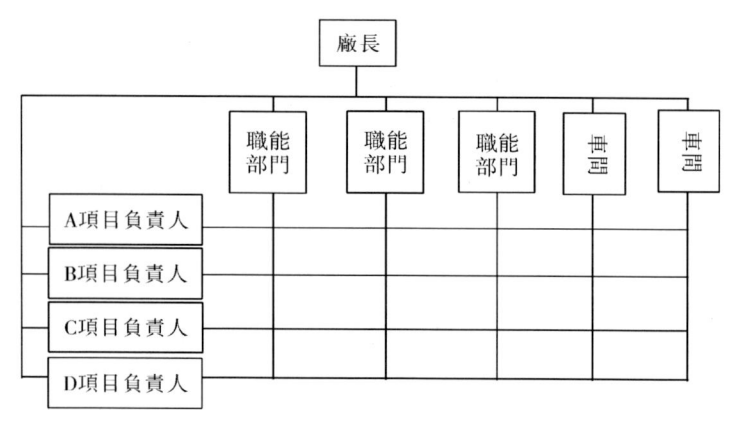

```
                        廠長
         ┌────────┬────────┬────────┬────────┐
        職能      職能      職能      專        專
        部門      部門      部門      И        И
  ┌────┤                                      │
  │A項目負責人                                  │
  ├────┤                                      │
  │B項目負責人                                  │
  ├────┤                                      │
  │C項目負責人                                  │
  ├────┤                                      │
  │D項目負責人                                  │
  └────┴────────┴────────┴────────┴────────┘
```

圖2-6　矩陣制組織結構圖

　　矩陣制組織既有按照管理職能設置的縱向組織系統，又有按照規劃目標（產品、工程項目）劃分的橫向組織系統，兩者結合，形成一個矩陣。橫向系統的項目組所需工作人員從各職能部門抽調，這些人既接受本職能部門的領導，又接受項目組的領導，一旦某一項目完成，該項目組就撤銷，人員仍回到原職能部門。

　　它的優點是：加強了各職能部門間的橫向聯繫，便於集中各類專門人才加速完成某一特定項目，有利於提高成員的積極性。在矩陣制組織結構內，每個人都有更多機會學習新的知識和技能，因此有利於個人發展。

　　它的缺點是：由於實行項目和職能部門雙重領導，當兩者意見不一致時令人無所適從；工作發生差錯時也不容易分清責任；人員是臨時抽調的，穩定性較差；成員容易產生臨時觀念，影響正常工作。它適用於設計、研製等創新型企業，如軍工、航空航天工業的企業。

　　2. 現代新型組織結構模式

　　以現代組織理論為指導建立的組織結構模式，可以稱之為有機式組織（Organic organization，又稱適應性組織）。有機組織強調組織結構扁平化，提高組織運作效率。有機式組織與科層式組織相比有以下幾個特點：

　　（1）沒有嚴格的等級關係，而是一種廣泛的合作關係，部門之間、成員之間互相合作、互相溝通。

　　（2）組織成員都有一定的職責，但職責不是固定的，而是根據環境變化不斷進行調整。

　　（3）決策不再集中於高層管理者，而是授予低層管理者更多的決策權，以便對變化的環境迅速做出反應，重大的決策才交由高層管理者進行。

　　（4）重視組織成員的特殊要求，不是單靠經濟利益來刺激員工，而是強調工作內容多樣化、豐富化，多方面調動員工的積極性和創造性。

　　（5）組織結構趨向扁平化，通過信息系統建設、管理人員培訓、工作規範化等措施增大管理幅度，降低管理層次，增強組織的適應能力。

　　3. 組織結構圖範本

　　（1）生產企業組織結構圖範本

　　生產企業選擇哪一種組織結構形式，或具體按哪一種方式來組織生產經營，一定

要結合本企業的實際情況，例如企業規模大小、人員素質高低、生產工藝複雜程度、所處環境等。總之，要以能最有效地完成企業目標為依據來選擇具體的生產組織形式，並設置相應的生產管理機構。某生產企業組織結構範本如圖2-7所示。

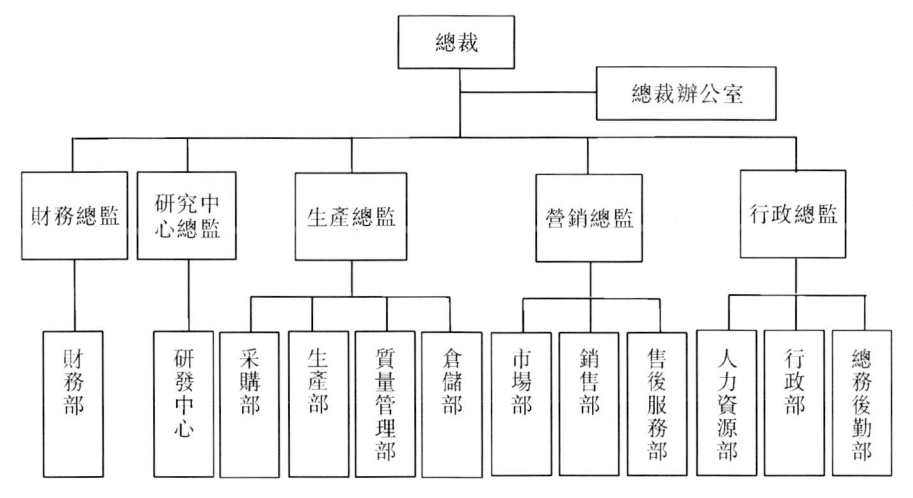

圖2-7　某生產企業組織結構範本

（2）銷售企業組織結構圖範本

某銷售企業組織結構範本如圖2-8所示。

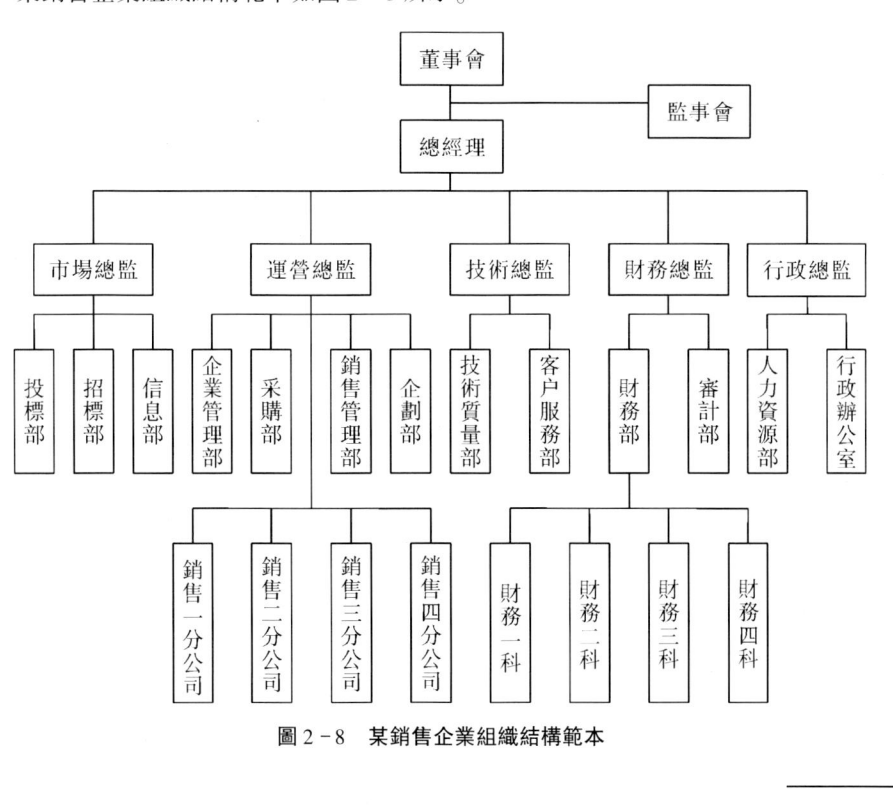

圖2-8　某銷售企業組織結構範本

人力資源管理

(3) 地產企業組織結構圖範本

某地產企業組織結構範本如圖2-9所示。

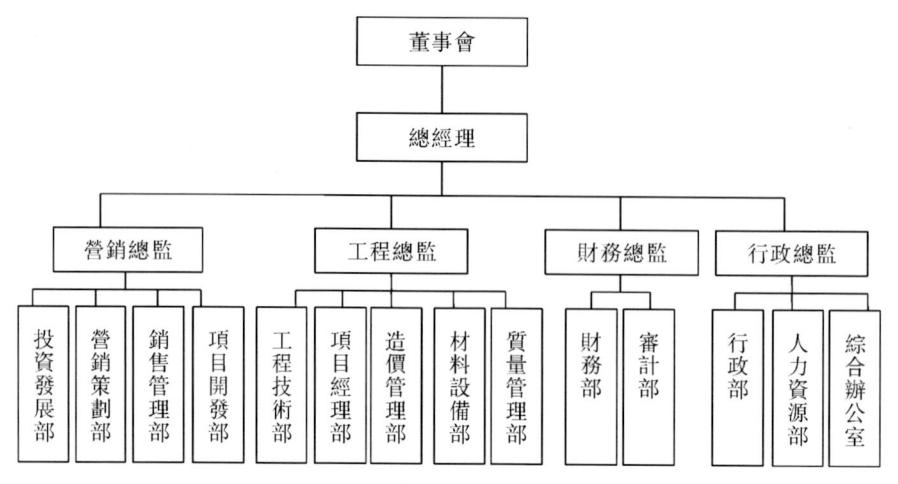

```
                            董事會
                              │
                            總經理
      ┌───────────┬──────────┴──────────┬───────────┐
   營銷總監      工程總監              財務總監    行政總監
  ┌──┼──┬──┐  ┌──┬──┬──┬──┐        ┌──┬──┐    ┌──┬──┬──┐
 投 營 銷 項  工 項 造 材 質        財 審    行 人 綜
 資 銷 售 目  程 目 價 料 量        務 計    政 力 合
 發 策 管 開  技 經 管 設 管        部 部    部 資 辦
 展 劃 理 發  術 理 理 備 理                   源 公
 部 部 部 部  部 部 部 部 部                   部 室
```

圖2-9　某地產企業組織結構範本

(4) 廣告公司組織結構圖範本

某廣告公司組織結構範本如圖2-10所示。

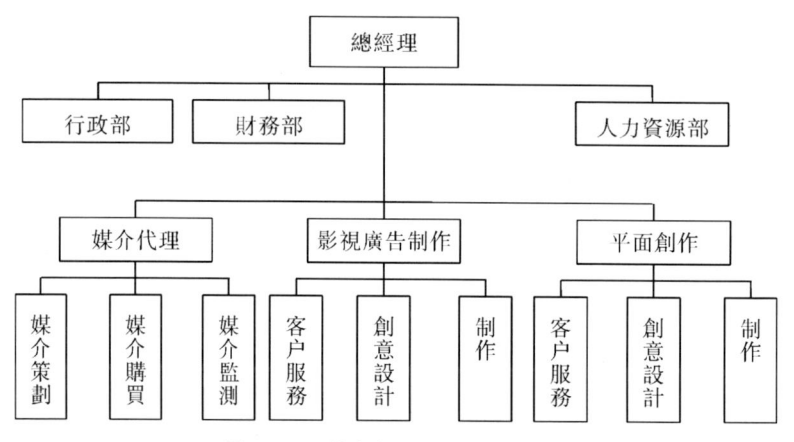

```
                        總經理
        ┌───────────┬─────┴─────┬─────────────┐
     行政部       財務部                  人力資源部
        ├───────────┬───────────┐
     媒介代理   影視廣告制作   平面創作
     ┌─┼─┐     ┌─┬─┬─┐       ┌─┬─┬─┐
     媒 媒 媒   客 創 制         客 創 制
     介 介 介   戶 意 作         戶 意 作
     策 購 監   服 設             服 設
     劃 買 測   務 計             務 計
```

圖2-10　某廣告公司組織結構範本

(5) 科技公司組織結構圖範本

某科技公司組織結構範本如圖2-11所示。

38

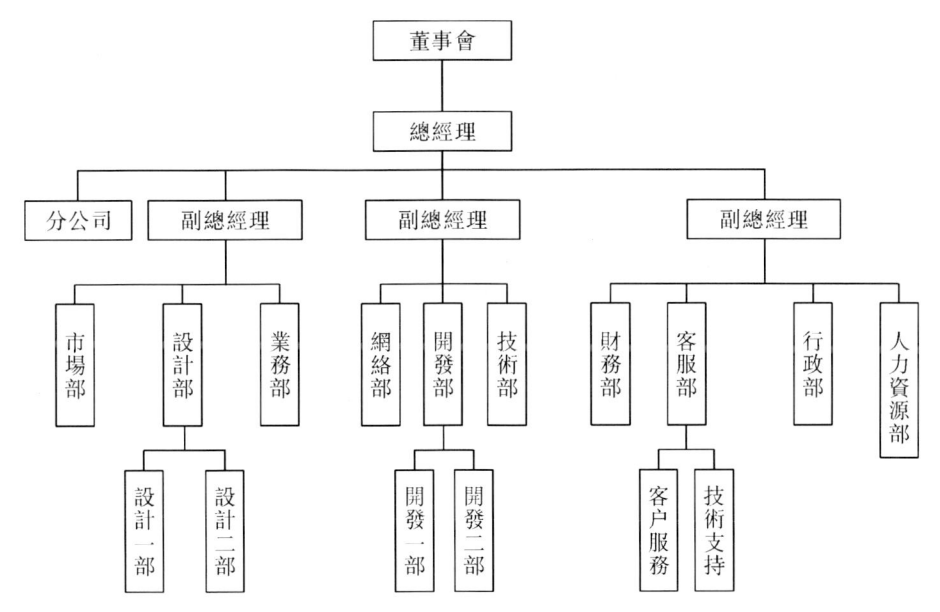

圖 2-11 某科技公司組織結構範本

三、如何設計一個富有彈性的組織結構

1. 組織結構設計的基本概念

組織結構設計，是依據組織目標及任務的要求，並通過對組織各類資源的整合和優化，確立企業某一階段的最合理的管控模式，實現組織資源價值最大化和組織績效最大化。簡單地說，就是在資源有限的狀況下通過組織結構設計提高組織的執行力和戰鬥力。

在企業的組織中，對構成企業組織的各要素進行排列、組合，明確管理層次，分清各部門、各崗位之間的職責和相互協作關係，並使其在實現企業的戰略目標過程中獲得最佳的工作業績。組織結構設計主要包括以下幾個方面的內容：

（1）職能結構

職能結構是指實現組織目標所需的各項業務工作以及比例和關係，其需要考慮的維度包括職能重疊、職能冗餘、職能缺失、職能銜接不足、職能分散、職能分工過細和職能弱化等方面。

組織結構中的職能設計包括兩個層次，一是基於公司關鍵價值鏈的主流程所需的一級職能設計，包括流程的各個環節，再增加對於關鍵控制點的檢查和控制，即構成了一級職能。這也往往是劃分職能部門的依據。二是在主流之外的其他流程和輔助流程所需的職能設計，這往往是設計崗位職能的依據。

（2）層次結構

層次結構是指管理層次的構成及管理者所管理的人數（縱向結構）。其考慮的維度包括管理人員分管職能的相似性、管理幅度、授權範圍、決策複雜性、指導與控制的

工作量、下屬專業分工的相近性等。

管理層次是從最高管理機構到最低管理機構的縱向劃分，其實質是組織內部縱向分工的表現形式，主要是各種決策權在組織各層級之間的劃分。

一般來說，管理層級的多少取決於公司的規模、組織的分散程度、管理者的能力、員工素質、市場環境的複雜性、公司集權程度等因素。如果管理層次過多，最直接的結果是導致信息失真、決策緩慢、反應遲鈍、官僚主義嚴重，附帶的還可能會使組織臃腫、管理效率低下、組織成本過高。

（3）部門結構

部門結構是指各管理部門的構成（橫向結構）。這裡需要考慮的是一些關鍵部門是否缺失或優化。一般從組織總體形態，各部門一、二級結構進行分析。

部門結構的設計有三個方面，首先是依據一級職能設立部門。在設立部門的時候需要遵循的原則包括分工協調原則、最少部門原則、目標統一原則、指標均衡原則等，最重要的原則是面向客戶原則。其次是部門之間的橫向關係設計。部門關係包括協調協作和監督制約，橫向協調是調節組織部門之間關係的重要手段，制約機制的設計就是從反面來預防部門行為偏離航向。最後是部門內部結構設計，包括部門二級職能劃分和崗位設置。崗位設置需要依照以下原則進行：因事設崗、工作豐富化、最少崗位數、客戶導向、規範化與系統化以及基於一般性規律。

（4）職權結構

職權結構是指各層次、各部門在權力和責任方面的分工及相互關係，主要考慮部門、崗位之間關係是否對等。

職權設計就是全面正確地處理上下級之間和同級之間的職權關係，把各類型職權合理分配到各個層次和部門，建立起集中統一、上下左右協調配合的職權結構。職權設計主要包括：①按照專業分工，各部門所享有的相應職權；②按照在各項工作中同級部門之間的協作關係，各自享有的相應職權，如決定權、確認權、協商權；③按照有關部門之間的橫向制約關係所確定的監督權。

職權設計成功的關鍵在於設計一個能夠在組織運作過程中發揮優勢的動態模型，能夠及時根據環境變化，做出適當的自我修復與調整。其難點在於參謀職權和職能部門職權的設計。

（5）管理流程

管理流程是指組織結構不但需要符合企業的核心業務流程，還需要與企業的管理流程相配套。組織結構中的各個部門需要借助流程進行有機連結，既明確各自的合理分工，又規定跨部門的流程規則，部門設置不合理、部門之間壁壘重重往往是引起管理流程問題的重要原因。

2. 組織結構設計的原則

（1）戰略導向原則。組織是實現組織戰略目標的有機載體，組織的結構、體系、過程、文化等均是為完成組織戰略目標服務的，達成戰略目標是組織設計的最終目的。組織應通過組織結構的完善，使每個人在實現組織目標的過程中做出更大的貢獻。

（2）適度超前原則。組織結構設計應綜合考慮組織的內外部環境、組織的理念與

文化價值觀、組織當前以及未來的發展戰略等，以適應組織現實狀況。並且，隨著企業的成長與發展，組織結構應有一定的拓展空間。

（3）系統優化原則。現代組織是一個開放系統，組織中的人、財、物與外界環境頻繁交流，聯繫緊密，需要開放型的組織系統，以提高對環境的適應能力和應變能力。因此，組織機構應與組織目標相適應。組織設計應簡化流程，有利於信息暢通、決策迅速、部門協調；充分考慮交叉業務活動的統一協調和過程管理的整體性。

（4）有效管理幅度與合理管理層次的原則。管理層級與管理幅度的設置受到組織規模的制約，在組織規模一定的情況下，管理幅度越大，管理層次越少。管理層級的設計應在有效控制的前提下盡量減少管理層級，精簡編製，促進信息流通，實現組織扁平化。

其中，管理幅度受主管直接有效地指揮、監督部屬能力的限制。管理幅度的設計沒有一定的標準，要具體問題具體分析。一般情況下，高層管理幅度以 3～6 人較為合適，中層管理幅度以 5～9 人較為合適，低層管理幅度以 7～15 人較為合適。

影響管理幅度設置的主要因素如下：

① 員工的素質。主管及其部屬能力強、學歷高、經驗豐富者，可以加大控制面，管理幅度可加大；反之，管理幅度應小一些。

② 溝通的程度。組織目標、決策制度、命令可迅速而有效地傳達，渠道暢通，管理幅度可加大；反之，管理幅度應小一些。

③ 職務的內容。工作性質較為單純、標準，工作結構化程度較高，可適度擴大控制的層面。

④ 協調工作量。利用幕僚機構及專員作為溝通協調者，可以擴大控制的層面。

⑤ 追蹤控制。擁有良好、徹底、客觀的追蹤執行工具、機構、人員及程序者，可以擴大控制的層面。

⑥ 組織文化。具有追根究底的風氣與良好的企業文化背景的公司也可擴大控制的層面。

⑦ 地域相近性。所轄地域近，可擴大管理控制的層面；地域遠則應縮小管理控制的層面。

（5）責權利對等原則。責權利相互對等，是組織正常運行的基本要求。權責不對等對組織危害極大，有權無責容易出現「瞎指揮」的現象；有責無權會嚴重挫傷員工的積極性，也不利於人才的培養。因此，在組織結構設計時，應著重強調職責和權力的設置，使公司能夠做到職責明確、權力對等、分配公平。

（6）職能專業化原則。公司整體目標的實現需要完成多種職能工作，應充分考慮專業化分工與團隊協作。特別是對於以事業發展、提高效率、監督控制為首要任務的業務活動，以此原則為主，進行部門劃分和權限分配。當然，公司的整體行為並不是孤立的，各職能部門應做到既分工明確，又協調一致。

（7）穩定性與適應性相結合的原則。

首先，企業組織結構必須具有一定的穩定性，這樣可使組織中的每個人的工作相對穩定，相互之間的關係也相對穩定，這是企業能正常開展生產經營的必要條件，如

果組織結構朝令夕改，必然造成職責不清的混亂局面。

其次，企業組織結構又必須具有一定的適應性。由於企業的外部環境和內部條件是在不斷變化的，如果組織結構、組織職責不注意去適應這種變化，企業就會缺乏生命力、缺乏經營活力。

因此，企業應該根據行業特點、生產規模、專業技術複雜程度、專業化水準、市場需求和服務對象的變化、經濟體制的改革需求等進行相應的動態調整。企業應該強調並貫徹這一原則，應在保持穩定性的基礎上進一步加強和提高組織結構的適應性。

3. 組織結構設計的步驟

前面已經分析了組織結構設計的內容以及原則，下面將對如何設計組織結構進行逐步的分解說明：

第一步，選擇確定組織架構的基礎模式。這一步工作要求根據自己企業的實際，選擇確定一個典型的組織模式，作為企業的組織架構的基礎模式。

第二步，分析確定擔負各子系統目標、功能、作用的工作量。這一步工作要求根據目標功能樹系統分析模型，分析確定自己企業內部各個子系統目標、功能、作用所擔負的工作量。要考慮的變量有二：一是企業的規模；二是企業的行業性質。

第三步，確定職能部門。這一步工作要求根據自己企業內部各個子系統的工作量大小和不同子系統之間的關係，來確定企業職能管理部門。即把屬於關聯關係和獨立關係，並且工作量不大的子系統的目標、功能、作用合併起來，由一個職能管理部門作為主承擔單位，負責所合併子系統的目標、功能、作用工作的協調和匯總。把屬於制衡關係的子系統的目標、功能、作用分別交由不同單位、部門或崗位角色承擔。

第四步，平衡工作量。這一步工作要求對所擬定的各個單位、部門的工作量進行大體的平衡。因為工作量過大的單位、部門往往會造成管理跨度過大，而工作量過小的單位、部門，往往會造成管理跨度過小。

第五步，確定下級對口單位、部門或崗位的設置。如果企業下屬的子公司、獨立公司、分公司規模仍然比較大，上級職能管理部門無法完全承擔其相應子系統目標、功能、作用的工作協調和匯總，就有必要在這個層次上設置對口的職能部門或者專員崗位。

第六步，繪製組織架構圖。這一步工作要求直觀地畫出整個企業的單位、部門和崗位之間的關係，及所承擔的子系統目標、功能、作用的相應工作。

第七步，擬定企業系統分析文件。這一步工作也就是為企業組織架構確立規範。企業系統分析文件是具體描繪企業內部各個子系統的目標、功能、作用，該由哪些單位、部門或者崗位來具體承擔，以及所承擔的內容，並對職責和權力進行界定。

第八步，根據企業系統分析文件撰寫組織說明書。這一步工作就是在組織結構圖的基礎上，分析界定各個單位、部門組織和崗位的具體工作職責、所享有的權力、信息傳遞路線、資源流轉路線等。

第九步，擬定單位、部門和崗位工作標準。明確界定各個單位、部門和崗位的工作職責、工作目標、工作要求。

第十步，根據企業系統分析文件、組織說明書及單位、部門和崗位工作標準進行

工作分析，並撰寫工作說明書。除了界定前述內容外，還要明確界定任職的條件和資格。

第十一步，就上述文件進行匯總討論，在獲得通過後正式頒布，組織架構調整改造工作完成。

第二節　工作分析

組織為了完成自己的整體目標，將設計各種不同職能的部門機構，並將整體目標分解給各個部門機構。各個部門機構的工作需要進一步分解，將工作任務按照職位設計的原理，落實到職位上。職位，即崗位，它是根據組織目標需要設置的具有一個人工作量的單元，是職權和相應責任的統一體。也就是說，每個職位的工作任務，正好是一個人所能夠承擔的工作。每個人所承擔的工作內容具有很高的關聯性。各項工作之間都是相互聯繫的。因此，對每個職位的工作要進行合理的分配和組織。為了更好地合理設計職位，必須對職位進行研究，實施職位管理。

職位管理通過職位分析來明確不同職位在組織中的角色和職責以及相應的任職資格；然後通過職位評估等分析工具來確定職位在組織中的相對價值大小，在組織內部形成職位價值序列。職位管理的基本內容可以分成四大塊：一是組織設計，二是工作分析，三是職位描述和職位規範，四是職位評估。

一、工作設計

1. 工作設計的基本概念

（1）工作設計的定義

工作設計是指為了有效地達到組織目標與滿足個人需要而進行的工作內容、工作職能和工作關係等方面的設計。也就是說，工作設計是根據組織結構各部門的職責、任務、目標的需要，將其分解到部門各個崗位，確定每個崗位的任務、責任、權力及組織中與其他崗位關係的過程。[1]

（2）工作設計的基本原則

第一，系統原則。所謂系統，就是由若干既有區別又相互依存的要素所組成，處於一定環境之中的有機整體。任何一個完善的組織機構都是一個相對獨立的系統。在設置組織機構內的職位時，我們要從系統的概念出發，從總體上和與其他工作的聯繫上檢驗這個職位是否符合本系統的需要，是否有獨立存在的必要。

第二，最低職位數量原則。任何一個組織，其職位的數量是有限的。因為它受到工作任務大小、複雜程度及經費開支等因素的限制。為了使一個組織以最少的耗費獲得最大的效益，其職位數量應限制在能有效地完成任務所需要職位的最低數，使每個職位的工作量滿負荷。

---

[1] 王青. 工作分析——理論與應用 [M]. 北京：清華大學出版社、北京交通大學出版社，2009：139.

第三，能級原則。「能級」，是指一個組織中各職位功能的等級，也就是職位在該組織這個「管理場」中所具有的能量等級。一個職位的功能大小，是由它在組織中的工作性質、任務的大小、工作的繁簡難易程度以及職責、權力大小等因素所決定的。

第四，最低職位層次原則。設置職位時，要根據工作與任務的要求，能設低層次職位，就不設高層次職位。

2. 工作設計的內容

崗位設計的主要內容包括工作內容、工作職責和工作關係設計三個方面。

（1）工作內容

工作內容的設計是工作設計的重點，一般包括工作的廣度、工作的深度、工作的自主性、工作的完整性以及工作的反饋五個方面：

①工作的廣度，即工作的多樣性。工作設計得過於單一，員工容易感到枯燥和厭煩，因此設計工作時，盡量使工作多樣化，使員工在完成任務的過程中能進行不同的活動，保持對工作的興趣。

②工作的深度。設計的工作應具有從易到難的一定層次，對員工工作的技能提出不同程度的要求，從而增加工作的挑戰性，激發員工的創造力和克服困難的能力。

③工作的完整性。保證工作的完整性能使員工有成就感，即使是流水作業中的一個簡單程序，也要是全過程，讓員工見到自己的工作成果，感受到自己工作的意義。

④工作的自主性。適當的自主權力能增加員工的工作責任感，使員工感到自己受到了信任和重視。認識到自己工作的重要性，使員工工作的責任心增強，工作的熱情提高。

⑤工作的反饋。工作的反饋包括兩方面的信息：一是同事及上級對自己工作的反饋，如對自己工作能力、工作態度的評價等；二是工作本身的反饋，如工作的質量、數量、效率等。工作反饋信息使員工對自己的工作效果有個全面的認識，能正確引導和激勵員工，有利於員工在工作上精益求精。

（2）工作職責

工作職責設計主要包括工作的責任、權力、方法以及工作中的相互溝通和協作等方面。

①工作責任。工作責任設計就是員工在工作中應承擔的職責及壓力範圍的界定，也就是工作負荷的設定。責任的界定要適度，工作負荷過低、無壓力會導致員工行為輕率和低效；工作負荷過高、壓力過大又會影響員工的身心健康，會導致員工產生抱怨和抵觸情緒。

②工作權力。權力與責任是對應的，責任越大權力範圍越廣，否則二者脫節，會影響員工的工作積極性。

③工作方法。包括領導對下級的工作方法、組織和個人的工作方法設計等。工作方法的設計具有靈活性和多樣性，不同性質的工作根據其工作特點的不同，採取的具體方法也不同，不能千篇一律。

④相互溝通。溝通是一個信息交流的過程，是整個工作流程順利進行的信息基礎，包括垂直溝通、平行溝通、斜向溝通等形式。

⑤協作。整個組織是有機聯繫的整體，是由若干個相互聯繫、相互制約的環節構成的，每個環節的變化都會影響其他環節以及整個組織運行，因此各環節之間必須相互合作、相互制約。

(3) 工作關係

組織中的工作關係，表現為合作關係、協作關係、監督關係等各個方面。

3. 工作設計的方法

(1) 傳統的科學管理方法

傳統的科學管理方法是依據泰勒的科學管理原理來設計的。按照科學管理方法進行工作設計的基本途徑是時間—動作研究，即工作程序研究和分析員工在工作時身體部位，如手、臂和身體其他部位的動作，研究員工、勞動工具和原材料之間的物理機械關係，研究工作環節和工作程序之間的最佳組合，使工作效率最大化。時間—動作研究的基本目的是實現工作的簡單化和標準化，以使所有員工都能夠達到預先確定的生產水準。這樣設計出來的工作的優點是工作安全、簡單、可靠，使員工工作中的精神需要最小化。缺點是工作單調乏味、令人厭倦，工作很難使工人產生成就感。這種職位設計方法主要是用於工作結構程度高、操作性強的工作。

(2) 人際關係方法

人際關係方法是從員工的角度來考慮工作設計，是針對科學管理方法設計的工作的缺陷進行改進後的工作設計方法。這種方法強調工作對工作承擔者的心理影響，增加工作對員工的吸引力，提高員工的工作成就感。由於工作成就感來自於工作本身，人際關係哲學提出的工作設計方法包括工作擴大化、工作輪調和工作豐富化。

①工作擴大化：工作擴大化是擴展一項工作的任務和職責，這些工作與員工以前的工作內容非常相似，只是一種工作內容在水準方向上的擴展，不需要員工具備新的技能。因此，這種方法沒有從根本上改變工作的枯燥和單調。

②工作輪調：工作輪調是讓員工先後承擔不同的但是在內容上很相似的工作。這種方法很難在工作技能上得到提高。

③工作豐富化：工作豐富化是指在工作中賦予員工更多的責任、自主權和控制權。工作豐富化是垂直地增加工作內容。這樣可使員工承擔更多的任務、更大的責任，員工有更大的自主權和更高程度的自我管理，還有對工作績效的反饋。工作豐富化思想對工作設計的影響甚大，從而形成了工作特徵模型。

(3) 工作特徵模型方法

工作特徵模型方法的理論依據是赫茲伯格的保健—激勵理論。在工作豐富化思想的基礎上，採取以下措施：

① 組成自然的工作群體，使每個員工不僅僅只完成自己的那部分工作，可以改變員工的工作內容。

② 實行任務合併，讓員工從頭到尾完成一項完整的工作，而不是讓他只承擔其中的一部分。

③ 建立客戶關係，即讓員工盡可能有與客戶接觸的機會。

④ 讓員工規劃和控制其工作，而不是讓別人來控制，員工可以自己決定其工作的

進度、處理遇到的問題，甚至決定上下班時間。

⑤ 建立通暢的反饋渠道，讓員工能夠迅速地知道自己的工作績效情形。

工作豐富化的核心就是激勵的工作特徵模型。根據這一模型，一個工作可以使員工產生三種心理狀態：感受到工作的意義、感受到工作結果的責任和瞭解工作結果。引導這些關鍵的心理狀態的是工作的某些核心維度：工作技能的多樣性、任務的完整性、工作任務的意義、工作的自主性和工作績效反饋。

（4）優秀業績工作體系

所謂優秀業績工作體系，是將科學管理哲學與人際關係方法結合起來的一種工作設計方法。在優秀業績工作體系中，操作者不再從事某種特定任務的工作，而是每位員工都具有多方面的技能，這些員工組成工作小組。工作任務被分配到工作小組，然後由小組去決定誰在什麼時候從事什麼任務。工作小組有權在既定的技術約束和預算約束下，自己決定工作任務的分配方式，他們只是對最終產品負責。在管理上，工作小組的管理者其實是一名教練和激勵者，由此發展產生了自我管理團隊。

（5）輔助工作設計方法

所謂輔助工作設計方法，指的是縮短工作週期和彈性工作制。雖然這種方法沒有改變工作的操作方式，實際上不能稱為工作設計方法，但是它改變了員工個人工作的時間，給予員工更多的自由，可以提高工作效率，所以可以把它稱為輔助的工作設計方法。

二、工作分析概述

1. 工作分析的含義

工作分析，亦稱職務分析或崗位分析，是工作信息提取的情報手段，通過工作分析，提供有關工作的全面信息，以便對組織進行有效的管理。① 具體來說，工作分析就是把員工擔任的每個職務的內容加以分析，清楚地確定該職務的固有性質和組織內職務之間的相互關係和特點，並確定操作人員在履行職務時應具備的技術、知識、能力與責任，亦即對某一職位工作的內容及有關因素做全面的、有系統有組織的描寫或記載。

作為一門專業學科，人力資源管理也與其他專業領域一樣，有著自己的專業術語，下面簡要地介紹一下與工作分析相關的專業術語，這些術語大都與我們日常生活中所理解的概念含義不同。

（1）要素：工作的最小單位，即工作已不能再進一步割分成任何動作、運動，或其他任何心理過程。

（2）任務：為一個明確目的所進行的工作活動。

（3）職責：由一個個體操作的包括一定數量的任務的工作。

（4）職位：在一定時期，一定組織中由一個個體所操作的一個或多個職責。每位員工在組織中都有自己所處的職位。即員工的數量與職位的數量是相等的。

---

① 付亞和. 工作分析［M］. 上海：復旦大學出版社，2005：6.

（5）職務：亦可稱為工作，指一組具有明顯相似職責的職位，如機械師。一個職務可能只有一個職位，亦可能有幾個職位，這是與組織的規模相關聯的。

（6）職業：不同時期、不同組織中類似的一組職務，如教師、技師、電工等。

（7）工作活動：員工完成預期職務目標所進行的體力或腦力活動的過程。

工作分析是確定完成各項工作所需要的技能、責任和知識的系統過程。通過工作分析，可以確定某一工作的任務和性質是什麼，工作的任務和性質決定了什麼樣的人才能有效地完成這項工作。職務分析的結果是職務說明書。職務說明書通常包括兩個方面：一是工作描述，另一是任職資格。

（1）工作描述：工作描述指對職務的性質、任務、責任、工作內容、處理方法等所作的書面記錄。它解決的是職務承擔者做什麼、怎麼做和為什麼做等問題。其基本要素包括工作名稱、工作內容和程序、工作條件和物理環境、社會環境等。

（2）任職資格：任職資格則是根據工作描述所提供的資料，擬定工作資格，列舉並說明適合從事某一職務的人員所必須具備的個人特質條件與所受的訓練，以供招聘（或職業訓練）使用。任職資格的主要內容包括：有關工作程序和技術的要求、工作技能、獨立思考與判斷能力、記憶力、注意力、知覺能力、警覺性、操作能力（速度、準確性和協調性）、工作態度和各種特殊能力要求。任職資格還包括文化程度、工作經驗、生活經驗和健康狀況等內容。

2. 工作分析的內容與目的

（1）工作分析的內容

工作分析的內容包括工作分析要素、工作說明、工作規範三個部分，下面分別闡述。

①工作分析要素

要進行工作分析，首先必須弄清該項工作由哪些要素構成、其具體含義是什麼。一般來說，工作分析包含以下七個要素：

● 什麼職位。工作分析首先要確定工作的名稱、職位。即在調查的基礎上，根據工作性質、工作繁簡難易、責任大小及資格四個方面，確定各項工作的名稱並進行歸類。

● 做什麼。即應具體描述工作者所做工作的內容，在描述時應使用動詞，如包裝、裝載、刨、磨、檢測、修理等。

● 如何做。即根據工作內容和性質，確定完成該項工作的方法與步驟，這是決定工作完成效果的關鍵。

● 為何做。即要說明工作的性質和重要性。

● 何時完成。即完成工作的具體時間。

● 為誰做。即該項工作的隸屬關係，明確前後工作之間的聯繫及職責要求。

● 需要何種技能。即完成該項工作所需要的工作技能。如口頭交流技能、迅速計算技能、組織分析技能、聯絡技能等。

②工作說明

工作說明是有關工作範圍、任務、責任、方法、技能、工作環境、工作聯繫及所需要人員種類的詳細描述。它的主要功能有：讓職工瞭解工作的大致情況；建立工作

程序和工作標準；闡明工作任務、責任與職權；有助於員工的聘用與考核、培訓等。

③工作規範

為了使員工更詳細地瞭解其工作的內容和要求，以便能順利地進行工作，在實際工作中還需要比工作說明書更加詳細的文字說明，規定執行一項工作的各項任務、程序以及所需的具體技能、知識及其他條件。為此，企業在工作分析的基礎上，可制定「工作規範書」或將此項內容包括在工作手冊、工作指南等文本之中。所謂工作規範，就是對完成一項工作所需的技能、知識以及職責、程序的具體說明。它是工作分析結果的另一個組成部分。

（2）工作分析的目的

工作分析是人力資源管理的基本工具，是其他所有工作的基礎。它的主要目的有兩個：

第一，弄清楚企業中每個崗位都在做什麼；

第二，明確這些崗位對員工有什麼具體要求。

通過工作分析，產生出的工作說明書和崗位任職資格要求是企業進行其他人力資源管理工作的重要依據。通常來說，工作分析的目的是為了解決以下六個重要的問題：

①工人完成什麼樣的體力和腦力活動；

②工作將在什麼時候完成；

③工作將在哪裡完成；

④工人如何完成此項工作；

⑤為什麼要完成此項工作；

⑥完成工作需要哪些條件。

3．工作分析結果的作用

工作分析對於人事研究和人事管理具有非常重要的作用。全面地和深入地進行工作分析，可以使組織充分瞭解工作的具體特點和對工作人員的行為要求，為做出人事決策奠定堅實的基礎。

（1）工作分析為人力資源開發與管理活動提供依據

①工作分析為人力資源規劃提供了必要的信息。

②工作分析為人員的招聘錄用提供了明確的標準。

③工作分析為人員的培訓開發提供了明確的依據。

④工作分析為科學的績效管理提供了幫助。

⑤工作分析為制定公平合理的薪酬政策奠定了基礎。

（2）工作分析為組織職能的實現奠定基礎

首先，工作分析有助於員工本人反省和審查自己的工作內容和工作行為，以幫助員工自覺主動地尋找工作中存在的問題，圓滿實現職位對於組織的貢獻。

其次，在工作分析過程中，人力資源管理人員能夠充分地瞭解組織經營的各個重要業務環節和業務流程，從而有助於人力資源管理職能真正上升到戰略地位。

最後，借助於工作分析，組織的最高經營管理層能夠充分瞭解每一個工作崗位上的人目前所做的工作，可以發現職位之間的職責交叉和職責空缺現象，並通過職位及

時調整，提高組織的協同效應。

（3）工作分析對人力資源管理的基礎作用

①工作分析對績效考核的作用。

②工作分析對人員招聘與錄用的作用。

③工作分析對員工培訓與職業生涯設計的作用。

④工作分析對人力資源規劃的作用。

⑤工作分析對薪酬設計與管理的作用。

⑥工作分析對組織分析的作用。

三、工作分析的基本方法

工作分析的方法有很多，常用的方法有訪談法、問卷法、工作日誌法、工作參與法、現場觀察法、關鍵事件法等。每種方法都有其適用的條件，各有利弊。一般在組織管理實踐過程中，常常是幾種方法綜合使用，其中以問卷法與訪談法使用得最多。下面介紹常用的幾種方法。

1. 訪談法

（1）訪談法的定義與優缺點

訪談法又叫面談法，是與擔任有關工作職務的人員一起討論工作的特點和要求，從而取得有關信息的調查研究方法。

訪談法包括四種訪談類型：對任職者進行的個別訪談；對與該工作聯繫比較密切者進行的群體訪談；對主管人員進行的訪談；對任職者的下屬進行的訪談。訪談法的優點在於：訪談問題可不拘形式，靈活應變；能簡單且迅速收集大量信息；便於雙方溝通，易消除受訪者疑慮。其不足在於：費時、費力、成本高；對訪談技巧要求較高；會占用較多工作時間。

（2）訪談法的實施過程

訪談法的實施可以分為四個步驟，如圖2－12所示。

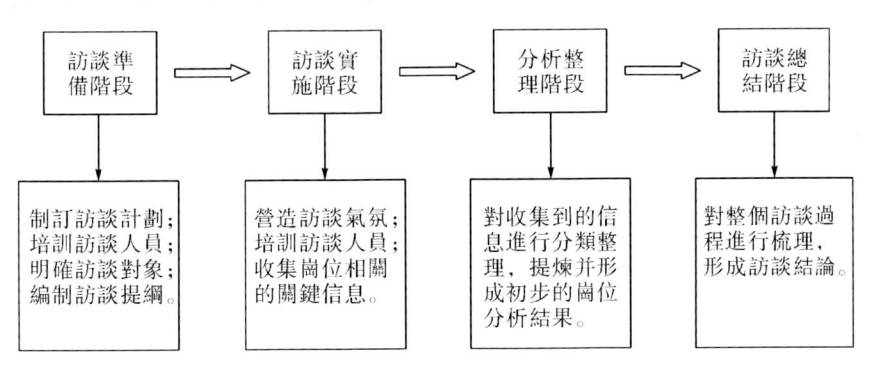

```
┌──────────┐   ┌──────────┐   ┌──────────┐   ┌──────────┐
│ 訪談準   │⇒ │ 訪談實   │⇒ │ 分析整   │⇒ │ 訪談總   │
│ 備階段   │   │ 施階段   │   │ 理階段   │   │ 結階段   │
└──────────┘   └──────────┘   └──────────┘   └──────────┘

┌──────────┐   ┌──────────┐   ┌──────────┐   ┌──────────┐
│制訂訪談計│   │營造訪談氣│   │對收集到的│   │對整個訪談│
│劃；培訓訪│   │氛；培訓訪│   │信息進行分│   │過程進行梳│
│談人員；明│   │談人員；收│   │類整理，提│   │理，形成訪│
│確訪談對象│   │集崗位相關│   │煉并形成初│   │談結論。  │
│；編制訪談│   │的關鍵信息│   │步的崗位分│   │          │
│提綱。    │   │。        │   │析結果。  │   │          │
└──────────┘   └──────────┘   └──────────┘   └──────────┘
```

圖2－12　訪談法實施步驟

（3）訪談的主要內容：

①工作目標，即組織為什麼設立這一職務，根據什麼確定對職務的報酬。

②工作內容，即任職者在組織中有多大的作用，其行動對組織產生的後果有多大。

③工作的性質和範圍，是面談的核心。主要瞭解該工作在組織中的關係，其上下屬職能的關係，所需的一般技術知識、管理知識、人際關係知識，需要解決的問題的性質以及自主權。

④所負責任，涉及組織、戰略政策、控制、執行等方面。

（4）訪談的時間和地點

一般來說，時間和地點應該盡量以方便受訪者為主，一個比較充分的收集訪談資料的過程應該包括一次以上的訪談；每次訪談的時間應該在一個小時以上，但是最好不要超過兩個小時。

（5）協商有關事宜

一般來說，訪談者在訪談開始之前就應該向受訪者介紹自己以及訪談的目的，並且就語言的使用、交談規則、自願原則、保密原則和錄音等問題與對方進行磋商。

（6）訪談法的注意事項

①對訪談人員進行培訓。

②準備並熟悉訪談提綱。

③演練和預熱。

④注意運用訪談技巧。

2. 問卷調查法

（1）問卷調查法的特點

問卷調查法是工作分析最主要的方法之一。問卷既可由崗位任職者填寫，也可由工作分析人員來填寫。根據工作分析目的和調查條件的不同，調查內容可包括工作任務、活動內容、工作範圍、考核標準、必需的知識技能等。當組織規模較大且員工文化程度較高時，應當首先考慮問卷調查法。

問卷調查法成功的關鍵環節包括兩個方面：一是調查問卷的設計，二是問卷調查的實施過程。問卷的設計要做到：提問要準確；問卷表格要精練；語言通俗易懂，問題不可模棱兩可；問卷首先要有指導語，把能引起被調查人興趣的問題放在前面；問題排列次序要有邏輯性。

問卷調查法在崗位分析中使用最為廣泛，它的優點是：樣本多、成本低、速度快；標準化程度高，容易操作，便於量化統計。問卷可在工作之餘填寫，不占用工作時間，適合對職數較多的工作人員進行崗位分析，調查結果可以進行量化分析，進行計算機處理。免去了長時間觀察和訪談的麻煩，還克服了進行職務分析的工作人員水準不一的弱點。但是，問卷調查法對問卷設計水準的要求較高。此外，它不易瞭解被調查對象的態度、動機等深層次信息，在實施中常會遇到被調查者不願投入，草草作答了事的現象，調查結果的有效性便會受到一定影響。問卷需要進行說明，否則會因理解不同，產生信息誤差。

（2）問卷調查法的實施過程

圖2-13描述了問卷調查法的四個基本步驟：

```
┌─────────────────────────────────────────────────────────────┐
│ 調查準備：了解工作分析的範圍及工作特性、確定工作分析人員等； │
└─────────────────────────────────────────────────────────────┘
                              ⬇
┌─────────────────────────────────────────────────────────────┐
│ 設計調查問卷：精心設計的問卷是獲得大量有用信息的關鍵；       │
└─────────────────────────────────────────────────────────────┘
                              ⬇
┌─────────────────────────────────────────────────────────────┐
│ 填寫調查問卷：提供安靜的場所，向接受問卷調查的員工講解工作分析的 │
│ 目的與意義，并說明填寫問卷的注意事項；鼓勵員工真實、客觀地填寫問 │
│ 卷調查表，打消填寫者的顧慮；職務分析人員隨時解答問卷的相關問題。 │
│ 另外調查問卷也可以通過E-mail等電子方式傳遞。需要分析人員現場做的 │
│ 工作應該在問卷說明部分充分體現。                                │
└─────────────────────────────────────────────────────────────┘
                              ⬇
┌─────────────────────────────────────────────────────────────┐
│ 回收并處理調查信息：回收的問卷應保證沒有漏填、錯填的地方，對問卷 │
│ 的信息進行統計分析，提取與工作相關的內容後，進入編寫工作說明書的 │
│ 程序。                                                         │
└─────────────────────────────────────────────────────────────┘
```

圖 2-13　問卷法實施步驟

在這四個步驟過程中，需要注意工作環節和內容。

①確定問卷的目的與內容

在進行問卷調查之前，首先應該做的就是明確研究目的，再根據研究目的收集所需資料，確定調查對象和調查內容。在把一個題目放進問卷之前，應該先確定將來如何使用或者如何進行結果統計。如果不能預先確定就不要設計無用的題目。

②確定問卷的形式

問卷的形式一般分為結構型問卷、非結構型問卷和綜合型問卷。研究者應根據實際需要，選擇最貼切的問卷形式。結構型問卷又稱為封閉式問卷，是對所有被測試者應用一樣的題目，對回答有一定結構限制的問卷類型。即在研究者事先規定的各種答案中，填答者選擇符合自己當時意見、態度的一個或幾個答案。題目可以分為單選題、多選題、判斷題、排序或賦值題、分叉題、配對題等。

結構型問卷比較便於調查對象回答和研究者進行統計分析，但它對問題的答案進行了限制，沒有給填答者留下發揮其創造性或自我表達的機會，也可能會使對問題沒有看法或者沒有適合自己答案的填答者隨便亂答或者不答。所以，研究者在題目的設計上應該盡可能做到深思熟慮。非結構型問卷的問題是開放式的。

綜合型問卷就是結構型問卷與非結構型問卷的綜合形式，即一份問卷中既包含了開放式的問題也包含了封閉式的問題，這種類型的問卷綜合了以上兩類問卷的優點，因而是使用最廣泛的一種問卷形式。

③問卷的編製

問卷的編製可以根據以前的工作說明書、相關職位工作說明書範本以及實際工作內容進行編寫。

（3）問卷調查法的注意事項

①提問準確、語言通俗易懂。

②問題不可模棱兩可。

③避免誘導性的問題。

④問題的排列次序：把能吸引被調查人興趣的問題放在前面，簡單的問題放在前面，難於回答的、開放式的問題放在後面。

⑤按照時間的先後順序排列。

問卷調查法的調查樣本量大、範圍廣，且節省時間，但不像訪談法那樣可以面對面地交流信息，因此不容易瞭解被調查對象的態度和動機等較深層次的信息。其缺陷在於：一是不易喚起被調查對象的興趣；二是除非問卷很長，否則就不能獲得足夠詳細的信息。

3. 工作日誌法

（1）工作日誌法的定義與優缺點

工作日誌法，也稱工作寫實法，是指任職者在一定週期內，按時間順序準確、詳細地記錄自己的工作內容、工作過程及責任、權力、人際關係、工作負荷、感受等，然後進行歸納分析，從而實現工作分析目的的一種分析方法。[①] 如果這種記錄很詳細，那麼經常會提示訪談、問卷等方法無法獲得或者觀察不到的細節。

工作日誌法的優點在於如果這種記錄很詳細，分析人員會得到一些利用其他方法無法獲得或者觀察不到的細節，而其最大的問題在於工作日誌內容的真實性很難保證。該方法對高水準的、複雜的工作的分析比較經濟、有效。工作日誌法多應用在工作內容較多樣化或工作時空較多變化的工作上，並且在職務分析時常輔以其他方法，而較少作為唯一的信息收集技術。

（2）工作日誌法的基本程序及注意事項

工作日誌法的基本程序如圖2-14所示。

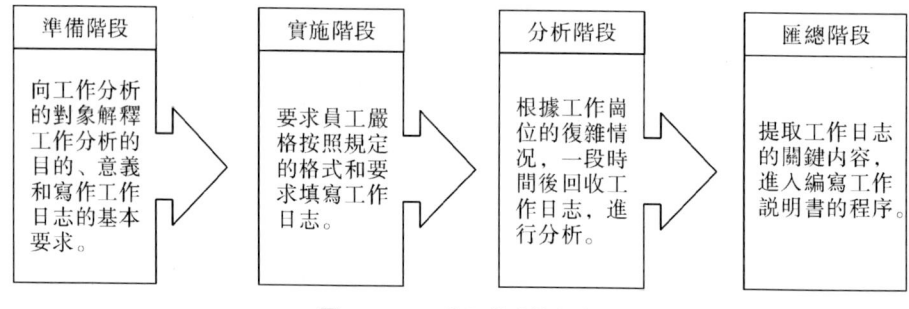

準備階段	實施階段	分析階段	匯總階段
向工作分析的對象解釋工作分析的目的、意義和寫作工作日誌的基本要求。	要求員工嚴格按照規定的格式和要求填寫工作日誌。	根據工作崗位的復雜情況，一段時間後回收工作日誌，進行分析。	提取工作日誌的關鍵內容，進入編寫工作說明書的程序。

圖2-14　工作日誌法的程序

---

① 王青. 工作分析——理論與應用 [M]. 北京：清華大學出版社、北京交通大學出版社，2009：13.

由於工作日誌法是由工作者按工作日誌的形式詳細地記錄有關的工作信息，因此主要應該注意兩個方面的問題：

①工作性質的特殊性會影響日誌的準確性或工作的連續性。如果活動內容有限且相對固定，應該盡可能地列成表格，使工作者只需要填寫活動消耗的時間等少量內容，重複性工作活動只在工作活動結果和時間消耗欄目添加，事後進行匯總。

②對日誌的真實性應該進行檢查，因為工作者一般有誇大自己工作的量和度的傾向。檢查工作可由工作者的直接上級來承擔。

（3）工作日誌法的類型

工作日誌法的種類有很多，如個人工作日誌、班組工作日誌、特殊工作日誌等。

4. 結構化工作分析方法

結構化工作分析方法一般採用問卷形式，通過對某種職務特徵的單元或項目的描述來進行工作分析，隨後根據工作分析人員提供的情況來確定這個項目是否適用於所研究的職務，或者更確切地說，用一個等級評定量表指出這個項目與職務的關係。結構化的工作分析方法的最大特點是可以利用計算機對職務信息進行定量分析。

（1）結構化工作分析方法的主要類型

①任務調查表

任務調查表是用來收集工作信息或職業信息的調查表。工作分析人員依據每一條檢查項目或評定項目，列出任務或工作活動一覽表，其內容包括所要完成的任務、難易程度、學習時間、與整體績效的關係等，所得到的數據可以用計算機進行分析。美國空軍廣泛運用的一種任務調查表包括大約 500 條任務說明（按照主要職能或主要責任分類）。

有一種特殊的任務調查表，包括了從學徒工到熟練工、從低級管理人員到高級管理人員的所有工作等級，它必須靠複雜的計算機程序分析處理，稱之為職業數據全面分析計劃（簡稱 CODAP）。它把具有類似任務的工作或任務組合歸為一類或工作族，可用於多種分析目的。在美國，除了國防部外，所有軍事機構和某些民用職業機構也利用職業數據全面分析計劃進行工作分析。

②職位分析問卷（PAQ）

任務調查表基本上運用於對職務本身的統計分析，難以確定行為方面的影響，可以說是一種職務定向的信息收集方法。與此相對照，人員定向的信息內容則描述如何完成某一工作，更注意對工作人員的行為做出一般概括。由麥考密克、珍納爾與米查姆設計的職位分析問卷正是這種方法之一，它以對人員定向的工作要素的統計分析為基礎。該表由 194 個項目或職務要素構成，這些項目分為六個主要方面：信息輸入（員工在何處及怎樣得到其職務所需要的信息）、心理過程（完成職務所需的推理、計劃、決策等）、工作輸出（員工操作所需的體力活動及他們所使用的工具和設備）、人際活動（人際信息交流、人際關係、個人聯繫、管理和相互協調等）、工作情境與職務關係（工作條件、物資和社會環境）、其他方面（工作時間安排、報酬方法、職務要求、具體職責等）。每一個項目既要評定其是否為一個職務的要素，還要在一個評定量表上評定其重要程度、花費時間及困難程度。

職位分析問卷的不足主要表現在以下兩個方面：第一，阿維·伯格勒的研究指出，由於沒有對職務的特殊工作活動進行描述，因此，職務中行為的共同之處就使任務之間的差異變得模糊了。第二，阿什·艾吉歐指出 PAQ 的可讀性差，通常具備大學閱讀水準以上者才能夠理解其各個項目，任職者和主管人員如果沒有受過 10～12 年以上的教育就難以使用這種問卷。儘管如此，PAQ 仍是勞動心理學領域中使用廣泛、很受歡迎的工作分析問卷之一。

③功能性工作分析（FJA）

美國勞工部提出一種稱為工作者功能的工作分析（Functional Job Analysis，FJA，也叫功能性工作分析）作為工作分析程序的一個階段。工作者功能是指那些確定工作者與信息、人和事之間關係的活動。每項功能描述一種廣泛的行動，它概括出在與信息、人和事發生關係時工作者做什麼。在信息、人、事三個範疇中，每一類的工作者功能的安排是有結構的，即從不很複雜的功能上升到比較複雜的功能。然而這種等級關係有時是有限的、不精確的、本末倒置或根本不存在的。因而，應把這些情況解釋為是反應工作者與信息、人和事之間的關係特性，而不是表明職務複雜的嚴格水準。

④關鍵事件法（CIT）

此法由 J. C. Flanagan 在 1954 年發展起來，其主要原則是認定員工與職務有關的行為，並選擇其中最重要、最關鍵的部分來評定其效果。它首先從領導、員工或其他熟悉職務的人那裡收集一系列職務行為的事件，然後，描述「特別好」或「特別壞」的職務績效。這種方法考慮了職務的動態特點和靜態特點。對每一事件的描述內容包括：

a. 導致事件發生的原因和背景；
b. 員工的特別有效或多餘的行為；
c. 關鍵行為的後果；
d. 員工自己能否支配或控制上述後果。

在大量收集這些關鍵事件以後，可以對它們做出分類，並總結出職務的關鍵特徵和行為要求。關鍵事件法的主要優點是研究的焦點集中在職務行為上，因為行為是可觀察、可測量的。同時，通過這種工作分析法可以確定行為的任何可能的利益和作用。但這個方法也有兩個主要的缺點：一是費時，需要花大量的時間去收集那些關鍵事件，並加以概括和分類；二是關鍵事件的定義是顯著地對工作績效有效或無效的事件，這就遺漏了平均績效水準。而對工作來說，最重要的一點就是要描述「平均」的職務績效。利用關鍵事件法，對中等績效的員工就難以涉及，因而全面的工作分析就不能完成。

(2) 結構化工作分析方法之間的比較

任務調查表、職位分析問卷、功能性工作分析與關鍵事件法中，沒有一種方法能適用於所有工作分析的目的，但它們各自都有自己的優點。按照萊文、阿什、霍爾和西斯讓克設計的程序，讓 93 名經驗豐富的工作分析人員對這幾種方法根據下述因素進行評定：一是工作分析的目的，如職務描述、職務分類、職務評價、職務設計、人員要求、績效評估、人員培訓、工人的流動性、職務效率、人力計劃等方面的要求；二

是工作分析的實際考慮，如職業的通用性、標準化，回答者或使用者的可接受性，工作分析人員所需要的訓練，預先的操作測驗，所需樣本的大小，實際應用時的適用性、可靠性、代價、成果的質量、完成的時間。通過對比分析，最後得到以下結果：

①從職務描述和分類來看，任務調查表和功能性工作分析的評價最高。

②職位分析問卷和任務調查表被認為最標準化、最可靠。

③從實際應用時的情況來看，對職位分析問卷的評價最高。在「實際考慮」的10項因素中，對職位分析問卷的評價都是最高的。

④當工作分析的目的是職務評價時，對職位分析問卷的評價最高，功能性工作分析和任務調查表的評價次之。

⑤對於績效評估來說，關鍵事件法明顯好於其他方法。

四、工作分析的實施過程與管理

工作分析是一項技術性很強的工作，需要做周密的準備。同時還需具有與組織人事管理活動相匹配的科學的、合理的操作程序。圖2-15是工作分析的程序模型，工作分析通常依照該程序進行。

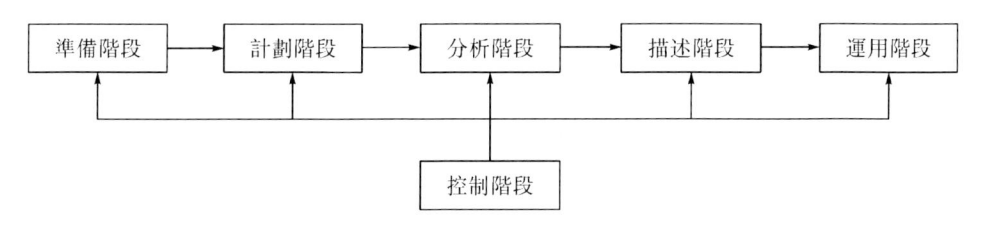

```
準備階段 → 計劃階段 → 分析階段 → 描述階段 → 運用階段
                        ↑
                     控制階段
```

圖2-15　工作分析的實施流程圖

1. 準備階段

在準備階段，主要解決以下幾個問題：

（1）建立工作分析小組

小組成員通常由分析專家構成。所謂分析專家，是指具有分析專長，並對組織結構和組織內各項工作有明確概念的人員。一旦小組成員確定之後，賦予他們進行分析活動的權限，以保證分析工作的協調和順利進行。

（2）明確工作分析的總目標、總任務

根據總目標、總任務，對企業現狀進行初步瞭解，掌握各種數據和資料。

（3）明確工作分析的目的

有了明確的目的，才能正確確定分析的範圍、對象和內容，規定分析的方式、方法，並弄清應當收集什麼資料、到哪兒去收集、用什麼方法去收集。

（4）明確分析對象

為保證分析結果的正確性，應該選擇有代表性、典型性的工作作為分析的對象。

（5）建立良好的工作關係

為了搞好工作分析，還應做好員工的心理準備工作，建立起友好的合作關係。

2. 計劃階段

分析人員為使研究工作迅速有效，應制訂一套執行計劃。同時，要求管理部門提供有關的信息。無論這些信息來源與種類如何，分析人員應將其予以編排，也可用圖表方式表示。這一階段包括以下幾項內容：

（1）選擇信息來源

信息來源的選擇應注意：①不同層次的信息提供者提供的信息存在不同程度的差別。②工作分析人員應站在公正的角度來處理不同的信息，不要事先存有偏見。③使用各種職業信息文件時，要結合實際，不可照搬照抄。

（2）選擇收集信息的方法和系統

信息收集的方法和分析信息適用的系統由工作分析人員根據企業的實際需要靈活選用。由於分析人員有了分析前的計劃，對可省略和重複之處均已瞭解，因此可節省很多時間。但是分析人員必須切記，這種計劃僅僅是預定性的，以後必須將其和各單位實際情況相驗證，才不致發生錯誤。

3. 分析階段

工作分析是收集、分析、綜合組織與某個工作有關的信息的過程。也就是說該階段包括信息的收集、分析、綜合三個相關活動，是整個工作分析過程的核心部分。

（1）工作名稱

該名稱必須明確，使人看到工作名稱，就可以大致瞭解工作內容。如果該工作已完成了工作評價，在工資上已有固定的等級，則名稱上可加上等級。

（2）雇傭人員數目

對同一工作所雇傭工作人員的數目和性別，應予以記錄。如雇傭人員數目經常變動，其變動範圍應予以說明。若所雇人員是輪班使用，或分屬於兩個以上工作單位，也應分別說明，由此可瞭解工作的負荷量及人力配置情況。

（3）工作單位

工作單位是顯示工作所在的單位及其上下左右的關係，也就是說明工作在組織中的位置。

（4）職責

所謂職責，就是這項工作的權限和責任有多大，主要包括以下幾個方面：
①對原材料和產品的職責；
②對機械設備的職責；
③對工作程序的職責；
④對其他人員的工作職責；
⑤對其他人員合作的職責；
⑥對其他人員安全的職責。

分析人員應盡量採用定量的方法來確定某一工作所有職責的情況。

（5）工作知識

工作是為圓滿完成某項事情以達成企業目標，工作人員應具備相關工作的實際知識。這種知識應包括任用後為執行其工作任務，所需獲得的知識，以及任用前已具備

的知識。

（6）智力要求

智力要求指在執行過程中所需運用的智力，包括判斷、決策、警覺、主動、積極、反應、適應等。

（7）熟練及精確度

該因素適用於需要手工操作的工作，雖然熟練程度不能用「量」來衡量，但熟練與精確度關係密切，在很多情況下，工作的精確度可用允許誤差來加以衡量。

（8）機械、設備、工具

在從事崗位工作時，所需使用的各種機械、設備、工具等，其名稱、性能、用途，均應記錄。

（9）經驗

該工作是否需要有經驗的人承擔，如有需要則應以何種經驗為主，其程度如何。

（10）教育與訓練

①內部訓練：由雇主所給予的訓練，無論是否在本企業中舉行，還是在外面培訓，只要該訓練是為企業中某一專門工作而開辦的就行。

②職業訓練：由私人或職業學校所進行的訓練。其目的在於發展普通或特種技能，並非為任何企業現有某一特種工作而訓練。

③技術訓練：指在中學以上教育中含有技術性的訓練。

④一般教育：指所接受的大、中、小學教育。

（11）身體要求

有些工作必須有站立、彎腰、半蹲、跪下、旋轉等消耗體力的要求，應加以記錄並作具體說明。

（12）工作環境

工作環境包括室內、室外、濕度、工作環境的寬窄、溫度、震動、油漬、噪聲、光度、灰塵、突變等，各有關項目都需要做具體的說明。

（13）與其他工作的關係

表明該工作與同機構中其他工作的關係，由此可表示工作升遷及調職的關係。

（14）工作時間與輪班

該項工作的時間、工作的天數、輪班次數、長度都是雇傭時的重要信息，均應予以說明。

（15）工作人員特性

這主要指執行工作的各項能力，包括手、腳、腿、臂的力量及靈巧程度，感覺辨別能力，記憶、計算及表達能力。

（16）選任方法

此項工作，應用何種選任方法，均應加以說明。

總之，工作分析的項目很多，凡是一切與工作有關的資料均在分析的範圍之內，分析人員可視不同的目的全部予以分析，也可選擇其中必要的項目予以分析。

4. 描述階段

僅僅研究分析一組工作，這不能表明就完成了工作分析，分析人員還必須將獲得的信息予以整理並寫出報告。通常對工作分析所獲得信息以下列方式整理：

（1）文字說明

將工作分析所獲得的資料以文字說明的方式表述和描述，列舉工作名稱、工作內容、工作設備與材料、工作環境及工作條件等。

（2）工作列表及問卷

工作列表是把工作加以分析，以工作的內容及活動分項排列，由實際從事工作的人員加以評判。或填寫分析所需時間及發生次數，以瞭解工作內容。列表或問卷只是處理形式不同而已。

（3）活動分析

該分析實質上就是作業分析。通常是把工作的活動按工作系統與作業順序一一列舉，然後對每一作業進一步加以詳細分析。活動分析多以觀察及面談的方法對現有工作加以分析，所得資料作為教育及訓練的參考。

（4）決定因素法

該種方法是把完成某項工作的幾項最重要行為加以列表，列表時可從積極方面說明工作本身特別需要的因素，從消極方面說明亟待排除的因素。

至於工作分析的報告，其編排應該根據分析的目的加以選擇，以簡短清晰的字句，撰寫成說明式的報告初稿，送交有關主管和分管人員，獲取補充建議後，再予修正定稿。

5. 運用階段

此階段是對工作分析的驗證。只有通過實際的檢驗，工作分析才具有可行性和有效性，才能不斷適應外部環境的變化，從而不斷地完善工作分析的運行程序。此階段的工作主要有兩部分：

其一，培訓工作分析的工作人員。這些人員在很大程度上影響著分析程序運行的準確性、運行速度及費用，因此，培訓運用工作人員可以增強管理活動的科學性和規範性。

其二，制定各種具體的應用文件。

6. 控制階段

控制活動貫穿於工作分析的始終，是一個不斷調整的過程。隨著時間的推移，任何事物都在變化，工作分析也不例外。組織的生產經營活動是不斷變化的，這些變化會直接或間接地引起組織分工協作體制發生相應的調整，從而也相應地引起工作的變化。因此，一項工作要有成效，就必須因人制宜地做些改變。另外，工作分析文件的適用性只有通過反饋才能得到確認，並根據反饋修改其中不相適應的部分。所以，控制活動是工作分析中的一項長期重要活動。

第三節　職位說明與職位評價

一、職位說明書

1. 職位說明書概述

職位說明書，又稱工作說明書，是對工作分析的結果（如工作描述、工作規範等）進行整合而形成的具有企業法規效果的正式文本。編製職位說明書是企業各項人力資源管理中最為基礎的工作，也是確定薪酬制度、考核標準、培訓內容等的依據。

編寫職位說明書的主要目的：

（1）組織目的：確定工作在組織中何處完成並使工作責任人與其他相關人員明確該工作崗位對實現組織目標和部門目標的貢獻或作用。

（2）招募與選拔目的：使人力資源管理部門明確該工作崗位對人員的要求，使應聘者瞭解工作要求與用人條件。

（3）法律目的：使企業在人員選拔與任用上有據可依，以免引起法律訴訟。

（4）績效管理目的：提供了設置目標的基本構架，為企業進行全面績效管理提供重要衡量標準。

（5）薪酬管理目的：職位說明書是企業進行工作評價與分級的重要工具，通過對工作進行評價與分級，衡量每個工作崗位對企業的貢獻從而為薪酬分級與分檔提供參考依據。

（6）培訓目的：職位說明書中應明確提出崗位對知識、技能、經驗和能力的要求，如果新招聘或現在崗人員不具備職位說明書上所列要求，有關部門就要提出相應培訓計劃。

2. 職位說明書的編寫

職位說明書的編寫是以工作分析的結果為基礎的，因此，在收集整理了工作分析的資料後，可以根據崗位的特點結合相關企業的職位說明書範例進行編寫。職位說明書編寫的內容主要包括以下幾方面內容：

（1）崗位基本信息。包括：崗位名稱；直接上級崗位名稱；所屬部門；崗位編碼；工資等級；定員人數；崗位性質。同時也可選擇性地列出崗位分析人員姓名、人數和崗位分析結果的批准人等欄目。

崗位名稱應標準化，以求看過名稱就能瞭解崗位的性質和內容，主要是命名要準確，切忌粗俗和冗長。

（2）崗位職責概述。即用最簡練的語言說明崗位的性質、中心任務和責任。

（3）崗位職責詳述。這是職位說明的重點之一，要逐項列出本崗位所應負有的職責。較為理想的格式是首先把崗位工作內容歸為幾個大類，然後再分點說明。

（4）關鍵業績指標。這個內容指明各項工作內容所應產生的結果或所應達到的標準，以定量化為最好。最常見的關鍵業績指標有三種：一是效益類指標，如資產盈利率、盈利水準等；二是營運類指標，如部門管理費用控制、市場份額等；三是組織類指標，如滿意度、服務效率等。

值得注意的有兩點：關鍵業績指標最好同第三項的崗位職責詳述對應起來；各項指標最好能夠量化，從而有利於執行。

（5）崗位關係。崗位關係描述包括：此崗位受誰監督、監督誰；此崗位可晉升的崗位；可轉換的崗位；可升遷至此的崗位；與哪些崗位發生聯繫及聯繫的密切程度；有時還應包括與企業外部的聯繫。

（6）崗位環境。主要包括五個方面：

①工作場所，在室內、室外，還是其他的特殊場所；

②工作環境的危險性，說明危險存在的可能性，對人員傷害的具體部位、發生的頻率及危險性原因等；

③工作時間特徵，如正常工作時間、加班時間等；

④工作的均衡性，即工作是否存在忙閒不均的現象及經常性程度；

⑤工作環境中的不良因素，即是否在高溫、高濕、寒冷、粉塵、有異味、噪聲等環境中工作，工作環境是否使人愉快。

（7）任職資格條件。常見的任職資格條件有：

①學歷及專業要求；

②所需資格證書；

③經驗：一般經驗、專業經驗、管理經驗；

④知識：基礎知識、業務知識、政策知識、相關知識；

⑤技能要求，即完成本崗位工作所需要的專業技術水準；

⑥一般能力要求，如計劃、協調、實施、組織、控制、領導、衝突管理、公共關係、信息管理等能力及需求強度；

⑦個性要求，如情緒穩定性、責任心、外向、內向、支配性、主動性等性格特點。

需要說明的是，由於編寫職位說明書的目的、用途不同，在資料收集以及編寫時的側重點也不盡相同。例如，如果說明書是用來指導人如何工作的，則對於工作內容必須加以詳細說明；如果是用來進行工作評價的，則應該強調工作的繁簡及責任的輕重等。

3. 職位說明書範例

表 2－1　　　　　　　　　　　崗位說明書範例

人力資源部經理崗位說明書	
職位名稱：人力資源部經理	管轄人數：2 人
工作內容： 　1. 編製公司人力資源規劃。 　2. 負責選拔、配置分公司中層管理人員。 　3. 組織公司人員招聘。 　4. 辦理員工人事變動事宜。 　5. 建立健全公司人力資源管理制度。 　6. 編製工資計劃；核定分公司工資總額，審查分公司工資管理制度。 　7. 做好勞動合同的簽訂和管理工作，協商解決勞動糾紛，代表公司進行勞動訴訟。 　8. 制訂員工培訓計劃，組織技能考核鑒定和崗位培訓工作。 　9. 負責公司考勤管理。 　10. 制定公司考核制度，定期進行員工考核。 　11. 負責人力資源管理信息系統的建立，為公司人力資源管理決策提供依據。 　12. 負責公司專業技術職務的評聘工作。 　13. 完成上級主管交辦的其他工作。	
權限與責任	
1. 權限： 　　經總經理授權後，可獨立開展人員招聘、錄用及安置工作。 　　有權根據公司有關規定對員工進行日常考核並提出獎懲意見；經公司批准後，執行獎懲決定。	2. 責任： 　　對公司人力資源的合理配置，公司人力資源管理制度的建立健全，建立職務聘任、全員勞動合同制，負組織責任。 　　發生勞動爭議時，應承擔協商處理責任。 　　由於勞動合同的簽訂與管理不善，發生勞動爭議並給公司造成損失，應負賠償責任及相應的行政責任。 　　負責公司委託的人力資源管理課題的組織、協調和驗收工作。
所受指導： 　　接受辦公室主任的行政領導，業務上由總經理直接指導，具體工作任務和目標由總經理下達。	所予指導： 　1. 指導分公司健全人力資源管理制度。 　2. 指導分公司合理配置人力資源。 　3. 指導分公司制定並完善工資、獎勵制度。 　4. 指導分公司制訂並實施員工培訓計劃。
任職資格	
1. 年齡區間：32～38 歲 　2. 性別：無特殊要求 　3. 教育背景 　所需最低學歷：大學專科 　專業：人事管理或相關專業 　4. 培訓 　培訓科目：現代人力資源管理技術、勞動法、公司歷史 　培訓時限：三個月 　5. 經驗：從事人力資源管理實務工作五年以上 　6. 技能：具有獨立從事公司人力資源管理實務工作的能力，能夠運用專業知識解決比較複雜的人事管理實際問題，有較強的組織協調能力。 　7. 體能：無特殊要求 　8. 晉升趨勢：暫無	

二、職位評價

職位評價或崗位評價，是根據工作分析的結果，按照一定標準，對工作的性質、強度、責任、複雜性及所需的任職資格等因素的差異程度，進行綜合評估的活動。[①] 它以崗位任務在整個工作中的相對重要程度的評估結果為標準，以某具體崗位在正常情況下對工人的要求進行的系統分析和對照為依據，而不考慮個人的工作能力或在工作中的表現。崗位評價確立了企業內部各崗位之間的重要性，為崗位工作制度的確立提供了依據。

職位評價的根本目的是決定企業中各個崗位相對價值的大小。它包括為確定一個職位相對於其他職位的價值所做的規範的、系統的多因素比較，並最終確定該職位的工資或薪酬等級。職位評價是科學的薪酬管理工具。從管理制度建立的過程來看，職位評價是介於工作分析和薪酬制度設計之間的一個環節。職位評價的結果可以用於職位分類、分等和分級。在確定各類職位等級時，將通過職位評價所得的相近分值的職位列為同一等級。職位評價的結果還可以用於績效考評。

1. 職位評價概述

崗位評價是一項系統工程，從整個評價系統來看，由評價指標、評價標準、評價技術方法和數據處理等若干子系統構成。這些子系統相互聯繫、相互銜接、相互制約，從而構成具有特定功能的有機整體。

（1）崗位評價指標

崗位評價是一種多因素的定量評價系統，因而崗位評價因素是該系統的基礎。決定生產崗位勞動狀況和勞動量的因素是複雜的、多樣化的，既不能也沒必要把所有的因素都作為崗位評價的因素。因此，只有正確選擇合適的評價因素，才能達到對崗位勞動進行全面科學評價的目的。

勞動者在生產勞動過程中，運用智力和消耗體力，都受勞動環境和其他因素的影響。在勞動管理中把這幾方面的影響綜合歸納為：勞動責任、勞動技能、勞動心理、勞動強度、勞動環境，稱為崗位評價五要素。從這五個方面進行崗位評價，能較全面科學地反應崗位的勞動消耗和不同崗位之間的勞動差別。

為了能在實際工作中便於對五個因素進行定量評定或測定，根據企業生產崗位實際情況和管理狀況，又將每個因素進行分解，共劃分為 24 個指標。這 24 個指標中，按照指標的性質和評價方法不同，可分為兩類：一類為評定指標，即勞動技能和勞動責任及勞動心理等 14 個指標。另一類為測定指標，即勞動強度和勞動環境等 10 個指標。這類指標可以用儀器和其他方法衡量。

評價生產崗位的五個因素，24 個指標較全面地體現了各行業生產崗位勞動者的勞動狀況。但具體對每個行業或企業而言，由於生產經營情況各不相同，勞動環境和條件各有差異，因此，在進行崗位評價時，應具體結合各自的實際情況，從中選擇合適的評價指標。

---

① 楊明海，等. 工作分析與崗位評價 [M]. 北京：電子工業出版社，2010：155.

（2）崗位評價標準

崗位評價標準是指有關部門對崗位評價的方法、指標及指標體系等方面所做的統一規定。它包括評價指標標準和評價技術方法標準。

任何同類事物之間的比較都必須建立在統一的標準基礎上，以保證評價工作的正確性和評價結果的可比性。因此，崗位評價也必須採用統一的標準進行評價。一般以國家已頒布的有關標準和行業標準作為評價標準，並應用國家標準規定的方法和技術進行評價。對於暫時還沒有國家標準的部分，則根據制定國家標準的基本思想和要求來制定統一的評價標準。

（3）崗位評價技術方法

崗位評價的因素較多，涉及面廣，需要運用多種技術和方法才能對多個評價因素進行準確的測定或評定，最終做出科學的評價。崗位評價方法很多，歸納起來主要有排列法、分類法、評分法和因素比較法四種。該部分將在下節詳細說明。

（4）崗位評價結果的加工和分析

崗位評價數據資料從方案的設計、評價和加工整理到分析，是一個完整的工作體系。崗位評價數據資料的整理，是為分析論證提供系統和條理化的綜合資料的工作過程，是整個評價分析實施階段的主要工作。數據的加工整理過程就是為了揭示被掩蓋的現象之間的相互關係，並通過整理使這種固有的內在關係能明顯地用數量關係表現出來，使各崗位間的差異性表現出來，明確地反應不同工作性質、不同工作責任、不同工作環境和不同工作場所的崗位勞動之間的區別與聯繫，以達到數據資料配套、規範的目的，更好地完成數據資料有機配合、完整配套、規範統一的任務。而對這些加工整理以後的資料進行分析研究則是整個崗位評價工作的重要環節。評價結果的分析研究工作是對整個評價工作的綜合和分析，分析質量的好壞直接影響著評價結果的合理運用。

綜上所述，崗位評價系統的各個子系統都具有特定的功能和目的，同時它們又是相互聯繫、相互作用和相互依賴的。它們採用各種專業技術方法，從不同的角度，全面地、準確地反應勞動量的大小，為實現企業現代化管理提供客觀科學的依據。

2. 職位評價的原則

（1）系統原則

所謂系統，就是由相互作用和相互依賴的若干既有區別又相互依存的要素構成的具有特定功能的有機整體。其中各個要素也可以構成子系統，而子系統本身又從屬於一個更大的系統。系統的基本特徵：整體性、目的性、相關性、環境適應性。

（2）實用性原則

環境評價還必須從目前企業生產和管理的實際出發，選擇能促進企業生產和管理工作發展的評價因素，尤其是要選擇目前企業勞動管理基礎工作需要的評價因素，使評價結果能直接應用於企業勞動管理實踐中，特別是企業勞動組織、工資、福利、勞動保護等基礎管理工作，以提高職位評價的應用價值。

（3）標準化原則

標準化是現代科學管理的重要手段，是現代企業勞動人事管理的基礎，也是國家

的一項重要技術經濟政策。標準化的作用在於能統一技術要求，保證工作質量，提高工作效率和減少勞動成本。顯然，為了保證評價工作的規範化和評價結果的可比性，提高評價工作的科學性和工作效率，職位評價也必須採用標準化。

岡位評級的標準化就是對衡量勞動者所耗費的勞動大小的依據以及職位評價的技術方法——特定的程序或形式做出統一規定，在規定範圍內，作為評價工作中共同遵守的準則和依據。職位評價的標準化具體表現在評價指標的統一性、各評價指標的統一評價標準、評價技術方法的統一規定和數據處理的統一程序等方面。

（4）能級對應原則

在管理系統中，各種管理功能是不相同的。根據管理的功能把管理系統分成不同級別，把相應的管理內容和管理者分配到相應的級別中去，各居其位，各顯其能，這就是管理的能級對應原則。一個崗位能級的大小，是由它在組織中的工作性質、繁簡難易、責任大小、任務輕重等因素所決定的。功能大的崗位，能級就高；反之，就低。各種崗位有不同的能級，人也有各種不同的才能。現代科學化管理必須使具有相應才能的人處於相應的能級崗位，這就叫做人盡其才，各盡所能。

一般來說，一個組織或單位中，管理能級層次必須具有穩定的組織形態。穩定的管理結構應是正三角形。對於任何一個完整的管理系統而言，管理三角形一般可分為四個層次：決策層、管理層、執行層和操作層。這四個層次不僅使命不同，而且標誌著四大能級差異。同時，不同能級對應於不同的權力、物質利益和精神榮譽，而且這種對應是一種動態的能級對應。只有這樣，才能獲得最佳的管理效果和經濟效益。

（5）優化原則

所謂優化，就是按照規定的目的，在一定的約束條件下，尋求最佳方案。上至國家、民族，下至企業、個人都要講究最優化發展。企業在現有的社會環境中生存，都會有自己的發展條件。只要充分利用各自的條件發展自己，每個工作崗位、每個人都會得到應有的最優化發展，整個企業也將會得到最佳的發展。因此，優化的原則不但要體現在職位評價各項工作環節上，還要反應在職位評價的具體方法和步驟上，甚至落實到每個人身上。

3. 職位評價的實施過程

在選擇了崗位評價方法後，專家首先設計了管理崗位、專業技術崗位和生產操作崗位三個測評標準表，然後確定了崗位測評的三個基本原則：一是要有較高起點的原則。即在崗位評價之前，一定要明確戰略、流程、崗位、職責。二是要有合理方式的原則。即根據該公司崗位比較多的情況，選擇了標杆崗位進行測評，同時選擇了人機對話的測評方式。三是員工廣泛參與的原則。對崗位的測評由本單位員工代表來完成，這樣有助於員工對崗位測評結果的認同。崗位評價大致有以下四個基本步驟：

第一步：準備階段。先要理清崗位，確定參加崗位測評的崗位名稱和數量。然後成立崗位測評小組，確定崗位測評代表，具體負責對各個崗位的測評打分工作。同時，專家組編製職位測評指導手冊。

第二步：培訓階段。由專家組對崗位測評小組的代表進行崗位測評的目的、基本知識、方法等方面的培訓指導。

第三步：測評階段。先進行試測評。由崗位測評小組對一個部門的標杆崗位進行試測。專家組確認測評結果基本符合要求後，進行正式測評。

第四步：統計階段。崗位測評完成後要進行數據的處理工作，並且對數據進行有針對性的分析，為崗位測評結果與薪酬制度對接提供科學依據。

職位測評結果的調整。雖然崗位評價的標準體系和方法是發達國家企業數十年累積經驗的成果，具有科學性和公正性，但運用到中國的企業時，崗位測評結果會出現一定的偏差。調整崗位測評結果一般應考慮三個方面：一是體現公平；二是兼顧現狀；三是著眼未來。結合外部標杆企業，對崗位測評結果進行調整後，便可將測評結果向崗位等級表進行轉換。

在轉換中，特別注意以下三點：一是職位體系的建立。根據該公司的特點，建立統一的職位體系框架。在該框架內，將各類別所有崗位歸並為四大類：決策層、管理層、執行層、操作層。在這四大類崗位層級下，又分別建立了管理人員的職位體系、專業技術人員的職位體系、生產操作人員的職位體系。二是各個職位體系與崗位測評結果的整合。按照測評結果的分值，將各個崗位分別納入相應職位等級內。三是各個職位體系的相互對接。為了充分體現各類別職位體系的價值、貢獻區別，經過多次測算，找出管理人員、專業技術人員和生產操作人員三大職位體系的對接點，根據對接點，確定各自的崗位等級表，從而完成薪酬制度設計的前期準備工作。

三、職位評價方法

1. 崗位排序法

（1）崗位排序法及其優缺點

崗位排序法是目前國內外廣泛應用的一種職位評價方法，這種方法是根據一些特定的標準，例如工作的複雜程度、對組織的貢獻大小等，對各個崗位的相對價值進行整體的比較，進而將崗位按照相對價值的高低排列出一個次序。

排序時基本採用兩種做法。①直接排序，即按照崗位的說明，根據排序標準從高到低或從低到高進行排序。②交替排序法，即先從所需排序的崗位中選出相對價值最高的排在第一位，再選出相對價值最低的排在倒數第一位，然後再從剩下的崗位中選出相對價值最高的排在第二位，接下去再選出剩下的崗位中相對價值最低的排在倒數第二位，依此類推。

崗位排序法的主要優點是簡單、容易操作、省時省力，適用於較小規模、崗位數量較少、新設立崗位較多，評價者對崗位瞭解不是很充分的情況。但是這種方法也有一些不完善之處，首先這種方法帶有一些主觀性，評價者多依據自己對崗位的主觀感覺進行排序；其次，對崗位進行排序無法準確得知崗位之間的相對價值關係。

（2）排序法的操作步驟

①工作分析。對工作崗位情況進行全面調查，收集有關崗位方面的資料、數據，並寫出調查報告，其中要特別說明基本的工作要素：任務、責任、與其他工作崗位的聯繫、工作條件、技能和能力要求等。

②選擇需要評估的崗位，也就是選擇標準工作崗位的過程。由於其他崗位的排列

順序是以標準崗位作為參照對象的，因此標準崗位的選擇是一項十分重要的工作。它必須滿足以下兩個條件：

一是必須廣泛分佈於現有的崗位結構中，同時其彼此之間的關係需要得到廣泛的認同。

二是必須能代表崗位所包括的職能特性和要求。

③工作崗位排列。對單位同類崗位的重要性逐一做出評價，最重要的排在第一位，再按較重要的、一般重要的崗位，逐級往下排列。

④崗位定級。將每個崗位所有評定人員的評定結果匯總，得到總序數，除以評定人數得到每一崗位的平均序數。最後，按平均序數的大小，由小到大評定出崗位的相對價值的次序。

為了提高排序法的準確性和可靠性，可以採取多維度的排列方法，引入每個崗位的具體素質要求，例如崗位職責、知識經驗、技能要求等多個維度進行評價。

在每個人做出評價後，將他們各自的崗位評價表進行匯總求均值，得出最終排序結果，也就是再進行一次簡單排序即可得出最終結果。

2. 崗位分類法

（1）崗位分類法及其優缺點

所謂崗位分類法，就是通過制定出一套崗位級別標準，將崗位與標準進行比較，並歸到各個級別中去。崗位分類法好像一個有很多層次的書架，每一層都代表著一個等級，比如說把最貴的書放到最上面一層，最便宜的書放到最下面一層。而每個崗位則好像是一本書，我們的目標是將這些書放到書架的各個層次上去，這樣做的結果是可以看到不同價值的崗位分佈情況。因此，首先需要建立一個很好的書架，也就是崗位級別的標準。如果這個標準建立得不合理，那麼就可能會出現書架中有的層次擠滿了很多書，而有的層次則沒有書，這樣，擠在一起的書就很難被區分出來。

在崗位分類法中，關鍵是建立一個崗位級別體系。各等級標準應明確反應出實際上各種工作在技能、責任上存在的不同水準。在確定不同等級要求之前，要選擇出構成工作基本內容的基礎因素，但如何選擇因素或選取多少則依據工作性質來決定。在實際測評時，應注意不能把崗位分解成各構成要素，而是要作為整體進行評定。崗位分類同企業單位以外的職業分類標準存在密切的聯繫。各類職業分類標準是以企業單位、國家機關崗位分類為基礎制定的。一旦這類標準建立之後，企業單位在進行崗位分類時，便可依據、參照或執行這類標準。

崗位分類法是一種簡便易理解易操作的崗位評價方法，適用於大型組織對大量的崗位進行評價。同時這種方法的靈活性較大，在組織中崗位發生了變化，可以迅速地將組織中新出現的崗位歸類到合適的類別中去。

但是，這種方法也有一定的不足，那就是對崗位等級的劃分和界定存在一定的難度，有一定的主觀性。如果崗位級別劃分得不合理，將會影響對全部崗位的評價。另外，這種方法對崗位的評價也是比較粗糙的，只能得出一個崗位歸在哪個等級中的結論，對於崗位之間的價值的量化關係也不是很清楚，因此在運用到薪酬體系中時會遇到一定的困難。同時崗位分類法適用性有局限，即只適合崗位性質大致類似、可以進

行明確的分組，並且工作內容改變的可能性不大的崗位。

（2）分類法的操作步驟

①工作分析。和其他方法一樣，工作崗位分析是基礎的準備工作。由企業內專門人員組成的評定小組，收集各種有關的資料、數據，寫出調查報告。

②崗位分類。按照生產經營過程中各類崗位的作用和特徵，首先將全部崗位劃分為若干個大類。然後在劃分大類的基礎上，再進一步按每一大類中各種崗位的性質和特徵，劃分為若干種類。最後根據每一種類中反應崗位性質的顯著特徵，將崗位劃分為若干小類。

③建立等級結構和等級標準。由於等級數量、結構與組織結構有明顯的關係，因此這一步驟比較重要和複雜。它包括以下三個方面：

一是確定等級數量。等級的數量取決於工作性質、組織規模、功能的不同和有關人事政策。不同企業根據各自的實際情況，選擇一定的等級數量，並沒有統一的規定和要求。但無論是對單個的職務還是對組織整體都要確定等級數量。

二是確定基本因素。通過這些基本因素測評每一職位或工作崗位的重要程度。當然，不同的機構所選擇的因素不同，應根據實際情況靈活處理。

三是確定等級標準。因為等級標準為合理地區分工作重要性的不同水準以及確定工作評價的結果提供了依據，所以它是這一階段的核心。在實際操作中，一般是從確定最低和最高的等級標準開始的。

④崗位測評和列等。等級標準確定後，對崗位的測評和列等就根據這些標準，將工作說明書與等級標準逐個進行比較，並將工作崗位列入相應等級，從而評定出不同系統、不同崗位之間的相對價值和關係。

對小企業來說，分類法的實施相當簡單，但若應用到有大量工作人員的大企業，則會變得很複雜。

3. 因素比較法

（1）因素比較法及其優缺點

因素比較法是一種量化的崗位評價方法，它實際上是對崗位排序法的一種改進。這種方法與崗位排序法的主要區別是：崗位排序法是從整體的角度對崗位進行比較和排序，而因素比較法則是選擇多種報酬因素，按照各種因素分別進行排序。

例如分析基準崗位，找出一系列共同的報酬因素。這些報酬因素是應該能夠體現出崗位之間的本質區別的一些因素，例如對體力勞動，可以採用下列因素：①智力；②技能；③體力；④責任；⑤工作條件。對職員、技術和管理人員，可以採用下列因素：①智力；②技能；③身體因素，包括工作條件；④監督管理的責任；⑤其他責任。

因素比較法的優點比較明顯，可以歸結為以下幾點：①評價結果較為公正。因素比較法把各種不同工作中的相同因素相互比較，然後再將各種因素的工資累計，主觀性減少了。②耗費時間少。進行評定時，所選定的影響因素較少，從而避免了重複，簡化了評價工作的內容，縮短了評價時間。③減少了工作量。由於因素比較法是先確定標準崗位的系列等級，然後以此為基礎，分別對其他各類崗位再進行評定，從而大大減少了工作量。

因素比較法的主要缺點是：①各影響因素的相對價值在總價值中所占的百分比，完全是考評人員的直接判斷，這就必然會影響評定的精確度。②操作起來相對比較複雜，而且很難對工人們做出解釋，尤其是其因素與貨幣掛勾時很難說明理由。

所以，應用因素比較法時應該注意兩個問題：一是薪酬因素的確定要慎重，一定要選擇最能代表崗位間差異的因素；二是由於市場上的工資水準經常發生變化，因此要及時調整基準崗位的工資水準。但是由於中國處於經濟體制的轉軌時期，多種薪酬體制並存；同時國內薪酬體制透明度較低，勞動力市場價格處於混沌狀態，因而使用因素比較法的基礎數據不足。目前因素比較法在國內基本未得到使用。

（2）因素比較法的操作步驟

①提供工作信息。該方法需要細緻和完備的工作分析。包括：對評估委員會進行評估的各要素進行描述和說明，這些要素可以稱為要素指標。通常包括：智力要求、體力要求、技能要求、責任和工作條件等方面。

②選擇標準工作。由工作評定委員會選擇15～25個關鍵的、有代表性的工作（工種）。以這些工作作為工作分級和排序的依據。

③把工作要素指標排序。例如，把選擇出來的5個要素指標排序。排列的依據是對工作的描述和工作種類。實施中，每個評委單獨對工作要素進行評分和排序，然後將所有評委的結果綜合起來。

各工種對各要素指標的要求不同，權數也不同。例如，一般操作工的體力要求較高，但智力要求較低；而一些工作人員的責任重大，體力要求相對較低。

④分要素的配置工資率。工資率確定是依據五個要素值確定的，一般來講，一些關鍵性工作，要素值高，工資率相對也高。

⑤按照配置對每個要素的工資值進行工作分級。

⑥將所有的步驟綜合在一起，就構建成一張工資要素級別比較表。該表顯示不同種類工作，因為工作要素的地位不同，或者說要素值和價格不同，會有可能屬於同樣的工資級別。

4．海氏測評法

（1）海氏測評法概述

海氏測評法又叫做「指導圖表—形狀構成法」，是由美國工資設計專家艾德華·海於1951年研究開發出來的。在以後的幾十年裡，專家們對之不斷地進行修訂和完善，形成了較為完善的測評方法。

海氏測評法認為，不同的崗位雖然其工作內容、工作性質和所需的專業技能千差萬別，但它們之間有一些共同的因素，這些因素是可以量化比較的。在海氏測評法中，這些可比較的因素決定了不同崗位價值的差異，是最主要的付酬要素。這些因素主要有：崗位所要求的智能水準、解決問題的能力和崗位所承擔責任的大小。

①智能水準，指的是要使工作績效達到可接受的水準，崗位任職者所必需的專門業務知識及其相應的實際運作技能的總和。這些知識和技能可能是技術性的、專業性的，也可能是行政管理性的。它包含三個維度：a. 專門知識：對從事該崗位所要求的職業領域的理論、實際方法與專門性知識的瞭解；b. 管理訣竅：為達到要求的績效水

準，崗位任職者所具備的計劃、組織、執行、控制及評價的能力與技巧；c. 人際技巧：崗位任職者所需要的激勵、溝通、協調、培養、關係處理等方面主動而活躍的活動技巧。

②解決問題的能力，是指考察與發現問題，分清並找出問題的主次輕重，診斷問題產生的原因，有針對性地擬定出若干備選對策，在權衡與評價這些對策各自利弊的基礎上做出決策，然後據此付諸實施的能力。一般來說，在組織系統中層次越低，要解決的問題越簡單、越常規，越有既定的規章制度可遵循，對他們發揮獨立創造性思維的要求也越低；級別越高則反之。它包含兩個維度：a. 思維難度：指解決問題時任職者需要進行創造性思維的程度。b. 思維環境：指特定的工作環境對崗位任職者思維所設限制的程度。

③崗位所承擔責任的大小，指崗位任職者的行動對工作最終結果可能造成的影響。它包含三個維度：a. 決策的自由度，指崗位能在多大的程度上對其工作進行個人性的指導和控制；b. 崗位對公司目標實現的影響程度；c. 崗位在影響中所起的作用，這種影響作用可分為間接的影響、輔助的影響、分攤的影響和直接的影響四種。

在實際應用中，上述三種付酬因素根據海氏指導圖表進行量化評分。

（2）海氏測評法操作步驟

從應用的角度來看，採用海氏測評法進行崗位測評時，應遵循以下幾個步驟：

①選擇標杆崗位。選擇標杆崗位一般以三個標準來衡量：一是夠用，因為標準過多就起不到精簡的作用，過少的話，標杆的崗位測評結果就不能代表所有崗位相對價值的變化規律，有些崗位價值就不能得到應有的評價；二是好用，可以先採用崗位分類法或者定性的排序法，對不同崗位進行橫向比較，從中選出崗位價值較難比較的崗位作為標杆崗位；三是富有代表性，即標杆崗位一定要能夠代表所有的崗位。

②準備標杆崗位的崗位說明書。科學的、完善的崗位說明書能大大提高崗位測評的有效性。最好的方式是讓所有的測評者都參與標杆崗位的工作分析或者工作分析的討論，通過這種方式，測評者能對崗位價值做出更為客觀的判斷。

③成立崗位測評小組。崗位測評小組成員的素質及總體構成情況將直接影響崗位測評工作的質量。

④對崗位測評小組成員進行培訓。海氏測評法是一門比較複雜的測評技術，涉及很多的測評技巧。在測評前，測評者一定要經過系統的培訓，對海氏測評法的設計原理、邏輯關係、評分過程、評分方法非常熟悉後才能從事測評工作。經過培訓之後，選出若干個標杆崗位進行對比打分，培訓人員要詳細闡述打分的過程，同時選擇一名測評者做演示，直到所有的測評者完全清楚為止。

⑤對標杆崗位進行試測評。在正式測評前，可先選擇部分標杆崗位進行測試，對測試結果進行統計分析，對測試結果滿意後再進行正式測評工作。

⑥對標杆崗位進行正式測評打分並建立崗位等級。正式測評結束後，統計計算崗位的得分也很有技巧性。統計計算出各標杆崗位的平均分後，可算出每位評分者的評分與平均分的離差，剔除離差較大的分數。因為有些測評者為了本部門的利益或對有些崗位不熟悉而導致評分有較大偏差，在統計計算最後得分時，務必要通過一些技術

處理手段將這種偏差降低到最低限度。

各標杆崗位最後得分出來後，按分數從高到低將標杆崗位排序，並按一定的分數差距（級差可根據劃分等級的需要而定）對標杆崗位分級。然後，再將非標杆崗位價值與標杆崗位價值對比分析後，套入相應的崗位等級。

本章小結

本章內容是人力資源管理的基礎知識和基本技能。主要內容包括組織結構的基本概念、類型和設計原則與方法、工作設計、工作分析、職位說明書的基本格式與編寫、職位評價等。本章闡述了職位管理的基本概念，重點是介紹做好職位管理各項工作的基本技能、步驟、方法，比如問卷法、訪談法、信息處理、職位評價方法等，這對於做好人力資源管理工作具有非常大的作用。本章學習的難點是要通過設計各種實踐教育環節使學習者掌握基本的職位管理方法。

關鍵概念

1. 組織結構　2. 職位管理　3. 工作分析　4. 職位說明書　5. 職位評價

本章思考題

1. 現代組織結構的類型有哪些？
2. 如何設計一個富有彈性的組織結構？
3. 工作分析方法有哪些？
4. 怎樣編寫工作說明書？
5. 職位評價方法有哪些？其優缺點各是什麼？

案例分析

工作職責分歧[①]

一個機床操作工把大量的機油濺落在他機床周圍的地面上。車間主任讓操作工把濺落在地面上的機油清掃乾淨，而操作工拒絕執行，理由是工作說明書裡並沒有包括清掃的條文。車間主任顧不上去查工作說明書上的原文，就找來一名服務工做清掃工作。但服務工同樣拒絕，他的理由也是工作說明書裡沒有包括這一項工作。車間主任威脅說要把他解雇，因為這種服務工是分配到車間來做雜務的臨時工。服務工只好勉強同意，但幹完之後立即向公司投訴。

---

① 工作職責分歧 [OL]. 21CN 教育，http://edu.21cn.com/renli/g_142_357467-1.htm.

有關人員看了投訴後，審閱了三類人員的工作說明書：機床操作工、服務工和勤雜工。機床操作工的工作說明書規定：操作工有責任保持機床的清潔，使之處於可操作狀態。但並未提及清掃地面。服務工的工作說明書規定：服務工有責任以各種方式協助操作工，如領取原材料和工具，隨叫隨到，即時服務。但也沒有明確寫明包括清掃工作。勤雜工的工作說明書中確實包含了各種形式的清掃工作。但是，他的工作時間是在工人下班後才開始的。

案例思考題
1. 對於服務工的投訴，你認為該如何解決？有何建議？
2. 請分析該公司崗位分析中存在什麼問題？
3. 你認為該公司在崗位分析中應如何改進這些問題？

第三章 人力資源規劃

學習目標
1. 認識人力資源規劃的意義和作用
2. 瞭解和熟悉人力資源規劃的基本內容
3. 熟悉和掌握人力資源需求和供給的預測方法
4. 掌握制定人力資源規劃的步驟和方法

引導案例

蘇澳玻璃公司的人力資源規劃[①]

近年來蘇澳公司常為人員空缺所困惑,特別是經理層次人員的空缺常使得公司陷入被動的局面。蘇澳公司最近進行了公司人力資源規劃。公司首先由四名人事部的管理人員負責收集和分析目前公司對生產部、市場與銷售部、財務部、人事部四個職能部門的管理人員和專業人員的需求情況以及勞動力市場的供給情況,並估計在預測年度各職能部門內部可能出現的關鍵職位空缺數量。

上述結果用來作為公司人力資源規劃的基礎,同時也作為直線管理人員制定行動方案的基礎。但是這四個職能部門制定和實施行動方案的過程(如決定技術培訓方案、實行工作輪換等)是比較複雜的,因為這一過程會涉及不同的部門,需要各部門通力合作。例如,生產部經理為制定將本部門 A 員工的工作輪換到市場與銷售部的方案,則需要市場與銷售部提供合適的職位,人事部做好相應的人事服務(如財務結算、資金調撥等)。職能部門制定和實施行動方案過程的複雜性給人事部門進行人力資源規劃也增添了難度。這是因為,有些因素(如職能部門間的合作的可能性與程度)是不可預測的,它們將直接影響到預測結果的準確性。

蘇澳公司的四名人事管理人員克服種種困難,對經理層的管理人員的職位空缺做出了較準確的預測,制定了詳細的人力資源規劃,使得該層次上的人員空缺減少了50%,跨地區的人員調動也大大減少。另外,從內部選拔工作任職者人選的時間也縮短了一半,並且保證了人選的質量,合格人員的漏選率大大降低,使人員配備過程得到了改進。人力資源規劃還使得公司的招聘、培訓、員工職業生涯計劃與發展等各項業務得到優化,節約了人力成本。

---

① 蘇澳玻璃公司的人力資源規劃 [OL]. 廈門人才網, http://www.xmrc.com.cn/xmrc/information/hr/planning/200911/t20091127_37675.htm.

問題：蘇澳公司主要做了哪些人力資源規劃？這些規劃是怎樣做出的呢？通過本章的學習，將對人力資源規劃的內容與方法有一個系統的瞭解。

第一節　人力資源規劃概述

一、人力資源規劃的含義

1. 人力資源規劃的定義

人力資源規劃是一個國家或組織科學地預測、分析自己在環境變化中的人力資源供給和需求狀況，制定必要的政策和措施以確保自身在需要的時候和需要的崗位上獲取各種需要的人才（包括數量和質量兩個方面），並使組織和個體獲得長期的利益。

自20世紀70年代起，人力資源規劃已成為人力資源管理的重要職能，並且與企業的人事政策融為一體。人力資源規劃的基本概念包括了以下幾個方面的含義：

（1）編製人力資源計劃主要是面對不斷變化的內部環境和外部環境。這種變化導致企業對人力資源供求的動態變化。人力資源計劃就是要對這些動態的變化進行科學的預測和分析，以確保企業在近期、中期和遠期對人力資源的需求得到滿足。

（2）人力資源計劃的主要工作是分析企業內外部人力資源供求狀況，制定必要的人力資源政策和措施。

（3）人力資源計劃的最終目標是要使企業和個人都能獲得長期利益。

概括來說，人力資源規劃就是人力資源規劃主體在組織戰略的指引下，在組織內部現有的資源和能力條件下，按照戰略目標的要求，客觀、充分、科學地分析實現組織願景和組織目標所需要的人力資源的供給情況，對組織人力資源的供給與需求進行預測，並盡可能地平衡人力資源的供給與需求，引導組織的人力資源管理活動更好地與組織的整體活動相協調，保證人力資源管理目標與組織目標相一致，從而促進組織戰略目標實現的過程。[①]

2. 人力資源規劃的分類

人力資源規劃的分類方式很多，如按規劃的時間跨度，可將人力資源規劃分為為期6個月至1年的短期規劃、3年以上的長期規劃和介於二者之間的中期規劃；按規劃的範圍，可將人力資源規劃分為企業總體人力資源規劃、部門人力資源規劃和具體某項工作或任務的人力資源規劃。如果從規劃的性質上劃分，可分為戰略性人力資源規劃和戰術性人力資源規劃。戰略性人力資源規劃具有全局性和長遠性，一般是人力資源戰略的具體表現形式。戰術性人力資源規劃是具體的、短期的、具有專門針對性的業務計劃。

---

① 侯荔江. 人力資源管理 [M]. 成都：西南財經大學出版社，2009：75.

表 3-1　　　　　　　　　人力資源規劃的期限與經營環境的關係①

短期規劃：不確定/不穩定	中長期規劃：確定/穩定
1. 組織面臨許多新的競爭者	1. 組織擁有較強的市場競爭力
2. 社會經濟條件飛速變化	2. 漸進的社會、政治、技術變化
3. 不穩定的產品或服務需求	3. 有效的管理信息系統
4. 變化的政治法律環境	4. 穩定的產品或服務需求
5. 落後的管理水準	5. 卓有成效的管理時間

　　人力資源規劃與企業發展計劃密切相關，它是達成企業發展目標的一個重要部分。企業的人力資源規劃不能與企業的發展規劃相背離。

　　3. 傳統人力資源規劃與戰略人力資源規劃的比較

　　戰略人力資源規劃是相對於傳統人力資源規劃而言的，是對傳統人力資源規劃的發展與延伸。戰略人力資源規劃是基於企業的戰略對所有的人力資源戰略相關問題進行規劃的一套系統方法與完整過程。戰略人力資源規劃是從戰略的角度對人力資源管理具有全局性、長期性的整體規劃，是戰略人力資源管理的具體表現形式。② 由於篇幅限制，本書所指人力資源規劃是對傳統人力資源規劃和戰略人力資源規劃的統稱。雖然在本書中不再將兩者分開描述，但是為了便於讀者對相關概念的理念，本書簡要地對傳統人力資源規劃與戰略人力資源規劃的區別進行比較分析。③

　　(1) 傳統人力資源規劃的側重點

　　①傳統人力資源規劃是對基於企業業務戰略和經營目標所需要的人力資源數量和質量提出計劃的系統工具和方法；

　　②傳統人力資源規劃的最終目標是要通過系統的方法與工具使企業在未來三五年內所需要的人力資源適應企業的戰略和經營目標，從而有效地支持企業的發展。

　　(2) 戰略人力資源規劃的側重點

　　①從企業戰略與發展來看，企業所需要的人力資源數量和質量；

　　②企業人力資源管理體系面臨的主要問題與問題解決方案；

　　③為了發展企業的競爭優勢，需要什麼樣的能力以及具備這些能力的人力資源；

　　④要使人力資源體系支持企業戰略，人力資源管理制度應該如何與企業戰略相銜接、匹配，即制度匹配與制度銜接的問題；

　　⑤如何執行人力資源戰略，即怎麼把人力資源戰略落在實處。

二、人力資源規劃的主要內容

　　1. 人力資源規劃的基本內容

　　人力資源規劃幾乎包括了人力資源的各項活動，可以將其分為以下五個基本內容：

　　(1) 戰略規劃。它是根據企業總體發展戰略的目標，對企業人力資源開發和利用

---

　　① 侯荔江. 人力資源管理 [M]. 成都：西南財經大學出版社，2009：75.
　　② 彭劍峰. 人力資源管理概論 [M]. 上海：復旦大學出版社，2008：187.
　　③ 文躍然. 人力資源戰略與規劃 [M]. 上海：復旦大學出版社，2008：172.

的方針、政策和策略的規定，是各種人力資源具體計劃的核心，是事關全局的關鍵性計劃。

（2）組織規劃。它是對企業整體框架的設計，主要包括組織信息的採集、處理和應用，組織結構圖的繪製，組織調查，診斷和評價，組織設計與調整，以及組織機構的設置等。

（3）制度規劃。它是人力資源總規劃目標實現的重要保證，包括人力資源管理制度體系建設的程序、制度化管理等內容。

（4）人員規劃。它是對企業人員總量、構成、流動的整體規劃，包括人力資源現狀分析、企業定員、人員需求、供給預測和人員供需平衡等。

（5）費用規劃。它是對企業人工成本、人力資源管理費用的整體規劃，包括人力資源費用的預算、核算、結算，以及人力資源費用控制。

人力資源規劃是預測未來的組織任務和環境對組織的要求，以及為了完成這些任務和滿足這些要求而設計的提供人力資源的過程。通過收集和利用現有的信息對人力資源管理中的資源使用情況進行評估預測。在實際操作中，人力資源規劃的實質是根據公司經營方針，通過確定未來公司人力資源管理目標來實現公司的既定目標。因此，人力資源規劃又可分為戰略計劃和戰術計劃兩個方面。

2. 人力資源戰略規劃

制定人力資源規劃的前提是企業要有明確而清晰的經營戰略規劃，因此，戰略規劃是資源規劃的基礎與前提。人力資源戰略規劃主要是根據公司內部的經營方向和經營目標，以及公司外部的社會和法律環境對人力資源的影響，來制訂出一套跨年度計劃。同時還要注意戰略規劃的穩定性和靈活性的統一。在制訂戰略計劃的過程中，必須注意以下幾個方面因素：

（1）國家及地方人力資源政策環境的變化。包括國家對於人力資源法律法規的制定、對於人才的各種激勵措施、國家各種經濟法規的實施、國內外經營環境的變化、國家以及地方對於人力資源和人才的各種政策規定等。這些外部環境的變化必定會影響公司內部的整體經營環境，公司內部的人力資源政策也應該隨之而有所變動。

（2）公司內部的經營環境的變化。公司的人力資源政策的制定必須遵從公司的管理狀況、組織狀況、經營狀況變化和經營目標的變化。所以，公司在制定其人力資源規劃時必須注意以下幾點：

①穩定性：在公司不斷提高工作效率的前提下，公司的人力資源管理應該以公司的穩定發展為其管理的前提和基礎。

②成長性：指公司在資本累積增加、銷售額增加、公司規模和市場擴大的情況下，人員必定增加。公司人力資源的基本內容和目標是為了公司的壯大和發展。

③持續性：人力資源管理應該以公司的生命力和可持續增長並保持公司的持續發展潛力為目的；必須致力於勞資協調、人才培養與後繼者培養工作。

（3）人力資源的預測。應根據公司的戰略規劃以及公司內外環境的分析，而制訂人力資源戰略計劃。為配合公司發展的需要，以及避免制訂人力資源計劃的盲目性，應該對公司所需人員作適當預測。在估算人員時應該考慮以下因素：

①因公司的業務發展和緊縮所需增減的人員；
②因現有人員的離職和調轉等所需補充的人員；
③因管理體系的變更、技術的革新及公司經營規模的擴大所需的人員。

（4）企業文化的整合。公司文化的核心就是培育公司的價值觀，培育一種創新向上、符合實際的公司文化。在公司的人力資源規劃中必須充分注意與公司文化的融合與滲透，保障公司經營的特色以及公司經營戰略的實現和組織行為的約束力。只有這樣，才能使公司的人力資源具有延續性，具有自己的符合公司要求的人力資源特色。

3. 人力資源戰術規劃

戰術規劃是根據公司未來面臨的外部人力資源供求的預測，以及公司的發展對人力資源的需求量的預測的結果制定的具體方案，包括招聘、辭退、晉升、培訓、工資福利政策、梯隊建設和組織變革等。在人力資源管理中，有了公司的人力資源戰略計劃後，就要制定公司人力資源戰術規劃。人力資源的戰術規劃主要內容如表3-2所示：

表3-2　　　　　　　　　人力資源戰術規劃內容一覽表

計劃類別	目標	政策	步驟	預算
總規劃	總目標：績效、收縮、保持穩定	基本政策：擴大、收縮、保持穩定	總步驟：按年安排，如完善人力資源信息系統	總預算：××××萬元
人員補充計劃	類型、數量、層次、對人力素質結構及績效的改善等	人員素質標準、人員來源範圍、起點待遇	擬定補充標準，廣告吸引、考試、面試、筆試、錄用、教育上崗	招聘挑選費用：××萬元
人員分配計劃	部門編製，人力結構優化及績效的改善、人力資源人崗匹配、職務輪換幅度	任職條件、職位輪換範圍及時間	略	按使用規模、差別及人員狀況決定的工資、福利預算
人員接替和提升計劃	後備人員數量保持、提高人才結構及績效目標	全面競爭，擇優晉升，選拔標準，提升比例，未提升人員的安置	略	職務變動引起工資變動
教育培訓計劃	素質及績效改善、培訓數量類型，提供新人力、轉變態度及作用	培訓時間的保證、培訓效果的保證（如待遇、考核、使用）	略	教育培訓總投入、脫產培訓損失
工資激勵計劃	人才流失減少，士氣上升、績效改進	工資政策、激勵政策、激勵重點	略	增加工資預算

表3-2(續)

計劃類別	目標	政策	步驟	預算
勞動關係計劃	降低非期望離職率、干群關係改進、減少投訴和不滿	參與管理，加強溝通	略	法律訴訟費
退休解聘計劃	人員編制、勞務成本降低及生產率提高	退休政策及解聘程序	略	安置費、人員重新就業費

[資料來源] 餘凱成. 人力資源管理 [M]. 大連：大連理工大學出版社，2002.

除此之外，考核計劃是企業人力資源規劃中必不可少的內容之一，以下是對考核計劃與發展計劃的簡單說明，以作為對表3-2的補充。

(1) 考核計劃：一般而言，內部因為分工的不同，對於人員的考核方法也不同，在提高、公平、發展的原則下，應該以員工對於公司所做出的貢獻作為考核的依據。這就是績效考核的指導方法。

(2) 績效考核計劃要從員工的工作成績的數量和質量兩個方面，對員工在工作中的優缺點進行測定。譬如科研人員和公司財務人員的考核體系就不一樣，因此其在制訂考核計劃時，應該根據各崗位工作性質的不同，制訂相應的人力資源績效考核計劃。至少包括以下三個方面：工作環境的變動性大小；工作內容的程序性大小；員工工作的獨立性大小。績效考核計劃做出來以後，要相應地制定有關考核辦法。常用的方法包括：排序法、平行法、關鍵事件法、硬性分佈法、尺度評價表法、行為定位等級評價法、目標管理法。

(3) 發展計劃：結合公司發展目標，設計核心骨幹員工職業生涯規劃和職業發展通道，明確核心骨幹員工在企業內的發展方向和目標，以達到提高其職業忠誠度和工作積極性的目的。

三、人力資源規劃的目標與作用

1. 人力資源規劃的目標

人力資源規劃的目標是通過規劃企業人力資源管理的各項活動，使員工的需求與組織的目標相匹配，進而形成高績效──高士氣──高績效的良性循環，以促進企業的發展以及企業願景的實現。具體來說，人力資源規劃要保證企業以下目標的實現：

(1) 現有人力資源利用最大化，維持現有人力的數量及質量，促成建立一個訓練有素、高效靈活的工作團隊，增強企業適應未來發展與挑戰的能力；

(2) 減少企業對關鍵技術及個人的依賴，培育企業接班人並實現企業知識文化有效累積，能夠預測組織中潛在的人力不足或人員過剩，為企業獨立持續的發展提供科學的支持；

(3) 完善企業人力資源管理活動，使企業管理制度化、規範化，平衡各部門及內外環境的關係，保證企業人力資源計劃、其他部門的發展計劃及外部要求相互之間銜

接和諧。

人力資源規劃所關注的不是特指的某個人，而是一個集體、一個團隊的層面，個別人員的發展規劃是以團隊發展規劃為基礎的，包括企業員工的個人職業生涯規劃。人力資源規劃是企業整體規劃和資金預算的有機組成部分，與企業的長期發展規劃相互影響。

2. 人力資源規劃的作用

人力資源規劃的主要作用是通過這種規劃方法使企業人力資源在數量、質量、效率和制度上與企業的發展戰略保持一致，發揮人力資源管理的優越性與能動性，從而最有效地支持企業的發展要求，促進企業目標的實現與願景的達成。

具體來說，人力資源規劃的作用如下：

(1) 保證企業發展過程中對人力的需求。企業發展，離不開人力的支持。隨著企業的發展與壯大，企業生產經營領域、生產管理技術、組織規模等都在不斷地發生著變化，從而對人力資源的需求也在數量和質量方面不斷改變。因此，預測人力資源供求變化並對人力資源的素質進行調整是人力資源規劃的一個基本職能，對企業發展有著舉足輕重的作用。

(2) 促使企業人力資源管理活動有序化、合理化。特別是在大型企業中，人力資源規劃的作用更加突出。人力資源規劃在人員的需求量、供給量、職務及職位調整方面都起著一定的支持與指導作用。例如，企業在什麼時候需要進行招聘、哪些人員需進行輪崗、什麼時候對企業的冗餘人員進行削減等方面，如果沒有一個提前的計劃和科學的標準，人力資源活動將變得無序而繁雜，甚至可以對長遠的發展產生不良的影響。

(3) 更好地控制人力成本，提高企業經濟效益。人力成本是企業營運成本的一個重要方面，如果企業擁有的人力數量大大高於企業實際需要，就會造成企業不必要的成本支出，也就是說多花了錢卻養了沒用的人。企業競爭力的決定因素之一便是成本的控制，而如何提高企業的競爭力是每個企業發展的戰略目標之一，因此通過對企業的發展階段進行分析及預測，有計劃、有步驟地對人員分佈、人員素質進行調整是人力資源規劃的內容之一，也是人力資源規劃作用的充分體現。

(4) 人力資源規劃對企業的重大人事決策有著一定的影響。人力資源規劃是企業人事決策的基礎。一個企業要採取什麼樣的晉升方式、制定什麼樣的分配政策，都離不開人力資源規劃。例如，根據某企業當前的發展速度來說，海外市場的開拓將在兩年內成為企業發展的重要目標之一，那麼兩年內對有海外業務拓展經驗的人才進行培養將是決定企業未來發展的必要條件。而這種人才的需求又不可以依靠企業培養，對外招聘也不一定能找到適當人選，那麼如何解決這一問題呢？顯然，沒有適當的人力資源規劃，等到兩年後有需要時再來解決，將嚴重影響企業的發展。這也充分說明了人力資源規劃對人事決策的信息提供與科學指導的作用。

3. 編製人力資源規劃的基本原則

在制定人力資源規劃時，要注意以下三點：

（1）充分考慮內外部環境的變化

人力資源規劃只有充分地考慮了內外環境的變化，才能適應發展的需要，真正地做到為企業發展目標服務。內部變化主要是指銷售的變化、開發的變化，或者企業發展戰略的變化，還有公司員工流動的變化等；外部變化指社會消費市場的變化、政府有關人力資源政策的變化、人才市場的供需矛盾的變化等。為了能夠更好地適應這些變化，在人力資源規劃中應該對可能出現的情況做出預測和風險分析，最好能有面對風險的應急策略。

（2）確保企業的人力資源保障

企業的人力資源保障問題是人力資源規劃中應解決的核心問題。它包括人員的流入預測、流出預測、人員的內部流動預測、社會人力資源供給狀況分析、人員流動的損益分析等。只有有效地保證了對企業的人力資源供給，才可能去進行更深層次的人力資源管理與開發。

（3）使企業和員工都能獲得長期的利益

人力資源規劃不僅是面向企業的計劃，也是面向員工的規劃。企業的發展和員工的發展是互相依託、互相促進的關係。如果只考慮企業的發展需要，而忽視了員工的利益和發展，則會有損企業發展目標的達成。優秀的人力資源規劃，一定是能夠使企業和員工獲得長期利益的規劃，一定是能夠使企業和員工共同發展的規劃。

第二節　人力資源需求與供給的預測

對人力資源需求和供給做出預測，是人力資源規劃中技術性較強的關鍵工作，也是難度最大的工作，因為全部人力資源開發和管理的計劃都必須根據這項預測來決定。只有準確地預測出供給與需求，才能採取有效措施進行人員供需平衡，才能保證企業其他方面的規劃與實施。

一、人力資源需求預測

1. 人力資源需求預測的基本概念

人力資源的需求預測就是指對企業在未來某一特定時期內所需要的人力資源的數量、質量以及結構進行估計。因此，人力資源的需求預測應該以組織的目標為基礎，既要考慮現行的組織結構、生產率水準等因素，又要預見到未來由於組織目標調整而導致的一系列變化，如組織結構的調整、產品結構的改變、生產工藝的改進、新技術的採用等，以及由此而產生的人力資源需求在數量和技能兩個方面的變化。

（1）影響人力資源需求預測的因素

在預測人員需求時，應該充分考慮以下影響因素[1]：

①市場需求、產品或服務質量升級或決定進入新的市場；

---

[1] 文躍然. 人力資源戰略與規劃［M］. 上海：復旦大學出版社，2008：184.

②產品和服務項目的更新；
③人力穩定性，如計劃內更替、人員流失；
④員工培訓和教育；
⑤為提高生產率而進行的技術和組織管理革新；
⑥企業規模的變化；
⑦企業經營方向的變化；
⑧工作時間；
⑨預測工作活動的變化；
⑩各部門可用的財務預算。

以上是影響人力資源需求預測的企業內部因素。除此之外，還要考慮企業外部因素，即經濟環境、技術環境、競爭對手的狀況等。

(2) 人力資源需求預測的基本步驟

人力資源需求預測分為現實人力資源需求、未來人力資源需求和未來流失人力資源需求預測三部分。具體步驟如下：

①根據職務分析的結果，確定職務編製和人員配置；
②進行人力資源盤點，統計出人員的缺編、超編及是否符合職務資格要求；
③將上述統計結論與部門管理者進行討論，修正統計結論；
④該統計結論為現實人力資源需求；
⑤根據企業發展規劃，確定各部門的工作量；
⑥根據工作量的增長情況，確定各部門還需增加的職務及人數，並進行匯總統計；
⑦該統計結論為未來人力資源需求；
⑧對預測期內退休的人員進行統計；
⑨根據歷史數據，對未來可能發生的離職情況進行預測；
⑩將⑧、⑨的統計和預測結果進行匯總，得出未來流失人力資源需求。

將現實人力資源需求、未來人力資源需求和未來流失人力資源需求匯總，即得到企業整體人力資源需求預測。

2. 人力資源需求的預測定性方法

(1) 現狀規劃法

人力資源現狀規劃法是一種最簡單的預測方法，較易操作。它是假定企業保持原有的生產規模和生產技術不變，則企業的人力資源也應處於相對穩定狀態，即企業目前各種人員的配備比例和人員的總數將完全能適應預測規劃期內人力資源的需要。在此預測方法中，人力資源規劃人員所要做的工作是測算出在規劃期內有哪些崗位上的人員將得到晉升、降職、退休或調出本組織，再準備調動人員去彌補就行了。

(2) 經驗預測法

經驗預測法就是企業根據以往的經驗對人力資源進行預測的方法，它適合於經營較穩定的小型企業，簡便易行。經驗預測法用以往的經驗來推測未來的人員需求，不同的管理者的預測可能有所偏差。可以通過多人綜合預測或查閱歷史記錄等方法提高預測的準確度。要注意的是，經驗預測法只適合於一定時期內企業的發展狀況沒有發生

方向性變化的情況。對於新的職務或者工作的方式發生了大的變化的職務，不適合使用經驗預測法。

另外，保持完整的企業歷史的檔案，在可靠的資料基礎上進行分析推測也可減少誤差。現在不少企業採用這種方法來預測本組織對將來某段時期內人力資源的需求。企業在有人員流動的情況下，如晉升、降職、退休或調出等，可以採用與人力資源現狀規劃結合的方法來制定規劃。

(3) 德爾菲法

德爾菲法又稱專家討論法，適合於技術型企業的長期人力資源預測。現代社會技術更新非常迅速，用傳統的人力資源預測方法很難準確預計未來對技術人員的需求。相關領域的技術專家由於可以把握技術發展的趨勢，所以能更加容易地對該領域未來的技術人員狀況做出預測。為了增加預測的可信度，德爾菲法分幾輪進行，第一輪要求專家以書面形式提出各自對企業人力資源需求的預測結果。在預測過程中，專家之間不能互相討論或交換意見。第二輪，將專家的預測結果收集起來進行綜合，將綜合的結果通知各位專家，以進行下一輪的預測，反覆幾次直至得出大家都認可的結論。通過這種方法得出的是專家們對某一問題的看法一致的結果。

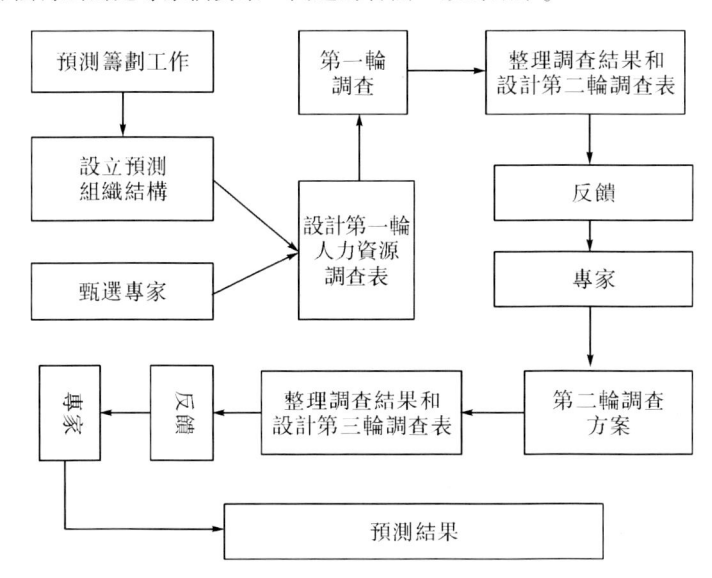

圖 3-1 德爾菲法實施流程

另外，採用德爾菲法還應注意以下問題：

①專家人數一般不少於 30 人，問卷的返回率不低於 60%，以保證調查的權威性和廣泛性；

②實施該方法必須取得高層的支持，同時給專家提供充分的資料和信息，確保判斷和預測的質量；

③問卷題目設計應主題突出，意向明確，保證專家都從同一個角度去理解問題。

(4) 分合性預測法

分合性預測方法是一種較常用的預測方法，它採取先分後合的形式。這種方法的第一步是企業組織要求下屬各個部門、單位根據各自的生產任務、技術設備等變化的情況對本單位將來對各種人員的需求進行預測，在此基礎上，對下屬各部門的預測數據進行綜合平衡，從中預測出整個組織將來某一時期內對各種人員的需求總數。

這種方法要求在人事部門或專職人力資源規劃人員的指導下進行，下屬各級管理人員能充分發揮在人力資源預測規劃中的作用。

(5) 描述法

描述法是人力資源規劃人員通過對本企業組織在未來某一時期的有關因素的變化進行描述或假設，並從描述、假設、分析和綜合中對將來人力資源的需求進行預測規劃。由於這是假定性的描述，因此人力資源需求就有幾種備選方案，目的是適應和應付環境因素的變化。

3. 人力資源需求預測的定量方法

(1) 趨勢預測法

趨勢分析法，主要根據企業一定歷史時期（比如 5 年）的人員數據來分析它在未來的變化趨勢，並依此來預測企業在未來某一時期的人力資源需求量。此方法實用性較強，缺點在於過於簡單，只能預測人力需求的大概走勢，未能提供有關人力資源質量的數據。具體又分為簡單模型法、簡單的單變量預測模型法、複雜的單變量預測模型法。由於部分公式過於複雜，這裡只介紹簡單模型法的應用。

簡單模型法假設人力需求與企業產出水準（可用產量或勞動價值表示）成比例關係：

$$M_t = M_0 \times (Y_t/Y_0)$$

即在獲得人員需求的實際值 M_0 及未來時間 t 的產出水準 Y_t 後，可算出時刻 t 人員需求量的值 M_t，這裡並非指現有人數，而是指現有條件及生產水準所對應的人員數，它通常是在現有人員數的基礎上，根據管理人員意見或參考同行情況修正估算而得。使用此模型的前提是產出水準與人員需求量的比例已確定。

(2) 工作負荷預測法

工作負荷預測法基本上是根據工作分析或調查的結果，計算出每個工作所需要的標準任務時間，再估計未來一段時間每項工作的工作量，便可以推算出所需要的「人時數目」，然後根據實際每個人每年的工作量，計算出所需人力。其基本公式如下：

$$N = T/t$$

T = 總產量 × 單位產品工時定額 + 補償廢品所消耗的工時

t =（全年日曆天數 − 例假及節日 − 平均每人缺勤天數）× 工時利用率 × 每日工作時數

式中，N 為基本生產工人需要量；T 為完成生產任務所需要的總工時；t 為平均每名工人全年有效工作時間。

對於一些重複操作的工作，比如裝配、打包，企業可以運用時間及動作分析法，精確地測量出標準時間，這個標準時間在應用上是沒有困難的。不過，有些工作內容

難以固定，工作的標準不容易制定，例如秘書及經理的工作，這種情況下，工作負荷法就不適用了。

（3）生產比率分析法

生產比率分析法，是根據已確定的各類人員之間、人員與設備之間、人員與產量之間的各種科學的比例關係，來預測人力資源需求的一種短期需求預測方法。該方法假設因素的比例關係不變，從而使得預測的準確性降低。它是在企業過去的經驗分析的基礎上，將企業未來業務活動水準轉化為對人力資源需要的方法。操作方法如下：

①根據需要預測的人員類別選擇關鍵因素；

②根據歷史數據，計算出關鍵因素與所需人員數量之間的比率值；

③預測未來關鍵因素的可能數值；

④根據預測的關鍵因素數值和比率值，計算不需要的人員數量。

企業選擇的影響人員需求的主要因素，應該是容易測量、容易預測的，同時還與人員需求有一個穩定的、比較精確的比率關係。

生產比率分析法是基於對員工個人生產效率的分析來進行的一種預測方法。即：

所需的人力資源＝未來的業務量／［目前人均的生產效率×（1＋生產效率的變化率）］

生產效率的變化率 R：

$$R = R1 + R2 + R3$$

上式中，R1 為企業技術進步引起的勞動生產率提高系數；R2 為由於經驗累積導致的勞動生產率提高系數；R3 為由於年齡增大及某些社會因素引起的生產率降低系數。

同時比率預測法可以根據各類人員之間的比例關係，推算出企業總體人力資源需求。這種方法適用於企業核心工作員工，比如銷售類員工等，由銷售類員工需求得出其他相關人員需求。進行這種預測時，要求人員之間的比例關係比較確定，如果比例關係變動較大，那麼預測結果就不準確。

二、人力資源供給預測

1. 影響人力資源供給的因素

人力資源需求預測只是人力資源規劃的一個方面，通過需求預測，組織可以瞭解到未來某個時期為實現其目標所需的人員數量和人員技能要求。除此之外，組織還需要瞭解能夠獲得多少所需的人員、從何渠道獲得這些人員。

人力資源供給預測就是測定組織可能從其內部和外部獲得的人力資源的數量，它應以對組織現有人員狀況分析為基礎，同時要考慮組織內部人員的流動狀況，瞭解有多少員工仍然留在現在的崗位上，有多少員工因崗位輪換、晉升、降級而離開現在崗位到新崗位工作，有多少員工因退休、調離、辭職或解雇等原因離開組織。

影響人力資源供給的因素很多，大體可以分為兩類，如表3－3所示：

表 3-3

地區性因素	全國性因素
1. 公司所在地區人口密度 2. 其他公司對勞動力的需求狀況 3. 公司當地的就業水準、就業觀念 4. 公司當地的科技文化教育水準 5. 公司及公司所在地對人們的吸引力 6. 公司當地臨時工人的供給情況 7. 公司當地的住房、交通、生活條件	1. 全國勞動人口的增長趨勢 2. 全國對各類人員的需求程度 3. 各類學校的畢業生規模與結構 4. 教育制度變革產生的影響 5. 國家就業法規、政策的影響

人力資源供給預測分為內部供給預測和外部供給預測兩部分。具體步驟如下：
（1）進行人力資源盤點，瞭解企業員工現狀；
（2）分析企業的職務調整政策和員工調整歷史數據，統計出員工調整的比例；
（3）向各部門的人事決策人瞭解可能出現的人事調整情況；
（4）將（2）、（3）的情況匯總，得出企業內部人力資源供給預測；
（5）分析影響外部人力資源供給的影響因素，得出企業外部人力資源供給預測；
（6）將企業內部人力資源供給預測和企業外部人力資源供給預測匯總，得出企業人力資源供給預測。

2. 人力資源供給預測的內容
（1）預測企業內人力資源狀態
在預測未來的人力資源供給時，首先要明確的是企業內部人員的特徵，如年齡、級別、素質、資歷、經歷和技能等。必須收集和儲存有關人員發展潛力、可晉升性、職業目標以及採用的培訓項目等方面的信息。技能檔案是預測人員供給的有效工具，它含有每個人員的技能、能力、知識和經驗方面的信息，這些信息的來源是工作分析、績效評估、教育和培訓記錄等。技能檔案不僅可以用於人力資源規劃，而且也可以用來確定人員的調動、提升和解雇。

（2）人員流動分析
預測未來人力資源供給不僅要維持目前的供給狀態，而且必須考慮人員在組織內部的運動模式，即人員流動率。人員流動通常有以下幾種形式：死亡和傷殘、退休、調動和升遷，可以採取隨機模型計算出來。企業人員變動率，即某一段時間內離職人員占員工總數的比率，由下面公式得出：

企業人員變動率 = 年內離職人員數／年內在職員工平均數 × 100%

3. 人力資源供給預測的方法
人力資源供給分為外部供給和內部供給兩個方面。其中，外部供給是指研究外部勞動力市場對組織的員工供給。內部供給是指在對組織內部人力資源開發和使用狀況考察的基礎上，對未來企業人力資源狀況的預測。在大多數情況下，外部供給不為組織所瞭解或掌握，因而多通過對本地勞動力市場、企業雇佣條件和競爭對手的策略分析來實現。因而，供給預測的研究主要集中於組織人力資源內部供給。

（1）資料查閱法

資料查閱法就是從現有的資料入手，通過對外部資料的查閱，能夠幫助企業更快地瞭解人才市場的相關信息。而查閱現有資料的途徑也是多種多樣的，如國家和地區的統計部門、人事和勞動部門會定期地發布一些統計數據，企業可以通過這些數據來瞭解本行業的經濟增長情況；也可以通過互聯網查閱資料，進行資源共享。尤其值得注意的是，為制定出合理有效的人力資源規劃，企業一定要隨時關注國家、地區相關政策的變化，以便對規劃做出準確調整。

（2）技能清單法

技能清單是用來反應員工工作能力特徵的一張表，這些特徵包括培訓背景、以前的經歷、持有的證書、已經通過的考試、主管的能力評價等。技能清單是對員工競爭力的一個反應，可以用來幫助人力資源的計劃人員估計現有員工調整工作崗位的可能性的大小，並決定有哪些員工可以補充企業以前的空缺。企業不僅要保證為企業空缺的工作崗位提供相應數量的員工，同時還要保證每個空缺都有合適的人員來填充。

（3）人員接替模型

人員接替模型的目的是確認特定職位的內部候選人，其涉及的面較廣、對各職位之間的關係也描述得更具體。建立人員接替模型的關鍵，是根據職務分析的信息，明確不同職位對員工的具體要求，然後確定一位或幾位較易達到這一職位要求的候選人；或者確定哪位員工具有潛力，經過培訓後可以勝任這一工作。然後把各職位的候補人員情況與企業員工的流動情況綜合起來考慮，控制員工流動方式與不同職位人員接替方式之間的關係，對企業人力資源進行動態管理。借助人員接替模型，可以看出每一個職位從外部招聘人數、提升上來的人數、提升上去的人數、退休和辭職的人數、具備提升實力的人數等信息，如圖3-2所示[1]：

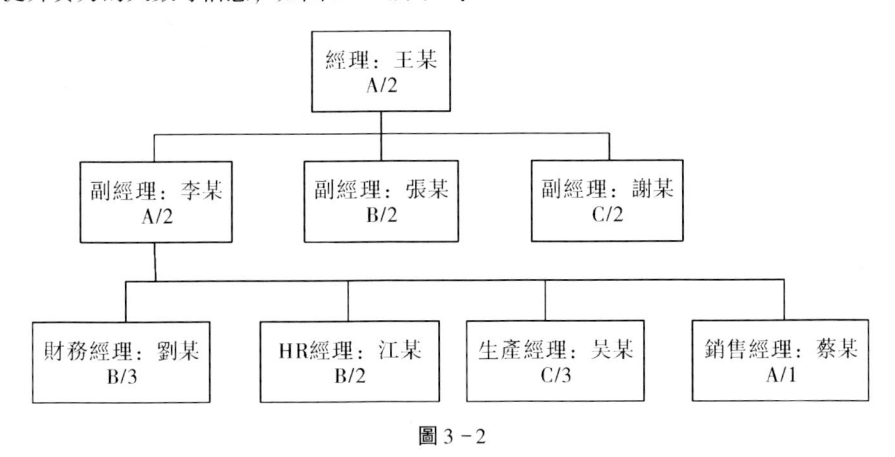

```
              經理：王某
                A/2
    ┌───────────┼───────────┐
副經理：李某  副經理：張某  副經理：謝某
    A/2           B/2           C/2
    │
┌───────┬───────┬───────┐
財務經理：劉某 HR經理：江某 生產經理：吳某 銷售經理：蔡某
   B/3          B/2         C/3          A/1
```

圖3-2

正如圖3-2所示，經理職位的接替人有三位，分別是副經理李某、張某和謝某，其中只有李某具備了繼任的資格能力，可以馬上上任。張某還需要進一步的培養，而

---

[1] 程延園. 人力資源管理［M］. 北京：清華大學出版社、北京交通大學出版社，2010：44.

謝某則不適合此崗位。當企業出現空缺，需要提升員工時，通過多張人員替換清單組成的人員接替模型就可以預測出企業內部的人力資源供給狀況，實現人力資源的供給接替。

人員接替模型可以達到鼓舞員工士氣、激勵員工的目的，它為員工提供了明確的發展與晉升目標，為員工的職業生涯發展指明了清晰的路徑，可以降低企業的招聘成本，可以說是一種一舉多得的人力資源管理方法。

（4）馬爾科夫矩陣分析法

這種方法目前廣泛應用於企業人力資源供給預測上，其基本思路是找出過去人力資源變動的規律，來推測未來人力資源變動的趨勢。它有一個基本假設，即企業內部過去的人事變動模式與規律跟未來大體相同。馬爾科夫矩陣分析法可以清楚地分析出企業現有人力資源的內部移動，比如晉升、調動、離職等情況。下面用假設的人力資源諮詢公司的人事變動為例，對該方法的應用步驟進行簡要說明。

首先，建立人事變動矩陣表。馬爾科夫矩陣分析法以企業過去若干年中調動與離職人數作為預測的根據，通常以最近5～10年為限。要先統計和瞭解企業該時期的人員調動與離職情況，如表3-4所示：

表3-4　　　　　　　　　　2005—2010年人員變動率

	初期人員數量(人)	人員調動率				人員離職率
		合夥人	項目經理	諮詢師	諮詢助理	
合夥人	10	0.8	—	—	—	0.2
項目經理	20	0.8	0.05	—	—	0.15
諮詢師	50	—	0.05	0.7	0.05	0.2
諮詢助理	50	—	—	0.1	0.65	0.25

通過表3-4可以看到，在過去的一年裡，有80%的合夥人仍留在公司，20%離開公司；有65%的諮詢助理留在原來的崗位上，有10%被提升為諮詢師，25%離職。用這些歷史數據來代表每一種工作的人員變動率，從而可以推測出未來的變動情況。

其次，預測人員變動情況。將計劃初期每一種工作的人員數量與每一種工作的人員變動率相乘，然後縱向相加，即可以預計出企業內部未來人力的供給量。如表3-5所示：

表3-5　　　　　　　　　2011年人員供給情況預測表

	初期人員數量(人)	2011年人員供給情況							
		合夥人		項目經理		諮詢師		諮詢助理	
合夥人	10	0.8	8	—	0	—	0	—	0
項目經理	20	0.8	16	0.05	1	—	0	—	0
諮詢師	50	—	0	0.05	2.5	0.7	35	0.05	2.5
諮詢助理	50	—	0	—	0	0.1	5	0.65	32.5
預計人員供給（人）		24		4		40		35	

三、人力資源供需平衡

在企業的營運過程中，企業始終處於人力資源供需失衡狀態。在企業擴張時期，企業人力資源需求旺盛，人力資源供給不足，人力資源部門用大部分時間進行人員的招聘和選拔；在企業穩定時期，企業人力資源在表面上可能會達到穩定，但企業局部仍然同時存在著退休、離職、晉升、降職、補充空缺、不勝任崗位、職務調整等情況，企業處於結構性失衡狀態；在企業衰敗時期，企業人力資源總量過剩，人力資源需求下降，人力資源部門需要制定裁員、下崗等政策。

總之，在整個企業的發展過程中，企業的人力資源狀況始終不可能自然地處於平衡狀態。人力資源部門的重要工作之一就是不斷地調整人力資源結構，使企業的人力資源始終處於供需平衡狀態。只有這樣，才能有效地提高人力資源利用率，降低企業人力資源成本。

企業的人力資源供需調整分為人力缺乏調整和人力過剩調整兩部分。

1. 人力缺乏的調整方法

（1）外部招聘

外部招聘是最常用的人力缺乏的調整方法，當人力資源總量缺乏時，採用此種方法比較有效。但如果企業有內部調整、內部晉升等計劃，則應該先實施這些計劃，將外部招聘放在最後使用。

（2）內部招聘

內部招聘是指當企業出現職務空缺時，優先將企業內部員工調整到空缺職務的方法。它的優點首先是豐富了員工的工作，提高了員工的工作興趣和積極性；其次它還節省了外部招聘成本。利用內部招聘的方式可以有效地實施內部調整計劃。在人力資源部發布招聘需求時，先在企業內部發布，歡迎企業內部員工積極應聘，任職資格要求和選擇程序與外部招聘相同。當企業內部員工應聘成功後，對員工的職務進行正式調整，員工空出的崗位還可以繼續進行內部招聘。當內部招聘無人能勝任時，再進行外部招聘。

（3）內部晉升

當較高層次的職務出現空缺時，優先提拔企業內部的員工。在許多企業裡，內部晉升是員工職業生涯規劃的重要內容。對員工的提升是對員工工作的肯定，也是對員工的激勵。由於內部員工更加瞭解企業的情況，會比外部招聘人員更快地適應工作環境，提高工作效率，同時節省外部招聘成本。

（4）繼任計劃

繼任計劃在國外比較流行。具體做法是，人力資源部門對企業的每位管理人員進行詳細的調查，並與決策組確定哪些人有資格升遷到更高層次的位置，然後制定相應的「職業計劃儲備組織評價圖」，列出崗位可以替換的人選。當然上述的所有內容均屬於企業的機密。

（5）技能培訓

對公司現有員工進行必要的技能培訓，使之不僅能適應當前的工作，還能適應更

高層次的工作。這樣，就為內部晉升政策的有效實施提供了保障。如果企業即將出現經營轉型，企業應該及時向員工培訓新的工作知識和工作技能，以保證企業在轉型後，原有的員工能夠符合職務任職資格的要求。這樣做的最大好處是防止了企業的冗員現象。

2. 人力過剩的調整方法

（1）提前退休

企業可以適當地放寬退休的年齡和條件限制，促使更多的員工提前退休。如果將退休的條件修改得足夠有吸引力，會有更多的員工願意接受提前退休。

（2）減少人員補充

這是一種最常用的方式，對空閒的崗位或職位不進行人員補充，可以使其達到人力資源供求平衡。但採取這種方式往往數量有限，而且很難得到企業所需的員工。

（3）增加無薪假期

當企業出現短期人力過剩的情況時，採取增加無薪假期的方法比較適合。比如規定員工有一個月的無薪假期，在這一個月沒有薪水，但下個月可以照常上班。

（4）裁員

裁員是一種最無奈但最有效的方式。一般裁減那些主動離職和績效低下的員工。但裁員會降低員工對企業的信心，挫傷其工作積極性，而且可能會使被裁人員做出過激的詆毀行為。所以在進行裁員時，要盡量制定優厚的裁員政策，如發放優厚的失業金。

3. 結構失衡的調整方法

結構失衡的調整通常是對上述兩種調整方法的綜合運用。企業要根據具體情況，對供不應求的職位採用相應的調整方法，對供過於求的職位採用相應的調整方法，制定出相應的人力資源部署或業務規劃，使各部門人力資源在數量、質量和結構等方面達到調整平衡。

人力資源規劃的最終目的是要實現企業人力資源供給和需求的平衡。人力資源供需平衡就是企業通過增員、減員和人員結構調整等措施，使企業人力資源供需基本趨於相等的狀態。

第三節　編製人力資源規劃的程序

編製人力資源規劃的基本程序分為前期準備、確定規劃方案、編製規劃、規劃評估四個步驟。

一、規劃前的準備工作

制定人力資源規劃之前，首先要做好必要的準備工作。這些準備工作主要包括分析企業人力資源狀況，明確規劃的目標。收集、分析企業現有人力資源的狀況，是人力資源規劃的基礎工作。企業人力資源現狀的評價主要通過人力資源調查和工作分析來完成。人力資源調查主要是通過查閱現有的檔案資料、發放調查問卷、訪談等途徑來

獲取企業現有員工年齡、學歷、職稱、能力和專長等方面的信息。通過人力資源調查可以瞭解企業現有人力資源的數量、質量和結構。工作分析是工作信息的提取手段，通過工作分析可以得到企業內各個職位對任職者知識、經驗、技能等的要求。綜合人力資源調查與工作分析的結果，即可分析企業現有人力資源的配備狀況，瞭解企業是否存在人員缺編、超編以及在崗員工不符合職位資格要求的情況。

在分析企業人力資源現狀的同時，明確企業的戰略發展目標也是人力資源規劃的首要工作之一。人力資源規劃是以企業中人力資源需求為基礎的，以企業目標為出發點，而企業目標是企業在充分審視內外部環境，並對自身在競爭中的優勢和劣勢進行詳細分析的基礎上制定的未來一段時期的經營方向。當企業調整戰略目標後，運作過程會發生一系列的變化，包括組織結構的改變、生產和經營過程的調整、新技術的採用、產品結構的變化等。因此，人力資源規劃的第一步就是收集能夠用於確定企業目標、政策、計劃以及人力資源目標和政策的有關數據資料，重審並明確企業戰略發展目標。

通過對企業發展目標與人力資源現狀的分析，在進行人力資源規劃之前應制定相應的人力資源管理的目標和政策。這些目標和政策要與企業的整體目標和政策相聯繫，以自上而下的企業發展的戰略目標為指導，以自下而上的人力資源現狀為依託，是企業人力資源規劃的目標與前提。人力資源規劃是企業人力資源管理前瞻性的工作，如果不能與企業整體目標和政策聯繫，則無法使管理者為了實現未來的目標而獲得足夠的人力資源支持。無論多好的戰略規劃和多先進的理論與方法，歸根究柢都要落實到人去執行。不與企業整體目標、政策相關聯的人力資源規劃，只能是空中樓閣。

人力資源管理的目標與政策是建立在企業發展戰略目標基礎上的，參考行業標杆企業的人力資源管理戰略，結合企業自身的特點，通過召開高層領導會議進行確定。表3-6是某企業2010年人力資源管理的年度目標，作為簡單的人力資源管理目標範本，僅供學習理解，切忌生搬硬套。

表3-6　　　　　　　　某企業2010年人力資源管理年度目標

根據本年度工作情況與存在的不足，結合目前公司發展戰略和趨勢，人力資源部計劃從十個方面開展2010年度的工作：
1. 進一步完善公司的組織架構，確定和區分每個職能部門的權責，爭取做到組織架構科學適用，三年內不再做大的調整，保證公司的營運在既有的組織架構中運行。
2. 完成公司各部門各職位的工作分析，為人才招募與評定薪資、績效考核提供科學依據。
3. 完成日常人力資源招聘與配置，滿足崗位需求。
4. 推行薪酬管理，完善員工薪資結構，實行科學公平的薪酬制度。
5. 充分考慮員工福利，做好員工激勵工作，建立內部升遷制度，做好員工職業生涯規劃，培養雇員主人翁精神和獻身精神，增強企業凝聚力。
6. 在現有績效考核制度基礎上，參考先進企業的績效考評辦法，實現績效評價體系的完善與正常運行，並保證與薪資掛鉤，從而提高績效考核的權威性、有效性。
7. 大力加強員工崗位知識、技能和素質培訓，加大內部人才開發力度。
8. 弘揚優秀的企業文化和企業傳統，用優秀的文化感染人。
9. 建立內部縱向、橫向溝通機制，調動公司所有員工的主觀能動性，建立和諧、融洽的企業內部關係，集思廣益，為企業發展服務。
10. 做好人員流動率的控制與勞資糾紛的預見和處理。既保障員工合法權益，又維護公司的形象和根本利益。

二、確定人力資源規劃方案

在明確了人力資源管理的目標與政策之後，就必須制定出一定的方案來保證這些目標的實現。由於目標的多樣性與複雜性，這些方案也應當在相關目標的指引下進行制定。通常人力資源規劃者通過完善企業組織結構來帶動人力資源規劃工作。

人力資源的規劃者幫助企業設計一個切實可行的組織結構。這種組織結構服務於人力資源規劃和方案的目標：吸引、保留和激勵員工。社會在改變，尤其是員工隊伍的價值觀也在改變，這些改變會對企業與其成員之間傳統的關係產生很嚴重的影響，從而引發某種危機，這種危機也許只能通過設計開發新的組織結構形式才能解決。

一般來說，好的傳統組織結構具有如下特徵：嚴密的監督控制，較少的員工參與工作領域的決策，多採取自上而下的溝通，強調使用外部獎勵來吸引、保留和激勵員工（這種獎勵包括報酬、晉升、地位象徵等）；工作設計狹隘，工作說明書內容狹窄，最關心的首要問題是生產率，以及使人們去適應工作，這種關心表現為挑選員工時以他們的技能知識和工作態度為基礎，使他們滿足工作的要求。當企業意識到組織結構特徵不再具有吸引、保留和激勵員工的作用時，就會開始設計替換性結構，以改變上面提到的不良的特徵。

例如康尼維爾公司和數據控制公司，它們的組織結構使更多的員工實行自我控制，更多的員工參與到工作領域的決策中，自上而下的溝通和自下而上的雙向溝通，認可員工權利，強調內部獎勵（如責任感、工作豐富感和成就感）和外部獎勵並用，進行涉及面更廣的工作設計，以便使工人具有更多的自行處理權，所關心的首要問題是工作生活質量、生產率，以及使工作去適應人。這種關心表現為：在挑選員工時不僅以他們的技能和知識為基礎，同時還要注意組織特徵與員工個性、興趣、偏好相互匹配。

人力資源規劃方案是企業人力資源目標的細化與深入，每一項人力資源的目標都應該在人力資源規劃方案中進行實際的分析與設計，使目標具有可操作性與可實現性是規劃方案的本質。

三、人力資源規劃的具體步驟

由於各企業的具體情況不同，所以編寫人力資源規劃的步驟也不盡相同。下面是編寫人力資源規劃的典型步驟，可根據企業的實際情況進行調整。

1. 制定職務編製規劃

根據企業發展規劃，結合職務分析報告的內容，來制定職務編製規劃。職務編製規劃闡述了企業的組織結構、職務設置、職務描述和職務資格要求等內容。制定職務編製規劃的目的是描述企業未來的組織職能規模和模式。

2. 制定人員配置規劃

根據企業發展規劃，結合企業人力資源盤點報告，來制定人員配置規劃。人員配置規劃闡述了企業每個職務的人員數量、人員的職務變動、職務人員空缺數量等。制定人員配置規劃的目的是描述企業未來的人員數量和素質構成。

3. 預測人員需求

根據職務編製規劃和人員配置規劃，使用預測方法來預測人員需求。人員需求中應闡明需求的職務名稱、人員數量、希望到崗時間等。最好形成一個標明有員工數量、招聘成本、技能要求、工作類別，以及為完成組織目標所需的管理人員數量和層次的分列表。實際上，預測人員需求是整個人力資源規劃中最困難和最重要的部分。因為它要求以富有創造性、高度參與的方法處理未來經營和技術上的不確定性問題。

4. 確定人員供給規劃

人員供給規劃是人員需求的對策性規劃，主要闡述人員供給的方式（外部招聘、內部招聘等）、人員內部流動政策、人員外部流動政策、人員獲取途徑和獲取實施規劃等。通過分析勞動力過去的人數、組織結構和構成以及人員流動、年齡變化和錄用等資料，就可以預測出未來某個特定時刻的人力資源供給情況。預測結果勾畫出了組織現有人力資源狀況以及未來在流動、退休、淘汰、升職及其他相關方面的發展變化情況。

5. 制訂培訓計劃

為了提升企業現有員工的素質，適應企業發展的需要，對員工進行培訓是非常重要的。培訓計劃中包括了培訓政策、培訓需求、培訓內容、培訓形式、培訓考核等內容。

6. 制定人力資源管理政策調整規劃

規劃中明確規劃期內的人力資源政策的調整原因、調整步驟和調整範圍等。其中包括招聘政策、績效考評政策、薪酬與福利政策、激勵政策、職業生涯規劃政策、員工管理政策等。

7. 編寫人力資源部費用預算

這主要包括招聘費用、培訓費用、福利費用等費用的預算。

8. 關鍵任務的風險分析及對策

每個企業在人力資源管理中都可能遇到風險，如招聘失敗、新政策引起員工不滿等，這些事件很可能會影響公司的正常運轉，甚至會對公司造成致命的打擊。風險分析就是通過風險識別、風險估計、風險駕馭、風險監控等一系列活動來防範風險的發生。

人力資源規劃編寫完畢後，應該先積極地與各部門經理進行溝通，根據溝通的結果進行修改，最後再提交公司決策層審議通過。

本章小結

本章主要內容是人力資源規劃。重點闡述了人力資源規劃在人力資源管理及企業發展中的意義與作用，講述了人力資源規劃的基本概念、類型及基本內容；詳細闡述了人力資源規劃中所使用的各種科學分析方法與工具，如人才市場與社會經濟環境分析、人員需求預測、人員供給預測、供求平衡；重點強調了人力資源規劃與企業發展戰略的關係，介紹人力資源規劃的原則、步驟和檢驗評估等內容。重點在於使學習者掌握人力資源規劃的各種科學分析方法與管理工具。

關鍵概念

1. 人力資源規劃　2. 人員需求分析　3. 人員供給分析　4. 戰略人力資源規劃

本章思考題

1. 人力資源規劃的內容有哪些？
2. 人力資源規劃的主要目的是什麼？
3. 人力資源供給規劃的方法有哪些？
4. 請簡要復述一下編製人力資源規劃的程序。

案例分析

何仁的工作任務[①]

何仁現任偉業公司人力資源部經理助理。11月中旬，公司要求人力資源部在兩星期內提交一份公司明年的人力資源規劃初稿，以便在12月初的公司計劃會議上討論。人力資源部經理王生將此任務交給何仁，並指出必須考慮和處理好下列關鍵因素：

（1）公司的現狀。公司現有生產及維修工人850人，文秘和行政職員56人，工程技術人員40人，中層與基層管理人員38人，銷售人員24人，高層管理人員10人。

（2）統計數字表明，近五年來，生產及維修工人的離職率高達8%，銷售人員離職率為6%，文職人員離職率為4%，工程技術人員離職率為3%，中層與基層管理人員離職率為3%，高層管理人員的離職率則只有1%，預計明年不會有太大的改變。

（3）按企業已定的生產發展規劃，文職人員要增加10%，銷售人員要增加15%，工程技術人員要增加6%，而生產及維修工人要增加5%，高層、中層和基層管理人員可以不增加。

何仁接受了這項任務，便開始工作。

案例思考題

1. 假設你是何仁，將如何編製這份人力資源規劃？
2. 你認為何仁編製這份人力資源規劃時要注意哪些問題？
3. 要編製好這份人力資源規劃，你認為何仁還需要哪些信息？怎樣收集這些信息？
4. 請分別選取兩種方法幫助何仁進行人力資源需求的預測。

[①] 何仁的工作任務［OL］. 啓文教育, http://www.ch7w.com/html/200909/04142726.shtml.

第四章　人員招聘與人事測評

學習目標

1. 瞭解和掌握員工招聘的主要程序和步驟
2. 熟悉和掌握員工招聘的主要渠道和方法
3. 掌握招聘計劃的制訂方法
4. 掌握員工招聘中的人事測評方法

引導案例

各種特殊的面試[①]

1. 日產公司——請你吃飯

日產公司認為，那些吃飯迅速快捷的人，一方面說明其腸胃功能好，身強力壯；另一方面他們干事往往風風火火，富有魄力，而這正是公司所需要的。因此對每位來應聘的員工，日產公司都要進行一項專門的「用餐速度」考試——招待應聘者一頓難以下咽的飯菜。一般主考官會「好心」地叮囑你慢慢吃，吃好後再到辦公室接受面試。但那些慢騰騰吃完飯者得到的都是離開通知單。

2. 殼牌石油——開雞尾酒會

殼牌公司組織應聘者參加一個雞尾酒會，公司高級員工都來參加，酒會上由這些應聘者與公司員工自由交談。酒會後，由公司高級員工根據自己的觀察和判斷，推薦合適的應聘者參加下一輪面試。那些現場表現搶眼、氣度不凡、有組織能力者一般會得到下一輪的面試機會。

3. 假日酒店——你會打籃球嗎

假日酒店認為，那些喜愛打籃球的人，性格外向，身體健康，而且充滿活力，富於激情。假日酒店作為以服務至上的公司，員工要有親和力、飽滿的干勁、朝氣蓬勃，而一個缺乏活力、死氣沉沉的員工，既是對公司的不負責，也是對客人的不尊重。

4. 美國電報電話公司——整理文件筐

先給應聘者一個文件筐，要求應聘者將所有雜亂無章的文件存放於文件筐中，規定在 10 分鐘內完成。當然一般情況下不可能完成，公司只是借此觀察員工是否具有應變能力，是否分得清輕重緩急，以及在辦理具體事務時是否條理分明。那些臨危不亂、作風干練者自然能獲高分。

[①] 招聘案例集錦［OL］．http：//wenku.baidu.com/view/b8afe0fb0242a8956bece480.html．

5. 統一公司——先去打掃廁所

統一公司要求員工有吃苦精神以及腳踏實地的作風，凡來公司應聘者，公司會先給他一個拖把叫他去打掃廁所。不接受此項工作或只把表面洗乾淨者均不予錄用。他們認為一切利潤都是從艱苦勞動中得來的，不敬業者就是隱藏在公司內部的「敵人」。

以上種種新奇的面試方法有沒有讓你大開眼界？現在的企業越來越重視人才招聘，各種各樣的招聘方法也不斷出現，因此，招聘技巧的掌握也成為人力資源管理者不可或缺的一項基本技能，怎樣達成組織的招聘目標、選擇什麼樣的渠道進行招聘、應該採用哪種招聘方法，這些都將在本章一一進行介紹。

第一節　員工招聘概述

一、員工招聘的基本概念

1. 員工招聘的定義

員工招聘也稱為員工招募，是指根據企業發展的需要，向外吸收具有勞動能力的個體的全過程。[①] 在企業發展的過程中，由於企業壯大及人員流動等原因，會造成企業內部某些崗位的空缺，員工招聘就是替企業或機構的空缺職位挑選具有符合該職位所需才能的人員的過程。求才的目的在於選擇一位最適宜、最優秀的人才。

招聘是實施人力資源規劃的具體操作，是人力資源規劃得以實施的保證，招聘也是關係到員工切身利益的活動。在進行人員招聘的同時，應根據人力資源規劃和崗位說明書的要求，利用適當的技術，認真做好調查研究與選拔的工作，以有利於企業目標實現、有利於個人發展為原則，認真做好人員配備工作。

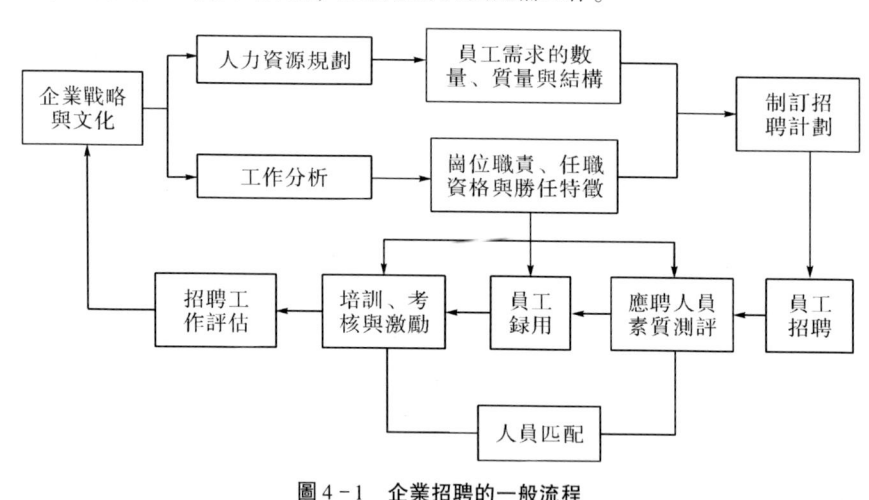

圖 4-1　企業招聘的一般流程

[①] 胡君辰，鄭紹濂. 人力資源開發與管理［M］. 上海：復旦大學出版社，2002：62.

員工招聘是項複雜的工作，包括人員需求與供給的分析，招聘計劃的制訂與實施，以及人員選拔與錄用，整個過程是一個完整、連續的程序化操作過程，企業員工招聘的一般流程如圖 4 – 1 所示。

不同企業的招聘過程不可能完全相同，但在招聘過程中都遵循一般的流程。即根據組織的戰略要求提出用人需求，該部分內容在上一章已有詳細說明。然後在制訂招聘計劃的基礎上，經過招募和測評選拔適宜人員予以錄用，通過培訓、考核與激勵等措施激發人才的活力，最後通過招聘工作評估檢驗招聘流程的有效性，使招聘最終服務於組織發展戰略的要求。

2. 員工招聘的目的

員工招聘是企業吸引應聘者並從中選拔、錄用企業所需要的人的過程，其直接目的就是獲取組織需要的人。除此之外，招聘活動還有一些潛在的目的：

（1）樹立企業形象。對外進行社會招聘，企業自身的社會形象是重要因素之一。同時，也可以通過招聘活動來更多地進行企業宣傳，樹立企業形象。

（2）降低受聘者在短期內離開公司的可能性。企業招聘不僅要能把人招聘進來，更重要的是能夠把能幹的人留住。是否能夠把人留住，一方面是企業要招聘到自己需要的人，通過各種招聘測試活動，對應聘者做出準確的評價，找到符合要求的人；另一方面是要為應聘者提供合適的發揮才幹的平臺，進行有效培訓，使之認可企業文化和價值觀。招聘活動在某種程度上說是一種雙向選擇。

（3）履行企業的社會義務。為社會提供就業機會是企業的社會義務之一，招聘正是企業履行這一社會義務的過程。

（4）營造一種競爭的氛圍。員工工作時間長了，容易產生倦怠和混日子的情緒，從而造成企業內部缺乏生機，效率下降。企業通過外部招聘，為企業引入新鮮血液，給老員工造成一定的競爭壓力，形成一種競爭的氛圍，是企業長盛不衰的重要方法之一。

3. 內部選拔與外部招聘

從人員配備的途徑來看，企業招聘主要分為內部選拔和外部招聘兩種。

內部選拔是指在企業內部尋找適合某個特定崗位所需要的人才。由於工作的性質和崗位的特點，許多人才的優點可能未被發現，或者大材小用。

競聘上崗是企業內部選拔的主要方法，可以通過以下步驟實施，或根據企業自身的特點進行改動：

（1）發布競聘公告，內容包括競聘崗位、職務、職務描述書、競聘描述書、競聘條件、報名時間、地點、方式等。

（2）對應聘者進行初步篩選，剔除明顯不符合要求的應聘者。

（3）組織必要的與競聘崗位有關的測試。

（4）組織「考官小組」進行綜合全面的「診斷性面試」。

（5）輔以一定的組織考核，對應聘者以往的工作業績、實際的工作能力、上級主管和同事對其的評價等進行考核。

（6）全面衡量，做出決策，領導審批。

（7）公布決定，宣布任命。[①]

一般意義上所指的招聘多是指外部招聘，它是企業面向社會吸引人才的過程。在企業人員招聘的實踐中，往往更加注重外部招聘。其實有研究表明，內部選拔與外部招聘相結合，會產生更好的效果。表 4-1 是對內部選拔與外部招聘的比較：

表 4-1　　　　　　　　　　內外部招聘的比較

	內部選拔	外部招聘
優點	1. 組織對候選人的能力有清晰的認識； 2. 候選人瞭解工作要求和組織情況； 3. 獎勵高績效，有利於鼓舞士氣； 4. 組織僅僅需要在基本水準上雇傭； 5. 更低的成本。	1. 更大的候選人蓄水池； 2. 會把新的技術和想法帶入組織； 3. 比培訓內部員工成本低； 4. 降低徇私舞弊的可能性； 5. 激勵老員工保持競爭力，發展技能。
缺點	1. 會導致「近親繁殖」狀態； 2. 會導致為了提升的「政治性行為」； 3. 需要有效的培訓和評估系統； 4. 可能會因操作不公或心理因素導致內部矛盾。	1. 增加與招聘甄選相關難度的風險； 2. 需要更長的培訓和適應階段； 3. 內部的員工可能感到自己被忽視； 4. 新的候選人可能並不適應企業文化； 5. 增加搜尋成本等。

二、員工招聘的原則

員工招聘是企業實施用人政策、體現企業文化和形象的工作，是一項具體的管理活動，應遵循以下原則：

1. 因事擇人、人事相宜的原則

因事擇人主要是招聘工作一定要根據企業的需要，按照人力資源計劃，確定招聘的人數、人員素質、專業能力和技能等，既不能多招人，也不能招錯人；人事相宜是指保證所招聘的人符合做事的要求，能夠勝任工作。因此對應聘人員要進行各方面要素的測試，以保證所招聘的人的質量。

招聘的直接目的是為崗位配備合適的人員，因此應聘人員的素質、性格、資質要適應崗位要求，這是因崗擇人的要求。企業中每個崗位都有著不同的內涵，對人員素質的要求也不盡相同。例如，企業如果想招聘一個秘書就不能用招聘前臺的條件來選拔，前臺是主要負責接待及收發郵件等工作，對應聘人員的要求就比較低；而秘書的工作雖然有時會和前臺的工作重疊，但是性質是根本不同的，秘書要招待的一般是企業的重要客戶等關鍵人物，對秘書的基本素質要求就會高出許多，例如英語流利、善於溝通，此外還要針對秘書的具體工作增加要求，例如文筆好、有秘書資格證書等。

2. 公開、公正、公平的原則

招聘信息、招聘方法、招聘結果應公開，並且公開進行。這樣既可以將招聘活動置於公眾的監督之下，又可以吸引更多的應聘者，有利於招聘到更合適的人才。通過

[①] 廖全文. 招聘與錄用 [M]. 北京：中國人民大學出版社，2002：106.

公開、公正、公平的招聘活動，有利於真正有能力的人脫穎而出，最大限度地減少其他因素的干擾。招聘結果公示，有助於發現應聘者故意隱藏的信息。

3. 平等競爭的原則

對所有應聘者應一視同仁，不得人為地製造各種不平等的限制，努力為社會上的有志之士提供平等競爭的機會，不拘一格地選拔、錄用各方面的優秀人才。第一，遵循國家人事政策法規，不能制定與國家政策法規相違背的土政策；第二，不得設置任何違背職業要求的年齡、性別等方面的歧視；第三，在招聘過程中必須使用科學的測試方法，並且採用統一標準。

4. 全面考察與用人所長的原則

全面考察是指對應聘人員的品德、知識、能力、智力、心理、過去工作的經驗和業績等不同方面進行全面考試、考核和考察。因為一個人能否勝任某項工作或者發展前途如何，是由其多方面因素決定的，特別是非智力因素對其將來的作為起著決定性作用。

但是，在招聘過程中，必須考慮有關人選的專長，量才使用，做到「人盡其才」、「事得其人」。同時對人要有全面的觀點，因為人無完人，每個人都有優點和缺點，關鍵是要看到和使用其優點，而抑制和改正其缺點。也就是我們常說的「用其所長」。另外，通過科學的測評手段，預測一個人的潛在能力和培訓前景。

要注意的是人的能力有大小，本領有高低，工作有難易，要求有區別。所招聘人員，不一定要最優秀的，而應量才錄用，做到人盡其才、用其所長、職得其人，這樣才能持久、高效地發揮人力資源的作用。

5. 合法性原則

合法性原則是指招聘時應注意應聘者是否具備合法執業的條件。在招聘人員時應注意應聘者是否具備相關的有效證件，篩選時應查驗。應屆畢業生一般都沒有取得有關證件，但參加工作一年後可以參加相關考試，招聘時應注意是否具備取得有關證件的條件。另外，合法性原則還意味著企業的招聘應當遵守國家的法律要求，合法進行招聘。例如，企業不能非法雇傭未成年人、偷渡人員等。

三、員工招聘的主要程序

一般而言，向社會招聘員工時的招聘程序是：分析崗位需求、徵集應聘者、接見申請人、填寫申請表、初步面試、測驗、深入面談、調查背景及資格、有關主管決定錄用、體格檢查、安排工作。

1. 分析崗位需求

人力資源管理部門應根據人員配置規劃確定是否增加人員，根據崗位說明書確定應聘人員條件。但許多企業還沒有制定完整的人員配置規劃和崗位說明書，對於部門提出的進人要求應認真分析，確定是否應增加人手以及增加哪類人員。在人力資源規劃部分已詳細講解人員預測的方法與程序，這裡就不再贅述。

2. 徵集應聘者

企業一旦批准了招聘計劃，需要對外實施招聘活動，首先是把招聘的信息向社會發布，以徵得足夠的應聘人員供企業挑選。在確定信息發布渠道時應考慮所招聘人員的類型從而選擇合適的途徑和方法。不管採取什麼招聘途徑和方法，在對外發布招聘信息時，必須清晰地告知人們：招聘職位名稱、工作職責、工作目標、任職資格要求、所能提供的各項待遇等。

3. 接見申請人

招聘信息發布後，會吸引一些應聘者，他們會通過見面、電話、信件、電子郵件等方式來瞭解有關招聘情況。在信息發布後，企業提供的溝通渠道應保持暢通，對於應聘者的要求應給予積極回應。如果應聘者太多，為提高效率，人力資源部門應會同用人部門對應聘者進行初步篩選，對符合條件的應聘者可以接見，進行初步面試，由人力資源部的面試人員與應聘者進行短時間的面談，以觀察和瞭解應聘者的外表、談吐、氣質、教育水準、工作經驗、技能和興趣等。符合條件者，發給申請表。

4. 填寫申請表

通過填寫申請表，企業取得應聘者的有關基本資料。因此，申請表的設計非常重要。申請表一般包括以下內容：

（1）所申請崗位名稱。

（2）個人基本情況：姓名、性別、年齡、籍貫、婚姻狀況、家庭人口、住房情況、住址、聯絡方式等。

（3）學歷和專業培訓。包括讀書和專業培訓的學校、畢業時間、主修專業和課程、證書或學位等。這些證明資料一般作為申請表的附件。

（4）有關證書複印件。畢業證、資格證、執業證的複印件應作為申請表的複印件，一般還要提供原件供審驗。

（5）工作經歷記錄。就業單位、就業崗位、工作情況、任期時間、離職原因、工資待遇等。

（6）證明人和推薦人。包括證明人姓名、工作單位、通信方式等，業內知名專家的推薦信有助於提高應聘者的可信度。應聘美國高校教師就需要有三名同專業的專家、教授的推薦信。現在的應聘者一般會在提出應聘申請時提交一份個人編製的簡歷，若包括了上述信息，可以不用再填寫申請表。對於申請表或簡歷中不確切的內容，應加以核實。

5. 初步測試

常見的測試是筆試，用於測試應聘者的專業知識，可建立各專業試題庫，以選擇題為主，測試成績作為決定是否聘用的重要參考依據。當應聘者很多時，初步測試也可放在接見申請人程序之前，用於篩選應聘者。

6. 面試

對於許多職位來說，這是最關鍵的一步。通過面試，用人單位對應聘者的全面素質、工作動機、應變能力、待人接物進行系統觀察和評價。面試是一項耗費時間長、涉及人員多的工作，應根據不同崗位性質和要求，採用不同的面試規模和方法。要求

很高的崗位可以組織企業人才引進領導小組進行面試；要求較高的崗位可以由分管領導、用人部門、人力資源部門組成的小組進行面試；一般崗位可以由用人部門、人力資源部門進行面試。不管何種層次的面試，都應規定流程、設定客觀評價標準、合理控制時間。

面試過程中要合理採用結構性面試和非結構性面試。通過結構性面試，可以發現應聘者是否具備崗位要求以及程度如何。非結構性面試可以發現應聘者其他方面的能力和特長。除了對話式的面試，也可採用其他方式，如焦點問題討論、情景模擬等方法。

一般崗位的招聘工作到此基本上就完成了，下面就是辦理報批、體檢、試用、錄用等一些具體手續了。但對於比較重要的崗位，還需進行深入的面談和審查。

7. 深入面談

對於比較重要的崗位，經過上述程序後，還應由人力資源部和用人單位主管共同與應聘者進行深入面談。面談的目的是對面試的結果進一步驗證，同時瞭解應聘者是否具有崗位需要的特殊要求和積極的態度。必要時，企業高層領導還要親自參加面談。

8. 審查背景資格

對上述篩選合格的應聘者，要進一步進行背景及資格的審查，審查的內容主要是應聘者的品行、學歷和工作經驗等。可通過電話、互聯網對應聘者提供的材料和證書進行驗證，必要時還可派人親自到有關單位進行核查。

9. 有關主管決定錄用

這一步是對合格的應聘者做出錄用決定。一般應由人力資源主管最後確定，在規模較大的企業，人力資源主管可根據崗位性質授權有關人員決定是否錄用。

10. 體格檢查

通過體檢來判斷應聘人員在體能方面是否符合職位對身體的要求。一般崗位可參照國家公務員體檢合格標準，特殊崗位企業應制定特殊的身體條件標準。體格檢查合格者，則發給錄用通知書。

11. 安置、試用和正式任用

經過上述程序，被錄用者報到後，就安置在相應的空缺崗位上。為觀察新進員工與崗位的適應程度，企業新員工都有一定的試用期或見工期，試用期或見工期的長短視工作性質及工作複雜程度而定。試用期滿，經考核合格，用人單位對新員工的工作滿意，則正式任用。為使新員工盡快融入到所在部門，可在新員工正式上班時，由人力資源管理部門向所在部門的相關人員進行介紹。

新員工正式上崗前，應安排崗前培訓，培訓內容包括：企業歷史、企業文化、企業規章制度、工作紀律、工作技能、溝通技巧、工作安全、勞動保障等內容。

上述程序不是絕對的。由於企業規模不同、崗位性質不同、工作要求不同，因此採用的招聘及甄選程序也會不同。每個企業在確定招聘程序時，要結合自己的實際需要，制定相應的招聘程序。

第二節　招聘渠道與招聘管理

一、招聘渠道

1. 職業介紹機構

職業介紹機構分為非營利性職業介紹機構和營利性職業介紹機構。其中，非營利性職業介紹機構包括公共職業介紹機構和其他非營利性職業介紹機構（例如由勞動保障行政部門以外的其他政府部門、企事業單位、社會團體和其他社會力量舉辦）。而營利性職業介紹機構，是指由法人、其他組織和公民個人舉辦，從事營利性職業介紹活動的服務機構。[①]

職業介紹機構的作用是幫助雇主選拔人員，節省雇主的時間，特別是在企業沒有設立專門的人力資源部門時，可以借助職業介紹機構求職者資源廣而且能提供專業諮詢服務的優勢來完成企業人員的配備任務。值得注意的是，由於當前的職業介紹機構各種各樣，企業要盡量選擇信譽較高的機構，不要只圖一時的便宜，引進不適合的人，結果造成的損失會更大。

2. 校園招聘

大中專院校和職業學校是企業招聘管理人員和專業技術人員的重要途徑之一。高校作為一個巨大的人才儲備庫，可謂「人才濟濟，藏龍臥虎」。學生們經過幾年的專業學習，具備了系統的專業理論功底，儘管還缺乏豐富的工作經驗，但仍然具有很多就業優勢，比如，富有熱情、學習能力強、善於接受新事物、頭腦中的條條框框少、對未來抱有憧憬，而且都是年輕人，沒有家庭拖累，可以全身心地投入到工作中。更為重要的是，他們是「白紙」一樣的「職場新鮮人」，可塑性極強，更容易接受公司的管理理念和文化。正是應屆畢業生身上的這些特質，吸引了眾多企業的眼球，校園招聘成為企業重要的招聘渠道之一。

3. 獵頭公司

獵頭公司是指一些專門為企業招聘高級人才或特殊人才的職業招聘機構。當企業需要雇傭對基層有重大影響的高級專業人員或當企業需要多樣化經營、開拓新的市場或與其他企業合資經營時，就會委託獵頭公司代為選擇人才。獵頭公司以其專業優勢，準確把握關鍵的職位所需要的工作能力、關鍵品質，科學評價應聘的人選，從而快捷、高效地完成招聘，而且被聘用的人員不需進一步的培訓就可以馬上上崗並發揮重大作用，為企業管理帶來立竿見影的效果。但這種招聘方式所需費用較高。

4. 人才招聘會

外部機構組織的人才招聘會是組織與求職者雙向交流的場所，企業可以通過人才招聘會直接獲取大量應聘者的相關信息，既節省時間和費用，又可以縮短招聘週期，

[①] 百度百科 [OL]. http://baike.baidu.com/view/889077.htm.

並可以在信息公開、競爭公平的條件下，公開考核、擇優錄取。

5. 公開招聘

公開招聘是指企業利用廣播、電視、報紙、雜誌、因特網和海報張貼等多種途徑向社會公開宣布招聘計劃，為社會人員提供一個公平競爭的機會，從而擇優錄取合格人員的招聘方式。通過公開招聘所吸引的應聘者素質參差不齊，篩選工作量大，所以不適合於填補某一關鍵崗位人員的招聘需要。

隨著信息化時代的到來，網絡招聘的地位和作用越來越引起人們的重視。網絡招聘，也被稱為電子招聘，是指通過技術手段的運用，幫助企業人事經理完成招聘的過程。即企業通過公司自己的網站、第三方招聘網站等機構，使用簡歷數據庫或搜索引擎等工具來完成招聘過程。網絡招聘的方式在美國等國家已經深入人心，成為大學畢業生和職員求職的首選方式。在美國，上網找工作已經成為家常便飯，很少有人翻報紙尋覓就業機會。網絡招聘的優勢在於互聯網的覆蓋面廣、方便、快捷、時效性強、成本低、針對性強，另外網絡使用的本身就已經幫助企業進行了初步的篩選工作。網絡招聘的缺點是信息真實度低、應用範圍狹窄、基礎環境薄弱、技術和服務體系不完善、信息處理的難度大、網絡招聘的成功率較低。

6. 競爭者與其他公司

對嚴格要求近期工作經驗的職位來說，其競爭者及同一行業或同一地區的其他公司可能是其最重要的招聘渠道。通常約有5%的工人隨時都在積極尋求或接受崗位的變化，這一事實突出了這些渠道的重要性。進一步來說，每三個人中，特別是在經理和專業人員中，每隔五年就會有一個人變換工作。

即便是實行內部提升政策的組織，偶爾也會從外部尋找能補充重要職位的人員。企業突如其來的新規矩可能要遭遇爭議，但應當把競爭者和其他公司作為招聘高素質人才的外部渠道是顯而易見的。無論企業規模的大小，競爭對手那兒的人才永遠是企業最好的招聘資源。由於競爭對手與企業本身的行業、營運模式等非常相似，從競爭對手那兒引進的人才會更快地融入新的企業並帶來競爭對手的有形或無形的資源。因此，競爭對手企業及其相類似的公司是企業招聘的另一條人才來源的渠道。

表4-2　　　　　　　　　　　　　員工招聘渠道對比

招聘渠道	定義	優點	缺點	適用範圍
公開招聘	通過報紙、電臺、電視、專業雜誌、互聯網絡、馬路張貼刊出廣告，招聘資料投寄企業（國內企業一般謝絕來訪），經初選後面試。	傳播範圍大，挑選餘地大；招聘廣告留存時間較長；可附帶作企業形象、產品宣傳。	初選雙方不直接見面，信息失真；廣告費用支出較大；錄取成功率低。	適用於各類企業、各類人才的招聘。
人才招聘會	參加定期或不定期舉辦的人才交流會、人才市場、人才集市。	雙方直接見面，可信程度較高；當時可確定初選意向；費用低廉。	應聘者眾多，洽談環境差；挑選面受限。	適用於選聘初中級人才，或急需用工。

表4－2(續)

招聘渠道	定義	優點	缺點	適用範圍
職業介紹所與就業服務中心	一般由職業仲介機構撮合或檢索其人才資源庫，實行單向（或雙向）收費。	介紹速度較快，費用較低。	仲介服務普遍質量不高。	適應於選聘初中級人才，或急需用工。
獵頭公司	將用人要求和標準轉告獵頭公司，委託尋求合適人才。	能找到滿意人才，比企業自己招聘質量好，招聘過程隱密、不事先聲張。	招聘過程較長，各方反覆接洽談判；招聘費用昂貴，需按年薪的一定比例支付獵頭費。	適用於物色高級人才
校園招聘	企業派員到大專院校招聘應屆生，與求職者面談。有的邀請候選者預先到企業實習。	雙方瞭解較充分；挑選範圍和方向集中，效率較高。	應聘者流動性過大，有時需支付其旅費和實習費。	用於招募發展潛力大的優秀新人才

二、招聘計劃的制訂與實施

1．招聘計劃的制訂

招聘計劃是人力資源部門根據用人部門的增員申請，結合企業的人力資源規劃和職務描述書，明確一定時期內需招聘的職位、人員數量、資質要求等因素，並制定具體的招聘活動的執行方案。概括來說，招聘計劃就是把對職位空缺的陳述變成一系列目標，並把這些目標和相關的應聘者的數量和類型具體化。

（1）招聘計劃的主要內容

①人員需求清單，包括招聘的職務名稱、人數、任職資格要求等內容；
②確定招聘信息發布的時間和渠道；
③確定招聘小組人選，包括小組人員姓名、職務、各自的職責；
④確定應聘者的考核方案，包括考核的場所、大體時間、題目設計者姓名等；
⑤明確招聘的截止日期；
⑥確定新員工的上崗時間；
⑦核實招聘費用預算，包括資料費、廣告費、人才交流會費用等；
⑧安排招聘工作時間表，盡可能詳細，以便於他人配合；
⑨確定招聘廣告樣稿。

（2）招聘策略

招聘策略是招聘計劃的具體體現，是為實現招聘計劃而採取的具體策略。

①地點策略

選擇在哪個地方進行招聘，一般要考慮潛在應聘者尋找工作的行為、企業的位置、勞動力市場狀況等因素。客觀上，為了節省開支，企業通常在既有條件又有招聘經歷的地方招聘，傾向於在所在地的人才市場招聘辦事員和工人，在跨地區的人才市場上招聘專業技術人員，而在全國範圍內甚至國際上招聘高級管理人才。

②招聘策略

採用哪一種途徑或方式招聘人員，應根據供求雙方不同情況而定。例如，是採用簡單的方式，還是複雜的方式；是採取主動，還是等人上門；是大張旗鼓，還是悄悄地進行等。

無論如何，做好招聘工作，都需要和學校、職業介紹機構、網絡媒體、培訓機構等保持密切聯繫。一般來說，企業可在大學畢業生中招聘專業技術人員和中層管理人員；借助職業介紹所招聘辦事員和生產工人；通過廣告招聘銷售人員、專家等。為了節省開支和時間，還可採用員工引薦的方式。

③聘用策略

採用外部招聘，還是企業內部招聘，取決於企業的聘用策略。聘用策略主要有傳統的甄選模式、人力資源管理模式和「非我族類」模式。

a. 傳統的甄選模式，即「以人就事」，以工作為主，機構的需要優先。
b. 人力資源模式，即「以事就人」，「以人為主」，旨在人盡其才。
c. 「非我族類」模式，即篩掉與企業的文化、經驗、教育、背景不同的人。

④時間策略

有效的招聘策略不僅要明確招聘地點和方法，還要確定恰當的招聘時間，招聘時間一般要比有關職位空缺可能出現的時間早一些。

可以用一個例子來說明招聘時間的選擇。某企業欲招聘 30 名推銷員，根據預測，招聘中每個階段的時間占用分別為：徵集個人簡歷需要 10 天，郵寄面談邀請信需要 4 天，做面談準備安排需 7 天，企業做聘用與否的決定需 4 天，接到聘用通知的候選人在 10 天內做出接受與否的決定，受聘者 21 天後到企業參加工作，前後需耗費 56 天的時間。那麼招聘廣告必須在活動前 2 個月登出，即如果招聘 30 名推銷員的活動是某年的 6 月 1 日，則招聘廣告必須在 4 月 1 日左右登出。

表 4-3　　　　　　　　　　　　招聘計劃案例

某公司招聘計劃			
1. 招聘目標	招聘職位	人數	要求
	軟件工程師	5 人	本科以上學歷，男
	銷售代表	10 人	大專以上學歷，相關工作經驗 3 年
	行政文員	3 人	專科以上學歷，女，有會計背景優先
2. 信息發布時間和渠道	(1)《南方日報》		6 月 5 日
	(2) 智聯招聘網		5 月 31 日~6 月 4 日
3. 招聘小組成員名單	組長：李某，人力資源部副經理，對招聘活動全面負責；		
	成員：王某，人力資源部招聘專員，負責招聘宣傳與選拔等； 　　　張某，人力資源部招聘專員，負責與其他相關單位聯絡配合。		

表4-3(續)

4. 選拔方案及時間安排	(1) 軟件工程師招聘： 資料篩選：開發部經理，截至6月7日 初試（筆試）：王某負責組織，6月9日 復試（面試）：開發部經理與招聘主管，6月11日	
	(2) 銷售代表招聘： 資料篩選：銷售部經理，截止日期6月8日 初試（筆試）：王某，6月10日 復試（面試）：銷售部經理與招聘負責人，6月12日	
	(3) 行政文員招聘： 資料篩選：行政部經理，截止日期6月9日 初試（筆試）：王某，6月11日 復試（面試）：行政部經理與招聘負責人，6月13日	
5. 新員工的上崗時間	預計在6月15日左右	
6. 招聘費用預算	(1)《南方日報》廣告費，B版，4,000元	合計：6,000元
	(2) 智聯招聘網信息費，5天首頁展示，2,000元	
7. 招聘時間表	5月25日~5月27日：聯繫確定招聘廣告發布單位； 5月27日~5月28日：撰寫招聘廣告； 5月29日~5月30日：進行了招聘廣告版面設計； 5月31日：在招聘網站發布招聘信息； 6月1日~6月5日：初步收集篩選網站應聘者資料； 6月5日：《南方日報》發布招聘廣告； 6月6日：組織招聘會議，確定相關部門參與負責人； 6月7日~6月13日：人員招聘與選拔； 6月14日：確定錄用人員，安排進入試用程序。	

2. 招聘信息的確定與發布

制訂了較為詳細的招聘計劃和招聘策略之後，招聘人員需要準備包括招聘信息在內的所有有關材料。設計的招聘信息要鼓勵那些具有所要求的能力、技巧和興趣的應聘人員愉快而主動地申請到企業或組織來完成特定的工作。招聘信息不能僅僅限於廣告，而且還應包括內部的工作布告、小冊子、信件以及由企業或組織提供的其他含有招聘內容的東西。

(1) 招聘信息應包括的內容

①工作崗位的名稱；

②有關工作職責的簡單而明確的闡述；

③說明完成工作所需的技巧、能力、知識和經驗；

④工作條件，如地理位置、時間、周工作天數、下層管理人員的水準、報酬和福利；

⑤申請時間和地點；

⑥如何申請、是否要寄送簡歷、填申請表以及面試等。

在準備招聘信息時，注意不要把工作崗位或企業本身說得太好。如果工作崗位的現實難以滿足受聘人員初始的期望，那麼，過分「推銷」工作或企業可能導致受聘人員的不滿和跳槽。當招聘者為吸引某些緊缺人才而與其他招聘者競爭時，常常會採用過分推銷的辦法。

在中國，這種做法比較普遍，有些地方政府或企業為了吸引人才，有時甚至為了裝潢門面而過分地誇大地方或企業的優勢，並允諾各種優惠，而在實際錄用後又不兌現，既造成了受聘人不滿，也給企業帶來了不必要的麻煩和損失。事實上，招聘者常常根據申請人的數量和質量，而不是受聘者在組織中工作的時間來判斷。

（2）招聘宣傳材料的編寫

用於招聘宣傳的材料很重要，它直接關係到企業面向社會招聘的成敗。本書將以招聘廣告為代表進行說明，因為招聘廣告是招聘宣傳材料中最重要也是最具代表性的宣傳材料之一。

招聘廣告的編寫要真實、合法和簡潔，內容一般包括廣告題目、公司簡介、審批機關、招聘崗位、人事政策和聯繫方式。具體內容至少包括以下五部分：

①標題，如「招聘」、「誠聘」和「××單位誠聘」等；

②簡介公司和企業的性質和經營範圍等基本情況；

③招聘職位、人數和招聘對象的條件；

④應聘時間、地點、郵編、聯繫電話和聯繫人；

⑤落款。如「××有限責任公司」等。

一份優秀的招聘廣告應該充分展示組織對人才的吸引和組織自身的魅力。招聘廣告制定有一定的技巧，它既有一定的格式，又較隨意，可別出心裁地創造，突出自己的特色，引起人們注意。一般說來，它的基本要求是：

（1）語言簡明清晰。

（2）招聘對象的條件一目了然。

（3）招聘人數應比實際需求多些，一般為2倍左右。

不同的招聘渠道，招聘廣告也略有不同。例如網絡招聘的廣告可以更加詳細和充實，企業宣傳工作是網絡招聘的一個重要部分。但是報紙招聘就不能像網絡招聘一樣對企業進行宣傳，一是報紙招聘時間短，二是報紙招聘的篇幅大小直接影響到招聘費用的開支。因此，企業在進行招聘廣告信息的選擇時，應具體問題具體分析。表4-4是一份報紙招聘廣告案例，僅供參考。①

---

① 人力管理資源吧［OL］．http://www.glzy8.com/show/74110.html．

表 4－4　　　　　　　　　招聘廣告

××公司 誠聘

　　××公司是註冊於高新技術產業開發區，主要從事計算機網絡工程、數據庫和應用系統開發的系統集成公司。因發展需要，經高新區人才交流服務中心批准，特誠聘優秀人士加盟。

　　1. 軟件工程師：20 名，35 歲以下，碩士以上學歷，計算機、通信及相關專業，特別優秀的，本科生亦可。

　　2. 網絡工程師：3 名，男性，本科以上學歷，一年以上網絡工作經驗，熟悉 TCP/IP 協議集，有獨立承擔大中型網絡集成經驗。經過專業培訓及取得認證者優先。

　　3. 銷售代表：2 名（男女各 1 名），27 歲以下，本科以上學歷，計算機、通信及相關專業，口齒伶俐、儀表大方、舉止得體、勤奮好學。一年以上工作經驗。本市戶口優先。

　　4. 產品銷售：2 名（男女各 1 名），27 歲以下，本科以上學歷，計算機、通信及相關專業，應屆畢業生亦可。

　　5. 市場策劃：1 名，27 歲以下，本科以上學歷，有過成功策劃案例，一年以上工作經驗。

　　6. 平面設計：2 名（男女各 1 名），27 歲以下，專科以上學歷，設計專業畢業。熟練掌握 PHOTOSHOP、COREL DRAW 或 3DSMAX 等工具，有成熟設計，色彩感敏銳。瞭解 INTERNET 知識者優先。

　　以上人員，待遇從優。有意者請將個人簡介、薪金要求、學歷證明複印件及其他能證明工作能力的資料送至（或郵寄）公司人力資源部。本招聘長期有效。

　　公司地址：海濱市××路××號

　　電話：×××××××、××××××××

　　傳真：××××××××

　　郵編：123456

三、招聘評估

1. 評價招聘工作的標準

招聘的目的在於瞭解應聘者的實際能力，如果應聘者受試的結果高於公司所要求的標準，應聘者就是一位公司所要求的人才，因此招聘應該符合以下標準：

（1）有效性：測試應圍繞崗位要求擬定測驗項目，內容必須正確、合理，必須與工作性質相符合。例如，如果要挑選市場調查研究員，則所要測試的內容必須與行銷、調查、統計和經濟分析的知識有關，否則測試便無意義了。

（2）可靠性：它是指評判結果能反應應聘者的實際情況，測試成績能表示應聘者在受試科目方面的才能、學識高低。例如應聘者行銷學方面的測試成績為 90 分，就應該表示他在這方面的造詣也確實有 90 分的水準。

（3）客觀性：它是指招聘者不受主觀因素的影響，如成見、偏好、價值觀、個性、思想、感情等；同時，應聘者不會因身分、種族、宗教、黨派、性別、籍貫和容貌等因素不同而有高低之差別。招聘要達到客觀性，就必須在評分時摒除以上兩種主觀的障礙，這樣才能達到絕對的公平。

（4）廣博性：它是指測試的內容必須廣泛到能測出所要擔任的工作的每一種能力，並且每一測試科目的試題應該是廣泛的，而不是褊狹的。如要招聘一位醫藥業務代表，其測試的科目不能只限於醫藥專科知識，還得包括社交能力、英文、推銷技巧等科目。

當招聘工作符合上述的有效性、可靠性、客觀性和廣博性四個標準時,被招聘的人選將符合企業的選人要求。

2. 招聘成本評估

(1) 招聘成本評估

招聘成本評估是指對招聘中的費用進行調查、核實,並對照預算進行評價的過程。

招聘成本評估是鑒定招聘效率的一個重要指標,如果成本低而錄用人員質量高,就意味著招聘效率高;反之,則意味著招聘效率低。

另外,成本低而錄用人數多,就意味著招聘成本低;反之,則意味著招聘成本高。

企業進行小型招聘時,成本評估工作很簡單。如果是一次大型的招聘活動,一定要認真做好成本評估工作。

(2) 招聘預算

每年的招聘預算應該是全年人力資源開發與管理總預算的一部分。

招聘預算中主要包括:招聘廣告預算、招聘測試預算、體格檢查預算及其他預算。其中招聘廣告預算占據相當大的比例,一般來說按 4:3:2:1 比例分配預算較為合理。例如,如果一家企業的招聘預算是 5 萬元,那麼,招聘廣告的預算則應是 2 萬元,招聘測試的預算則應是 1.5 萬元,體格檢查等的預算則應是 1 萬元,其他預算則應是 5,000 元。

當然,每個企業可以根據自己的實際情況來決定招聘預算。

(3) 招聘核算

招聘核算是指對招聘的經費使用情況進行度量、審計、計算、記錄等的總稱。通過核算可以瞭解招聘中經費的合理使用情況是否符合預算以及主要差異出現在哪個環節上。

3. 錄用人員評估

(1) 錄用人員評估

錄用人員評估是指根據招聘計劃對錄用人員的質量和數量進行評價的過程。

在大型招聘活動中,錄用人員評估顯得十分重要。如果錄用人員不合格,那麼招聘過程中所花的時間、精力、金錢都浪費了;只有全部招聘到合格的人員,才能說全面完成了招聘任務。

(2) 錄用人員的量和質

錄用人員的量和質的評估可用以下幾個數據來表示:

①錄用比:

$$錄用比 = (錄用人數/應聘人數) \times 100\% 應聘人數$$

②招聘完成比:

$$招聘完成比 = (錄用人數/計劃招聘人數) \times 100\%$$

③應聘比:

$$應聘比 = (應聘人數/計劃招聘人數) \times 100\%$$

(3) 各種數據的評析

錄用比越小,相對來說,錄用者的素質越高;反之,則可能錄用者的素質較低。

如果招聘完成比等於或大於100%，則說明在數量上全面或超額完成了招聘計劃。

應聘比越大，說明發布招聘信息的效果越好，同時說明所錄用人員的素質可能較高。

(4) 錄用人員質量的評估

除了運用錄用比和應聘比這兩個數據來反應錄用人員的質量外，也可以根據招聘的要求或工作分析中的要求對錄用人員進行等級排列來確定其質量。被招聘人員在質量上是否真正符合企業用人要求，滿足企業人力資源需要，還需要在試用後得到驗證。

第三節　人員甄選與人事測評

招聘中的人員甄選過程是指「綜合利用心理學、管理學等學科的理論、方法和技術，對候選人的任職資格和對工作的勝任程度，即與職務的匹配，進行系統的、客觀的測量和評價，從而做出錄用決策」[1]。在企業招聘實施過程中，人員的甄選與測評是很重要的一個步驟。怎樣才能在大量的應聘者中挑選出適合崗位以及企業要求的人才，是一項技術性很強的工作，除了掌握一定的甄選與測評技術外，一定的經驗與閱歷也是至關重要的。

一、人員素質測評

1. 素質測評的含義

素質包括生理素質和心理素質兩個方面。生理素質是指形成人的天生差異的解剖生理特點，包括人的感覺器官、運動器官以及神經系統等方面的特點。生理素質基本是遺傳素質，它是人的心理素質形成和發展的物質前提。心理素質是指人借助於自己的感覺器官、運動器官和神經系統等在社會實踐中形成的心理特點。如政治素質、文化素質等。總之，素質是指個體完成一定活動（工作）與任務所具備條件和基本特點，它是行為的基礎和根本因素。素質只是日後發展與事業成功的一種可能性、一種靜態條件。事業成功、發展順利還需動態條件的保證，這就是素質功能發揮過程及其制約因素的影響。因此，素質與績效、素質與發展互為表裡，素質是績效與發展的內在條件，而績效與發展是素質的外在表現。甄選活動就是要瞭解被選對象能否勝任空缺崗位的工作，以及他潛在成長的可能性。因此，需要對其素質進行測評。

所謂素質測評，是指測評主體採用科學的方法，收集被測評者在主要活動領域中的表徵信息，針對某一素質測評目標系做出量值或價值的判斷過程；或者直接從表徵信息中引出與推斷某些素質特徵的過程。

人員甄選與測評的基本程序：

(1) 材料篩選：通過對應聘者提交的申請材料進行分析，初步排除條件不符者；

(2) 筆試：

---

[1] 馬新建. 人力資源管理與開發 [M]. 北京: 石油工業出版社, 2003: 199.

①智力測驗：測試學習、分析、解決問題的能力，包括表達、計算、推理、記憶和理解能力；

②專業能力測驗：測試某些具體工作所要求的特殊技能，如手的靈巧程度、手與眼的協調程度等；測試某些具體工作所要求的熟練程度，如應聘者打字、操作電腦、速記的熟練程度；

③個性測驗：測試應聘者的性格類型、事業心、成就慾望、自信心、耐心等；

④職業興趣測驗：測試應聘者對某些職業的興趣和取向等。

（3）面試：由招聘專家組與用人部門共同參與，通過面談對應聘者進行更多的瞭解，包括激勵程度、個人理想與抱負、與人合作的精神等。

（4）評價與初步錄用決策：根據招聘專家組的評價，做出初步的錄用決策。

2. 甄選與測評的內容

招聘時對應聘人員進行甄選主要考慮的素質應包括與工作相關的知識掌握程度、相關能力、個性、動力等因素，具體包括以下幾個方面：

（1）知識。知識一般分為常識與專業知識。人員甄選過程中，招聘者應該特別關注對專業知識的考察，包括專業知識的嘗試與廣度。除了根據應聘者擁有的學歷文憑和專業證書來判斷，企業還可以自行設計筆試或者面試的問卷來進行測評。

（2）能力。能力是指引起個體績效差異的持久性個人心理特徵。通常，能力分為一般能力與特殊能力，一般能力是指人們在不同活動中表現出來的一些共同能力，例如記憶能力、想像能力、觀察能力、注意能力、思維能力等。特殊能力是指在某些特殊活動中表現出來的能力，也不是專業能力，例如翻譯能力、演講能力等。

（3）個性。個性是一個人相對穩定的特徵，這些特徵決定著特定的個人在各種不同情況下的行為表現。個性與工作績效密切相關。對個性的測評多採用心理學的方法，例如人格五大測驗或16PF人格測驗等。

（4）動力。一個人要取得成功，除了取決於他的知識、能力水準，還取決於他做好這項工作的意願是否強烈，即是否有足夠的動力促使他努力工作。雖然員工的動力來自於企業的激勵系統，但這套激勵系統是否起作用，還要看員工的需求結構。不同個體的需求結構不同，價值觀與信仰也不相同。因此，企業在甄選應聘人員時，還應通過對應聘者價值觀等動力因素進行鑑別，來判斷其能否與企業的文化相融，企業的激勵系統是否對他們有效。

3. 現代人員素質測評的意義

在人員甄選中，為什麼運用現代人員素質測評技術呢？因為這一技術比傳統的選人方法更具有科學性、先進性，更加客觀。

（1）評價方法客觀、公正。傳統的人員甄選方法多為主觀選擇，只憑評價者自己的經驗和知識水準，缺少標準性和客觀性的方式和工具，使選才主觀隨意性大，缺乏科學依據。現代人員素質測評技術是一種客觀性選擇，它採用的是「科學的方法」。科學方法是指被實踐證明為準確、全面和方便的測量工具和評價方法，也包括一切可用的調查方法與研究方法。

（2）測評結果準確、可靠。傳統的選才主要是靠領導推薦，查看個人檔案、群眾

評議等，而這些有許多是憑主觀意志選才。現代人員素質測評技術是針對某一素質測評目標系進行判斷與衡量的。由於同一行為事實具有多種性質或價值，還由於素質是個體特徵信息集合體，具有多維性，人的素質是由一系列的素質測評目標組成的一個具有多向結構的目標坐標系來確定的。任何單方面的判斷和衡量，都難以真實地把握其實質。因此，現代人員素質測評技術是以素質測評目標系測評目標的，注重考察人的實際能力、經驗與業績、潛在的智能水準、心理素質、職業傾向等，並注意所測內容的全面、完整和多元化，注意從多角度、多側面去觀察和評價一個人，追求最大限度地減少測評誤差。這一技術還採用定性與定量相結合的方法，運用規範化和標準化的操作程序、技術、條件等，使評價結果能準確地反應被測試者各方面素質的水準。

（3）選才效率高。傳統「伯樂相馬」式選才只能是相面式地僅對單個人進行，是一種小生產方式，而現代人員素質測評技術既可以對單個人進行評價，也可以在較大範圍內對群體同時進行測評與評價，選才效率高。

二、選拔工具的可靠性與有效性

1. 可靠性

員工錄用測評的可靠性指的是測評的穩定性和一致性，即用兩項類似的測試去衡量同一個人，得到的結果應該基本相同；在不同的時間，用相同的測試去衡量同一個人，結果應該基本相同。

可靠性是對任何測試過程的一個基本要求。如果一項測試不可靠，它就不可能是有效的。這是因為如果一項測試無法得到一致而穩定的分數，就不可能根據應試者在測試中得到的分數的高低來預測他們未來的工作績效。測試的可靠性估計需要計算獨立獲得的兩組分數之間的相關係數，相關係數越高，說明測試越可靠。另外，測試的可靠性會隨著測試樣本的增加而增大。

2. 有效性

組織招聘工作的有效性是指根據工作申請人在進入組織之前的特徵來對申請人進入組織之後的工作表現進行成功預測的程度。有效性的研究可以幫助組織選擇正確的指標來對工作申請人進行遴選，一個好的錄用過程必須具有高度的有效性。如果在錄用測試中成績最好的人也是最可能在工作中取得成功的人，同時在錄用測試中成績最差的人也不可能是勝任工作的人，就說明這一錄用過程具有高度的有效性。測試有效性的估計需要研究兩個問題：第一，測試的目的；第二，測試的效果，即測試過程中得分的高低與實際工作績效之間的關係如何。

員工測評的有效性一般可以分為準則有效性和內容有效性。準則有效性是指測評的結果和測評目標準則之間的相關程度。假定測評的目標準則是在職的工作表現，如果測評成績好的人日後的工作表現也好，而測評成績差的人日後的工作表現也差，那麼，這項測評就具有準則有效性。內容有效性是指測評的內容與測評目標的相關程度。如果測評的目標是測評打字員的工作表現，那麼，用打字速度來進行測評就具有內容有效性。在大多數情況下，測評應該同時具有準則有效性和內容有效性。

在選擇預測工具時需要注意的是，具有有效性的選擇指標應該是組織在實際的選

擇過程中可以使用的手段，申請人在這些選擇手段衡量結果方面應該是有差異的，而且這些差異是可以客觀衡量的。把選擇指標要預測的目的稱為準則。在準則的選擇中，要注意以下五個方面：第一，這些行為或結果是由員工個人決定的，而不是由技術或他人決定的，也不應該是員工在工作當中學習到的或發展出來的。第二，這些準則與組織的主要目標相互一致。第三，衡量方法簡單實用、質量可靠，同時衡量成本合理。第四，這些準則是受到由選擇指標來反應的個人差異影響的。第五，這些準則隨著時間的變化能夠保持穩定。

內容有效性的論證主要是採用專家判斷方法。這些專家在工作分析的基礎上，確定承擔工作必備的工作行為，然後決定測評的樣本內容是否能夠準確代表這些行為。由此可見，內容有效性的檢驗不涉及測評成績和業績水準的計算，也不涉及二者之間相關性的計算。內容有效性的檢驗依賴於在工作內容和測評工具之間進行比較，決定二者之間的接近程度。工作行為、工作中所需要的知識、技能和能力測評作用的可觀察性越強，對工作內容和測評工具之間比較時發生主觀錯誤的可能性就越低，內容效度的作用也就越好。

對於新員工和現有員工需要採用不同的方法。預測新員工的未來工作績效的依據是他在錄用測評中的成績和錄用後的培訓情況，而預測現有員工的未來工作績效則需要依據他當前的工作績效。

三、員工錄用測評的基本方法

企業在招聘員工的過程中需要開展許多具體工作來為錄用決策尋找依據，最主要的篩選甄別方法有三種：對申請人的推薦與背景調查、員工錄用測評和錄用面談。

1. 推薦與背景調查

推薦與背景調查是企業在招聘中對外部工作申請人進行初選的常用方法。據一項調查，有40%的工作申請人的簡歷有重大虛構。目前，中國也有不少的假文憑、假學歷證書等，這些都給企業的員工招聘和選擇過程帶來了新的難題。因此，在企業招聘員工和選擇的過程中，進行推薦和背景調查是非常必要的。

背景調查是指企業通過打電話或要求工作申請人提供推薦信等方式對應徵者的個人資料進行驗證。推薦信和背景調查可以提供關於工作申請人的教育和工作履歷、個人品質、人際交往能力、工作能力以及過去或現在的工作單位重新僱傭申請人的意願等信息。一般來說，對工作申請人的推薦是要有一定條件的。推薦人應該符合下列三個條件：

首先，推薦人或背景調查信息提供者有適當的機會與被推薦者接觸，並能夠在工作的狀態下觀察被推薦者的行為表現；

其次，推薦人應該有資格評價被推薦者的工作狀況，一般來說，推薦人應是其上司、導師、同事等；

最後，能夠用調查單位可以理解的方式陳述對工作申請人的評價。但是，在推薦信能夠被申請人查閱的情況下，它也可能不會反應真實的情況。

為了使推薦與背景調查工作具有實效，招聘企業在使用背景調查瞭解工作申請人

的信息時應該遵循以下原則：

第一，只調查與工作有關的情況，並以書面的形式記錄，以作為將來錄用或拒絕的依據。

第二，在進行背景調查以前，應該徵得工作申請人的書面同意。

第三，忽視申請人的性格等方面的主觀評價內容。

第四，估計背景調查材料的可信程度。一般來講，申請人的直接上司的評價要比人力資源管理人員的評價更可信。

第五，請求對方盡可能使用公開記錄來評價員工的工作情況和個人品行。

2. 員工素質測評方法

在眾多的工作申請人當中，選拔出符合工作需要的人員，並不是一件容易的事情。需要對工作申請人進行全面的瞭解和測試，以保證選拔到真正符合要求的員工。員工測試的類型有很多，主要有知識、能力及能力性向測試、操作與身體技能測試、人格與興趣測試、成就測試、工作樣本法與工作模擬、測謊器方法、筆跡鑒定法等。

（1）知識、能力及能力性向測試

能力測試主要是對工作申請人進行知識和能力方面的測試。能力測試包括了兩個方面的內容：一般知識和能力與專業知識和能力。一般知識和能力包括一個人的社會文化知識、智商、語言理解能力、數字能力、推理能力、空間理解能力和記憶能力等。

專業知識和能力即與應聘崗位相關的知識和能力，如財務會計知識、管理知識、人際關係能力、觀察能力等。這裡需要指出的是，智商測驗雖然可以用來衡量一個人的智商水準，但是對員工錄用的作用很有限。智商測試只適合非成年人，其方法是用測試對象的智商年齡除以他的實際年齡，再乘以100所得到的結果就是這個人的智商水準。而成年人由於後天的學習和實踐經驗，即使測試成年人的智商也只能是一個推算的結果，用來衡量他的智商水準是高於還是低於平均水準。目前，許多企業在招聘員工時，根據需要注重測試申請人的情商水準。

能力性向（傾向）測試。所謂能力性向，是一種潛在的能力和特殊的能力，是一些對於不同職業的成功，在不同的程度上有所貢獻的心理因素。它與經過學習訓練獲得的才能是有區別的，它本身是一種尚未接受教育之前就存在的潛能。能力性向是事業成功的可能條件，而才能是事業成功的現實條件。因此，能力性向測試具有診斷功能和預測功能，可以判斷一個人的能力優勢與成功發展的可能性，為人員甄選、職業設計與開發提供科學依據。

（2）操作能力與身體技能測試

操作能力測試指身體的協調性與靈敏度測試，身體技能測試指力量與耐力測試。這些測試包括手指靈敏度、身體靈巧度、手臂移動速度、力量持續的時間、靜態的力氣（如舉重物）、動態的力氣（如推拉）和身體的協調性（如跳繩）等。對於大多數工作而言，身體技能可以通過技術訓練來培養。操作與身體技能測試可以被用來判斷工作申請人是否適合接受訓練，估計工作申請人在多長時間內可以掌握這些技能，以及決定工作申請人能否勝任這項工作。操作與身體技能測試有助於篩選掉那些永遠也無法勝任這項工作的工作申請人。

（3）人格與興趣測試

員工的工作績效不僅決定於他的心智能力和身體能力，還決定於其心理狀態和人際溝通技巧等其他一些不太客觀的因素。人格測試多被用來衡量工作申請人的內省性和情緒的穩定性等方面的基本狀況。主要的人格測試法是映射法，即讓工作申請人看一個不明顯的刺激物，然後讓工作申請人自己在不受約束的條件下做出反應，比如根據自己對圖片的理解敘述一個故事。由於刺激物很模糊，所以受試者的解釋實際上是他們的內心狀態、情感態度以及對生活的理解的準確反應，考官可以根據這一故事來瞭解應試者進行想像推測的方式和他的性格結構。人格測試主要用於人格特徵與工作績效之間存在顯著關係的工作職位。

興趣測試是將工作申請人的興趣同各種職業成功員工的興趣做比較，來判斷工作申請人適合做什麼工作，並作為員工前程規劃的參考。最具代表性的測試方法是霍蘭德職業興趣測試，測試方法主要是向工作申請人提供一個明確的刺激物（如一個關於對哪種行為方式更感興趣的陳述）和一套可供選擇的答案，通過分析工作申請人的回答來判斷他們的性格和興趣。

（4）成就測試

成就測試是瞭解工作申請人已經掌握的知識與能力，最常見的學歷要求就屬於成就測試。成就測試一般要求工作申請人提供能夠證明其學歷水準、工作成績的材料。

（5）工作樣本法

以上講到的能力測試、人格測試和興趣測試等都是對工作申請人未來工作績效進行預測，而工作樣本法則強調直接衡量工作申請人的工作績效。

工作樣本法的主要目的是測試員工的實際動手能力，而不是理論上的學習能力。工作樣本法的測試可以是操作性的，也可以是口頭表達的（對管理者的情景測試）。實施工作樣本法的程序是：①選擇基本的工作任務作為測試的樣本；②讓工作申請人執行這些任務，並由專人觀察和打分；③求出各項工作任務的完成情況的加權分值；④確定工作樣本法的評估結果與實際工作表現之間的相關關係，以此決定是否選擇這個測試作為員工選拔的工具。

工作樣本法有下列優點：①讓工作申請人實際執行工作的一些基本任務，效果直接而客觀，應試者很難偽裝；②工作樣本法不涉及應徵者的人格和心理狀態，不可能侵犯應試者的隱私權；③測試內容與工作任務明顯相關，不會引起公平就業方面的憂慮。

工作樣本法的缺點是需要對每個應試者單獨進行測試，成本可能比較高。

（6）評價中心

評價中心是以評價管理者素質為中心的測評活動，是現代人員素質測評方法綜合發展的高水準體現。評價中心的測評方法主要是將應徵者置於一系列模擬的工作環境中，採用多種測評技術，觀察和評價被試者的心理和行為，以瞭解被試者是否勝任擬委任的工作，預測被試者的各項能力潛能以及不足之處。評價中心的主要測評方法有投射測驗、面談、情景模擬、能力測驗等。評價中心的主要活動內容有文件筐整理、無領導小組討論、管理游戲、演講、案例分析、事實判斷等形式。

（7）測謊器方法

測謊器的工作原理是通過衡量受試者的心理速度、呼吸強度、體溫和出汗量等方面的微小的生理變化來判斷他是否在說謊，因此，測謊器的準確率可以達到70%～90%的水準。由於受到法律上的一些限制，測謊器的使用在一般企業員工錄用中的作用是非常有限的。另外，測謊器對那些有表演才能的人和容易緊張的人很難有效。

（8）筆跡鑒定法

目前，筆跡判定方法在員工錄用中的應用正呈一種上升的趨勢。筆跡判定專家可以根據工作申請人寫字的習慣來判斷他是否傾向於忽視細節、是否在行為上前後保持一致、是否是一個循規蹈矩的人、有沒有創造力、是否講究邏輯、辦事是否謹慎、重視理論還是重視事實、對他人的批評是否敏感、是否容易與人相處、情緒是否穩定等。此外，筆跡專家還可以通過筆跡分析工作申請人的需要、慾望以及偽裝的程度等特徵。但是由於這種方法缺少有效性的證據，因此一般我們不提倡使用筆跡分析的方法。

（9）身體檢查

在員工錄用測試中，身體檢查是一項重要的工作。對工作申請人進行身體檢查的目的是檢查應徵者的健康狀況是否符合職位的要求，發現應徵者在工作職位方面是否存在限制，同時檢查也有助於建立保險和福利措施。

以上的測評大部分都是採取筆試的方式，以及情景重現、情景模擬等方式來完成的。

3. 面試

儘管申請表格和素質測評都是非常有用的選拔工具，但是最經常被使用的選拔工具還是面談。面談之所以被重視的原因有以下幾點：

第一，面談人員有機會直接判斷應徵者，並隨時解決各種疑問，這是申請表格與測評都無法做到的。

第二，面談可以判斷應徵者是否具有熱情和才智，還可以評估應徵者的面部表情、儀表以及情緒控制能力等。

第三，許多主管人員認為在錄用員工之前必須與申請人面談一次，否則難以制定最終的錄用決策。

雖然面談是企業員工招聘中最常用的選拔工具，但是並沒有證據來支持它對員工未來的績效的預測能力。面談的缺點是面談人員容易過於情緒化，結果使面談原有的優點無法發揮。有效的面談應該注意下列幾個條件：①面試僅僅限於與工作要求有關的內容。②面試者經過訓練，能夠客觀地評價工作申請人的表現。③面試按照一系列具體規則進行。

（1）面談的基本類型

錄用面談的類型有很多，也有許多不同的歸類方法。

第一，按照面談問題的結構化程度來劃分，可以分為三類：

①非結構化面談。非結構化面談的特點是面談考官完全任意地與申請人討論各種話題。面談人員可以即興提出問題，不依據任何固定的線索。因此對於不同的應徵者，很可能提出不同的問題。非結構化面談方法可以幫助企業全面瞭解工作申請人的興趣、

②半結構化面談。半結構化面談其實有兩種含義。一種是考官提前準備重要的問題，但是不要求按照固定的次序提問，而且可以討論那些似乎需要進一步調查的題目。另一種指面談人員依據事先規劃出來的一系列問題來對應徵者進行提問，一般是根據管理人員、業務人員和技術人員等不同的工作類型設計不同的問題表格。在表格上要留出空白以記錄應徵者的反應以及面談人員的主要問題。這種半結構化面談可以幫助企業瞭解工作申請人的技術能力、人格類型和對激勵的態度。最後面談人員要在表格上做出評估和建議。

③結構化面談。結構化面談，就是在面談前準備好問題和各種可能的答案，要求工作申請人在問卷上選擇答案。結構化程度最高的面談方法是設計一個計算機程序來提問，並記錄工作申請人的回答，然後進行數量分析給出錄用決策的程序化結果。結構化面談與半結構化面談的區別就在於，結構化面談不僅要在工作分析的基礎上提出與工作有關的問題，而且還要設計出工作申請人可能給出的各種答案。因為面談人員可以根據應徵者的回答迅速對應徵者做出不理想、一般、良好和優異等各種簡潔的結論，所以說結構化面談是一種比較規範的面談方式。

第二，按照面談的組織方式來劃分，可以把面談的類型分為：

①系列式面談。系列式面談是指招聘企業要求應徵者接受公司各個不同層次的管理人員的面談，方式一般都是非結構化面談。各層面談人員獨立做出評估意見，然後再進行討論，共同決定是否錄用應徵者。

②陪審團式面談。陪審團式面談是指由多個面談人員同時與應徵者進行面談，目的是更加全面地瞭解應徵者的情況。

③集體面談。集體面談是由陪審團式面談發展出來的，是由多個面談人員和多個應徵者同時進行面談。面談人員分別提出問題，然後讓各個應徵者分別回答。

④壓力面談。壓力面談是指用窮追不捨的方法對某一主題進行提問，問題逐步深入，詳細而徹底，直至應徵者無法回答。這種方法的目的是測試應徵者如何應付工作中的壓力，瞭解應徵者的機智和應變能力，探測應徵者在適度的批評下是否會惱怒和意氣用事。如果應徵者對面談的提問表現出憤怒和懷疑，則說明他容忍工作壓力的能力有限。使用這種方法時，面談人員需要具有一定的技巧和控制能力，對應徵者施加的壓力應該是在實際工作中真正面臨的壓力。

（2）面談的程序

第一步，面談前的準備。

首先，在開展面談之前，需要明確面談的目的。面談的目的可以有許多。無論出於何種目的，面談考官需要通過工作分析資料瞭解所招聘的工作崗位的要求，確定主要的工作職責，並嚴格根據工作分析結果編寫假設的工作情景作為面談問題，設計並組織面試的程序以便實現面談的目的。

其次，面談考官需要精心設計面談的問題，並對可能出現的各種回答設計評分的標準，以便在面談結束後對應徵者的表現做出一個量化的評價。

最後，面談考官應該事先認真閱讀應徵者的申請表、簡歷和有關材料，如果有什麼疑問，可以在面談時加以澄清。

第二步，實施面談。

在開始面談的時候，首先是創造一個輕鬆的氣氛，消除工作申請人的緊張情緒。然後逐漸進入主題。面談的重點是通過與工作申請人的討論和使用事先設計的情景問題，來發現申請人的工作能力、工作申請人與未來工作崗位相關的經驗、教育和培訓以及申請人的工作興趣和職業目標，對申請人的工作意願和工作能力做出評價。在面談過程中，面談考官不僅要注意申請人對問題的回答，還要注意他們在回答過程中的面部表情、肢體動作及語氣等方面的信息，以便能夠全面判斷申請人的工作興趣和工作能力。在結束面談之前，面談考官應該留一點時間給工作申請人提出問題，然後以盡可能誠實禮貌的方式結束面談。有可能的話，應該告訴應徵者什麼時候可以得到面談的結果。

第三步，評估面談結果。

應徵者離開後，面談人員應該仔細檢查面談記錄的所有要點，根據申請人現有的技能和興趣來評價申請人能夠做什麼，根據申請人的興趣和職業目標來評價申請人願意做什麼，並在申請人評價表上記錄滿意程度。

(3) 錄用面談技巧

錄用面談的效果如何，在很大程度上決定於面試考官的能力和水準。在錄用面談中，面談的技巧非常重要。因此需要掌握基本的面談技巧。

第一，營造合適的面談氣氛。一般來講，來應聘的人員容易產生緊張情緒，這種情緒會影回應徵者的面試效果。除了一定要考核應徵者的抵禦心理壓力素質之外，多數人在寬鬆的環境下才能發揮自己的能力。作為面談考官，應懂得如何營造與面試內容相適應的氣氛。

第二，提問—對話的技巧。面談實際上是面談考官與應徵者之間的交流對話。面談考官必須從中對應徵者做出判斷。對話是否能夠圍繞主題、如何控制對話、如何引導對話，這些都需要面談考官具有一定的提問—對話的技巧。一般來講，在圍繞主題的前提下，多提開放式問題，有利於應徵者發揮，表現自己，但又不能脫離主題。提問題還要注意問題的先後次序，要漸進地進行提問。

第三，傾聽的技巧。面談考官要從應徵者的話語中分析所需要的信息內容，判斷他們的能力、素質、性格、興趣、思想等。因此，面談考官一般以聽為主，並且能夠從其回答中聽出內含的信息。

第四，觀察的技巧。除了要掌握一定的傾聽技巧外，面談考官的觀察技巧也非常重要。換句話講，就是要看懂應徵者的非語言行為所表達的信息內容。注意觀察應徵者的面部表情、肢體語言、語音語調等，從中獲取相關的信息。

第五，自我形象表現技巧。錄用面談不僅是企業要觀察應徵者的表現，分析應徵者是否符合企業的需要；反過來，應徵者同樣要觀察企業，挑選企業。而面談考官在某種程度上代表著企業。他們的形象就是企業的形象。所以，在面談過程中，面談考官如何塑造自我形象非常重要。

(4) 面談人員在面談測試中常見的錯誤及對策

在錄用面談中，面談考官通常可能會出現以下幾個方面的問題，從而影響錄用面

談工作的效果。所以，應該特別注意這些問題，並盡力避免這些問題的出現。

第一，第一印象效應。第一印象指的是面談考官在接觸應徵者最初的幾分鐘內就形成了錄用或不錄用的判斷。而以後的面談就會受到這第一印象的影響，在獲取信息和分析信息的過程中受到第一印象的左右。

第二，對比效應。面談一般是逐個進行的，這樣就有一個次序的問題，而這種次序就產生了對比效應，影響面談考官對應徵者的評價。比如，一位中等水準的應徵者，在連續幾位不理想的應徵者之後接受面談，常常會得到過高的評價。反過來，如果是排在幾位非常理想的應徵者之後，他常常得到過低的評價。

第三，暈輪效應。暈輪效應是指在判斷和評價一個人的時候，往往會將這個人的某一具體的特徵當成整體評價。在面談測評中，面談考官很容易將應徵者的某方面優點擴大，而忽略了其他的弱點。

第四，招聘規模的壓力。當上級對招聘結果有定額限制時，為了完成其定額，面談考官對應徵者的評價就會受此影響。

第五，身體語言和性別的影響。在面談中，應徵者的面部表情、微笑、點頭等非語言動作會影響考官對他們的評價。另外，應徵者的個人魅力和性別對面談考官也會產生影響。

第六，面談考官自己對業務不熟悉。這是指面談考官經常不瞭解工作內容，不清楚哪一種人才能勝任工作。在這種情況下，面談考官就無法依據與工作崗位要求密切相關的信息制定錄用決策。

第七，強調負面信息。負面信息對人的影響往往大過正面信息。對人的印象從好變壞容易，但從壞變好就難。

本章小結

本章主要內容是人員招聘與人事測評。在人力資源規劃的基礎上，對企業目前或未來的職位空缺實施招聘，通過各種測評手段和方法能夠錄用到企業所需要的人員，這是人力資源管理中一項非常重要的工作。本章重點闡述人員招聘途徑（內部招聘和外部招聘）、程序、方法。為了招聘到企業需要人員，本章著重介紹需要採用的各種人事測評方法和工具，以及如何使用這些方法和工具。同時也強調了使用人事測評方法和工具的有效性和可靠性。最後介紹如何避免在招聘中容易出現的問題。

關鍵概念

1. 人員招聘　　2. 人事測評　　3. 測評有效性　　4. 測評可靠性

本章思考題

1. 員工招聘的主要程序有哪些？
2. 你認為如何才能招聘到企業需要的合格員工？
3. 什麼是人員素質測評？為什麼在員工招聘中要進行人員素質測評？
4. 如何實施人員素質測評？如何才能做到人員素質測評的可靠性和有效性？

案例分析

招聘中層管理者的困難[①]

遠翔精密機械公司在最近幾年招募中層管理人員工作中不斷遇到困難。該公司是製造和銷售較複雜機器的公司。目前重組成六個半自動製造部門。公司的高層管理者相信這些部門的經理有必要瞭解生產線和生產過程，因為許多管理決策需在此基礎上做出。傳統上，公司本來是一貫嚴格地從內部選拔人員。但不久就發現提拔到中層管理職位的基層員工缺乏相應的適應他們新職責要求的技能。

這樣，公司決定改從外部招聘，尤其是招聘那些企業管理專業的好學生。通過一個職業招募機構，公司得到了許多有良好訓練的工商管理專業畢業生作為候選人。他們錄用了一些，並先放在基層管理職位上，以便為今後提為中層管理人員做準備。不料在兩年之內，所有這些人都離開了該公司。

公司只好又回到以前的政策，從內部提拔，但又碰到了過去同樣素質欠佳的問題。不久就有幾個重要職位的中層管理人員將要退休，他們的空缺急待稱職的後繼者填補。面對這一問題，公司想請諮詢專家來出些主意。

案例思考題

1. 這家公司在提拔和招募中存在哪些問題？
2. 如你是諮詢專家，你會有哪些建議？

[①] 聶紹群. 招聘中層管理者的困難分析 [J]. 人力資源管理, 2009 (3).

第五章　人力資源培訓與開發

學習目標

1. 瞭解人力資源培訓的目的與作用
2. 熟悉並掌握人力資源培訓的主要方法
3. 掌握人力資源培訓需求分析方法
4. 掌握制定人力資源培訓方案計劃與實施的方法

引導案例

管理者的培訓開發計劃①

　　甜甜麵包公司近幾年來規模迅速擴大，員工開發、成長、提升的機會很多。林先生經過一系列的工作變化，已從最初的專賣店經理助理提升到麵包公司業務經理。他管轄多家專賣店的經理人員。

　　迄今為止，林先生有多年的從業經驗，已經具備了一定的技術和業務管理技能，但他沒有受過任何管理專業的正式訓練。不過作為一名有一定能力的管理人員，他仍受到下屬的高度尊重。

　　公司經過認真規劃，預計在以後的二至三年內使企業規模擴大兩倍。很多人開始懷疑林先生是否有能力承擔日趨繁重的任務，因為以後將更多地涉及總體規劃、財政控制、各職能部門協調關係等需要分析複雜問題及要求具備廣泛業務知識的工作。而林先生的成功主要由於他在銷售方面的業績。公司想繼續留用林先生，但需要為他制訂一個培訓開發計劃。

　　問題：通過對本章的系統學習後，請你為林先生制訂一個有效而可行的培訓開發計劃。

---

① 對林亞卿的培養［OL］．http://www.dianliang.com/hr/anli/peixun/200606/hr_91902.html.

第一節　人力資源培訓與開發概述

一、人力資源培訓與開發的概念

1. 培訓與開發的定義

人力資源管理區別於傳統的人事管理的重要標誌就是人力資源開發與員工培訓。人力資源開發是通過培訓和其他管理手段不斷改進員工的能力和組織業績的一種有計劃的持續性工作。員工培訓是指一個組織根據自身的發展戰略需要，結合員工的績效和素質能力的實際，有計劃地組織實施有助於員工學習與工作相關能力的活動。這些能力包括知識、技能和對工作績效起關鍵作用的行為，培訓是人力資源開發的重要手段之一。

培訓與開發是兩個既相聯繫又相區別的概念。培訓是企業向員工提供工作所必需的知識與技能的過程；開發是依據員工需求與組織發展要求，對員工的潛能進行挖掘，對其職業發展進行系統設計與規劃的過程，兩者最終目的都是在於通過提升員工的能力實現員工與企業的同步成長。在實踐中，往往對培訓和開發不做嚴格區分。[1]

對剛入職的新員工來講，無論他們具有什麼樣的素質和技能，都不可能一開始就能與企業的工作要求直接吻合。對企業的工作性質、管理流程、營運方式以及組織文化等各方面都要有全面的瞭解。另外，他們還缺乏實際的工作經驗、相應的工作態度和協調能力，而這些經驗需要在實際的工作培訓中獲得。因此，入職教育是企業員工培訓的一項重要任務。

為了使企業各類員工能夠及時掌握新技術、新方法、新理論，提高工作效率，增強組織的核心競爭力，員工的在職培訓是企業持續不斷的培訓工作。企業的發展必須滿足社會發展的需求，要不斷適應市場經濟發展的要求，企業的各類人才就要不斷進行知識更新，掌握新技術和新理論，以解決社會發展過程中出現的許多新問題。因此，企業的員工在職培訓不僅對員工的職業能力提高具有非常重要的作用，而且有利於企業提高自身的核心競爭力，增大其科學技術含量，使自己不斷處於競爭優勢的地位。

2. 培訓的類型

（1）培訓的主體與內容

組織培訓的主體，是組織的全體員工，由於員工擔任的職位不同，從事的工作類型不同，因此對員工的培訓方向和內容都具有多樣化的特徵。一般來說，主要劃分為三大類：一是決策層人才，二是管理層人才，三是操作層人才。

組織培訓內容結構是培訓的內在具體形態，因而確定公司培訓內容，必須與組織的事業進步、發展戰略和目標相聯繫，然而有時為了適應組織外部環境的變化，也採用一些應急培訓的措施。所以，作為培訓的內容結構，應當把組織長期發展與當前的

---

[1] 彭劍鋒. 人力資源管理概論 [M]. 上海：復旦大學出版社，2007：443.

生產結合起來，共同納入企業培訓內容。

組織培訓經費主要來源於兩種途徑：一是組織內部來源，主要指組織與員工分攤培訓費用；二是社會集資，首先由政府通過稅收方式徵收培訓費，然後由國家組織，社會統籌各企業出資贊助。

由於組織實施的培訓提高了員工的技能並調動了其生產積極性，所以在同樣的條件下，員工能夠創造更多的效益。

在培訓的過程中，要注意受訓者的學習曲線和信息的反饋，及時地聽取受訓者的信息，能夠幫助組織提高今後的培訓效果，減少不必要的支出。

（2）培訓的類型

按時間期限劃分，培訓可以分為長期培訓和短期培訓，長期培訓一般計劃性較強，有較強的目的性；按培訓方式，又可分為在職培訓和脫產培訓兩種；按培訓體系，可劃分為組織內培訓體系和組織外培訓體系兩種。組織內培訓體系包括基礎培訓、適用性培訓、日常培訓、個別培訓和目標培訓等。組織外的培訓體系，如果按教育機構來劃分，可分為三類：①全日制的大中專院校和授予教育權的高等院校；②地方政府和行政部門舉辦的教育培訓機構；③社會力量辦學機構。

員工崗前培訓是組織內在職培訓的一種主要方式，它是專門為新員工提供有關企業基本背景的培訓。這種信息對員工做好本職工作，盡快適應企業的需要是非常必要的。這些基本信息包括：公司的經營理念、發展歷程、企業文化、工資福利待遇情況、工作時間、新員工將與誰一起工作、如何工作、公司的各項規章制度、安全注意事項等。具體的內容一般都會編輯在企業的《員工手冊》之中。事實上，崗前培訓是企業新員工社會化過程的一個組成部分。所謂社會化過程是一個不斷發展的過程，它包括向所有員工灌輸企業及其部門所期望的主要態度、規範、價值觀和行為模式。對員工最初的崗前培訓，可以有助於減少新員工上崗初期的緊張不安，以及可能感受的現實衝擊。現實衝擊是指新員工對其新工作所懷有的期望與工作實際情況之間的差異。

在多數企業中，崗前培訓活動的前期內容一般都由人力資源部負責完成。人力資源部主要是解釋員工面對的共性問題和介紹企業的背景、規章、工資福利等。接下來，將新員工介紹給他或她的工作崗位的主管，由這些主管來繼續進行具體的工作培訓，包括準確講解工作的性質、特點、操作規範和注意事項等，並將新員工介紹給他或她的新同事，讓新員工熟悉工作場所。

有些公司還舉辦減輕新員工焦慮感特別討論會。這些活動將重點放在提供有關企業和工作的信息上，並使新員工有許多問答機會。崗前培訓活動還告訴新員工如何與老員工相處，告訴新員工他們在自己的工作中很可能獲得成功的可能性。事實證明，這些特殊討論會是十分有效的。在進入企業第一個月的月底，那些參加了討論會的新員工比那些沒有參加討論會的表現要好得多。崗前培訓是對新員工進入企業後成功完成社會化過程的一項重要教育活動。

3. 培訓的原則

員工培訓的內容與形式必須與企業的戰略目標、員工的職位特點相適應，同時培訓應當適應內外部經營環境的變化。一般來講，任何培訓都是為了讓員工在知識、技

能和態度三個方面取得進步和提高。

員工培訓需要遵循以下原則：

（1）培訓必須結合企業的發展戰略。員工培訓的結果必須反應在能夠滿足企業的長遠發展，提高核心競爭力的道路上來。

（2）員工的培訓要適合企業近期的任務和目標的需要。針對企業近期的管理改革和管理年活動的開展、企業管理職業化等，要重點實施管理培訓，對企業中、高層管理人員進行以提高管理技能為主題的培訓。

（3）培訓結合員工職業發展需求與企業發展需求相一致的原則。在對員工進行培訓時，需要結合工作的具體情況，並與員工的職業發展規劃相結合，才能取得良好的培訓效果。培訓的主要目的之一，就是不斷使員工適應職位要求，與職位發展需要相一致。並且不斷提高員工的能力，使其能夠適應更高職位或新職位的要求，為員工向更高一級職位晉升或獲得新的職位提供可能，最終達到最大限度地發展個人才能的目的。

二、人力資源培訓與開發的目的和作用

員工培訓的總體目標是：在面臨全球化、高質量、高效率的工作系統挑戰中，通過培訓，使員工的知識、技能與態度明顯得到提高與改善，由此提高組織效益，獲得競爭優勢。

1. 提高員工的職業能力

員工培訓的直接目的就是要發展員工的職業能力，使其更好地完成現在的日常工作及未來的工作任務。同時，培訓使員工的工作能力提高，為其取得好的業績提供了可能，也為員工提供更多的晉升和提高收入的機會。員工職業能力的提高，為員工個人在職業發展中增強了就業競爭力。

2. 有利於企業獲得競爭優勢

人類社會已經步入了以知識經濟為重要依託的新時代，智力資本已成為獲取生產力、競爭力和經濟成就的關鍵因素。當今企業的競爭優勢不再是依靠自然資源、廉價的勞動力、精良的儀器設備和雄厚的財力，而主要靠知識密集型的人力資本。員工培訓是創造智力資本的途徑。因此，這要求建立一種新的適合未來發展與競爭的培訓觀念，提高員工的整體素質。

3. 有利於改善組織的工作質量

培訓能使員工素質、職業能力提高並增強，能改進員工的工作表現，降低成本；培訓可增強員工的安全操作技能；提高員工的勞動技能水準；增強員工的崗位意識，增加員工的責任感，規範服務生產安全規程；增強安全管理意識，提高管理者的管理水準。因此企業在培訓員工技術能力的同時，要更加注重組織文化培訓，培養員工的職業道德、經營理念、敬業精神、安全意識。

4. 有利於建立高效的績效系統

在21世紀，科學技術的發展導致員工技能和工作角色的變化，企業需要對組織結構進行重新設計（如工作團隊的建立）。今天的員工已不再是簡單地接受工作任務，提

供輔助性工作，而是參與提高產品與服務團隊的活動。在組織中，許多工作不是一個人能夠單獨完成的，而是要依靠集體的力量，形成團隊效應。在團隊工作系統中，員工扮演許多管理性質的工作角色。他們不僅應具備運用新技術獲得提高客戶服務與產品質量的信息，還要具備人際交往技能和解決問題的能力、集體活動能力、溝通協調能力等。尤其是使用互聯網、全球網及其他用於交流和收集信息工具的能力，可使企業工作績效系統高效運轉。

5. 滿足員工實現自我價值的需要

員工的工作目的更重要的是為了滿足自己的「高級」需求——自我價值的實現。培訓能夠不斷地給員工提供新的知識與技能，使其能適應或接受具有挑戰性的工作或任務，實現自我成長和自我價值，這不僅使員工在物質上得到滿足，而且使員工得到精神上的成就感。培訓能夠不斷提高他們的各種工作技能，不斷獲得成功，不斷提高公眾對他們工作的滿意度，使他們得到自我價值實現的滿足，並由此產生更大的工作積極性。

三、人力資源培訓與開發的主要方法

要使員工培訓更有效，必須採取適當的培訓方式，實施合理的員工培訓管理。目前，在企業員工培訓方面，採用的培訓方式大致可分為三類：演示法、專家傳授法和團隊建設法。

1. 演示法

演示法是指將受訓者作為信息的被動接受者的一些培訓方法。主要包括傳統的講座法、遠程學習法及視聽學習法。

（1）講座法是指培訓者用語言表達其傳授給受訓者的內容。講座的形式多種多樣，主要的講座的形式參見表 5－1：

表 5－1　　　　　　　　　　講座形式的主要分類

講座的形式	講座形式的主要特徵
標準講座	培訓者講，受訓者聽，並吸取知識。
團體講座	兩個或兩個以上的培訓者講不同的專題或者對同一專題發表看法。
客座講座	客座發言人按照約定的順序出席並介紹，講解主要內容。
座談小組	兩個以上的發言人進行信息交流並提問。
互動式講座	培訓者與聽眾課堂互動，以講座為主的討論式發言。

這種培訓的方法得到廣泛的採用，成本低，節省時間；有利於系統地講解和傳授知識，易於掌握和控制進度；有利於講解難度大的內容，而且可以同時對多人進行講解。不足之處是這種形式使聽眾被動地聽取知識信息，在聽講的過程中容易受到外界的干擾，對知識點理解深度不夠，講授的效果收到講解方和受訓方的影響。

（2）遠程學習法

遠程學習通常被一些在地域上較為分散的企業用來向員工提供關於新產品、企業

政策或程序、技能培訓以及專家講座等方面的信息。遠程學習包括電話會議、電視會議、電子文件會議以及利用個人電腦進行培訓等。課程培訓的教材和講解可以通過互聯網或者一張可讀寫的光盤分發給受訓者。受訓者可以通過電子郵件、電子留言板或電子會議系統進行交互聯繫。該培訓方式的不足在於缺乏互動，現場需要一些指導人員回答某些問題，並對提問和回答時間間隔做出調整。

（3）視聽法

視聽教學法是利用幻燈片、電影、錄像、錄音等視聽教材進行培訓的方法。這種方法利用人體的感受去體會，比單純的講授給人的印象深刻。其中錄像是最常用的一種方式。視聽法的優點是教材可以反覆使用，能更好地適應學員個體的差異；內容能與現實的情況比較接近，易於培訓者理解；前後連貫的指導，等等。其不足是視聽設備和教材需要花費一定的費用和時間。該方法很少單獨使用。

2. 專家傳授法

專家傳授法是一種要求受訓者積極參與學習的培訓方法。這種方法有利於培訓受訓者的特定技能，可使受訓者親身經歷一次工作任務的全過程。這種培訓的方式有在職培訓、情景模擬、商業游戲、案例研究、角色扮演、行為塑造、交互式視頻以及互聯網培訓等。下面進行逐一介紹：

（1）在職培訓

在職培訓是指新員工或者沒有工作經驗的員工通過觀察並效仿同事及管理人員執行工作時的行為而進行學習。這種培訓方式在材料、培訓人員工資或者指導上投入的時間和資金較少，是一種很受歡迎的方法。不足之處在於管理者與同事完成一項任務時的過程並不一定完全相同，在傳授技能的同時可能也傳授了不良的習慣。具體在執行時，有如下的幾種方式：

方式一：學徒制。學徒制是既有在職又有課堂培訓，而且兼顧工作與學習的培訓方法。該方法是選擇一名有經驗的員工對受訓者進行關鍵行為示範、實踐、反饋和強化，以達到培訓的目的。企業的「導師帶徒」就是這種培訓方式的典型做法。

方式二：自我指導培訓法。自我指導培訓法是指受訓者不需要指導者，而是按照自己的進度學習預定的內容，即員工自己全權負責的學習。培訓者不控制或指導受訓者的學習過程，僅僅評價受訓者的學習情況和解答其提出的問題。有效的自我指導培訓計劃包括以下內容：①進行工作分析，確定工作任務；②列出與工作任務相關的學習目標；③制訂以完成學習目的為核心的詳細計劃；④列出完成學習任務的具體學習內容；⑤制訂評價受訓者及自我指導學習內容的詳細計劃。該方式使用靈活，而且資源占用少，同時提高了員工的學習能力。建議和其他方式結合使用。

（2）情景模擬法

情景模擬法是一種能夠代表現實生活情況的培訓方法，受訓者的決策結果可以反應出其在「模擬」崗位上的工作會發生的真實情況。該方法在傳授生產和加工技能及管理人員的人際技能時可以使用，也是在企業的培訓中使用較多的培訓方法之一。

（3）商業游戲

商業游戲是指受訓者在一些仿照商業競爭規則情景下收集信息並對其進行分析、

做出決策的過程。主要運用於管理技能的開發培訓。參與游戲者在游戲中做出的決策類型涉及各個方面的管理活動，包括勞工關係、市場行銷、財務預算等。商業游戲能夠激發參與者的學習動力，培養團隊合作精神。

（4）案例研究法

案例研究法是將實際發生過或者正在發生的客觀存在的真實情景，用一定視聽媒介，如文字、錄音、錄像等描述出來，讓受訓者進行分析思考，學會診斷和解決問題以及決策。它特別適應於開發高級智力技能，如分析、綜合及評價能力。該方法的優點是提供了一個系統的思考模式，在案例學習的過程中，接受培訓可得到一些管理方面的知識和原則，建立一些先進的思想觀念，有利於受訓者參與組織的實際問題的解決；案例還可以使受訓者在個人對案例進行分析的基礎上，提高承擔具有不確定結果風險的能力。為使案例教學法更有效，學習環境必須能夠為受訓者提供案例準備及討論案例分析結果的機會；安排受訓者面對面地討論或者通過電子通信設施進行溝通，並提高受訓者案例分析的參與度。因此，案例研究的有效性基於受訓者意願，能夠分析案例並堅持自己的立場，與同事交流案例分析的結果，以及好案例的開發和編寫。

（5）角色扮演

角色扮演法是設定一個最接近現狀的培訓環境，指定受訓者扮演角色，借助角色扮演來理解角色的內容，從而提高積極面對現實和解決問題的能力。利用角色扮演培訓員工應注意以下問題：①在角色扮演前向受訓者說明活動目的；②說明角色扮演的方法、各個角色情況和活動的時間安排；③在活動時間內，培訓者要觀察活動的進程、受訓者的感情投入和各個小組關注的焦點；④活動結束後的提問，幫助受訓者整理活動經歷。角色扮演有助於訓練基本技能，有利於培養工作中所需的技能，有利於受訓者的態度、儀容和言談舉止的改善與提高。

（6）行為塑造

行為塑造是指向受訓者提供一個演示關鍵行為的模型，並給他們提供實踐的機會。該方法基於社會學習理論，適合於學習某一種技能或行為，不適合於事實信息的學習。有效的行為塑造包括四個步驟：①明確關鍵行為；②設計示範演示；③提供實踐機會；④應用規劃。

（7）交互式視頻

交互式視頻是以計算機為基礎，綜合文本、圖表、動畫及錄像等視聽手段培訓員工的方法。它通過與計算機主鍵盤相連的監控器，讓受訓者以一對一的方式接受培訓。

3. 團隊建設法

團隊建設法是用以提高團隊或群體成員的協作技能和團隊有效性的培訓方法。它注重團隊協作技能的提高以保證有效的團隊合作。這種培訓包括對團隊功能的感受、知覺、信念的檢驗與討論，並制訂計劃以將培訓中所學的內容應用於提高工作當中的團隊績效上。團隊學習法包括探險性學習、團隊培訓和行為學習等方法。

第二節　人力資源培訓需求分析

一、培訓需求分析概述

培訓需求分析也叫培訓需求評價，它是指在進行培訓之前，由有關人員運用各種方法和技術，對組織及成員各方面能力進行系統的鑑別、分析，尋找出需要培訓的內容和活動。[1] 如圖 5-1 所示。

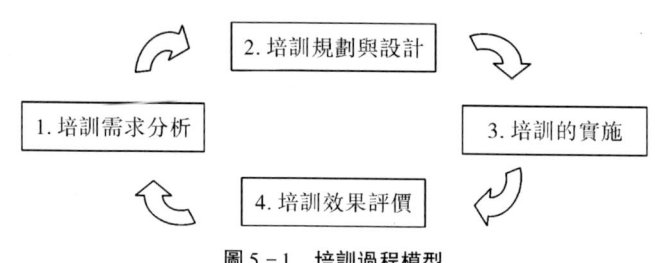

圖 5-1　培訓過程模型

根據圖 5-1 所示，可以清楚地看到，培訓系統是一個過程，培訓需求分析是組織開展培訓的第一步。當組織開展培訓實踐時，起點應從培訓需求分析開始，通過培訓需求分析確定具體的培訓目標；接著根據培訓目標來規劃和設計培訓計劃；第三步是根據培訓計劃實施培訓；單一循環的最後一個環節是培訓效果評價，效果評價的標準來自需求評估設立的目標，而評價結果又成為下一輪需求分析的輸入。培訓各環節是環環相扣的，而培訓需求分析是組織進行培訓實踐過程中的基礎和關鍵環節，它既是確定培訓目標、設計培訓方案的前提，也是進行培訓效果評價的依據。[2]

1961 年，邁可吉和泰爾在其著作《工商業中的培訓》中提出了培訓需求評估的三個層次，即組織需求分析、任務需求分析和人員需求分析。三層次分析中每一層次的需求評估都可以反應出組織中不同側面的需求，有助於分析主體從不同角度瞭解組織及其工作人員現在及未來的培訓需要，這對於提高培訓需求評估的合理性、真實性、有效性是非常必要的。

1. 組織需求分析

組織需求分析指的是系統地檢查組織中所有能夠影響培訓項目的各組成成分，對組織進行全面的分析，主要包括組織戰略分析、組織資源分析、組織支持分析和組織文化分析。組織分析要通過對組織戰略、資源、支持及文化等方面的分析，明確組織中存在的問題，同時確定培訓是不是最好的問題解決方式。從組織層次展開需求分析的目的是辨析培訓的背景，確定在給定經營戰略的條件下組織培訓應該如何支持特定戰略的實施，同時組織又如何為培訓活動提供資源與支持。從這個意義上說，組織需

---

[1] 侯荔江. 人力資源管理 [M]. 成都：西南財經大學出版社，2010：138.
[2] 愛爾文·戈爾茨坦，凱文·伏特. 組織中的培訓 [M]. 常玉軒，譯. 北京：清華大學出版社，2002：78.

求分析具有戰略分析的意義，組織需求分析是保證培訓與組織戰略聯繫的重要工具。

（1）組織戰略分析

組織戰略對培訓需求產生重大影響。戰略是組織發展和組織內部一切活動的目標與指導，因此對組織需求進行分析時，首先應該對組織戰略進行分析。組織戰略可以分為集中戰略、內部成長戰略、外部成長戰略、緊縮戰略四種，這四種戰略會對應不同的培訓需求。

採用集中戰略的公司培訓需求的重點是：團隊建設、跨職能培訓、專業化培訓、人際關係培訓等；採用內部成長戰略的公司培訓需求的重點是：企業文化培訓、創造性思維培訓、分析能力培訓、工作中的技能培訓、溝通與反饋方面的管理培訓、衝突談判技巧培訓；採用外部成長戰略的公司培訓需求的重點是：被兼併企業的雇員能力培訓、建立聯合培訓系統的培訓、合併後企業的辦事程序培訓、團隊建設培訓；而採用緊縮戰略的公司培訓需求的重點是：激勵、目標設定、時間管理、壓力管理、跨職能培訓、領導力培訓、人際溝通培訓。[1]

（2）組織資源分析

瞭解組織內可用的資源情況是培訓的前提，在資源條件允許下，進行培訓策劃可以節省企業的開支，並保持培訓工作的可實現性。例如，某企業2011年的培訓預算是5萬元，培訓人員在策劃2011年的工作計劃時就不能超出這個範圍，否則只能是做無用功。

組織資源主要包括充足的預算、培訓所需的場地及設備、培訓的時間、專業的培訓人員等，資源的限制往往導致許多培訓不能達到預期目的，結果導致許多培訓的效果不能達到預期的目的。

（3）組織支持

企業決策者的支持和參加受訓員工的上級管理者以及同事的支持是組織支持的主要內容，組織支持是培訓能否獲得成功的關鍵影響因素之一。如果受訓員工的上級管理者與同事對於他們參加培訓活動的態度和行為不支持，那麼受訓員工將培訓內容運用於工作中的可能性就不大。有研究指出，培訓獲得成功的關鍵要素在於受訓者的上級與同事對於受訓者參加培訓活動要持一種積極的態度，以及願意向他們提供如何將培訓中所學到的知識和技能運用到工作中去的機會，這樣，受訓者在培訓中所學到的東西運用到實際工作中去的可能性較高。[2] 培訓需求分析的成功直接受組織及其成員，特別是組織領導態度的影響，他們的支持是保證組織培訓成功的決定因素。

2. 任務需求分析

培訓需求分析中的任務分析指系統地收集工作或者工作系列的相關信息，以確定工作的重點任務以及完成這些工作任務的員工需要具備的素質和技能。任務分析常常不能停留在任務層次，應從任務分析出發，進一步瞭解按照要求完成任務所需要的知識、能力、技能、態度和行為。任務分析包括四個步驟：

---

[1] 黃文述，凌文軡. 培訓需求分析的三要素模型解析［J］. 人才資源開發，2006（2）.
[2] 黃文述，凌文軡. 培訓需求分析的三要素模型解析［J］. 人才資源開發，2006（2）.

（1）選擇所要分析的工作崗位。可以通過工作說明書來選擇所要分析的工作崗位或工作。

（2）羅列出工作崗位所需執行的各項任務的基本清單。這類信息主要通過訪談和觀察熟練工的工作以及與他們的經理交談來獲取。

（3）確保任務基本清單的可靠性和有效性。這可以邀請一組項目專家（如在職人員、經理人員等）以會談或書面調查的形式回答有關各項工作任務的問題。

（4）當工作任務確定下來之後，就要明確勝任各項任務所需的知識、能力、技能、態度和行為。這類信息也可通過訪談和調查問卷的形式來收集。

3. 人員需求分析

培訓需求分析中的人員分析與任務分析是密切相關的。如果說任務分析是對完成任務所需要的知識、能力、技能、態度和行為進行分析，那麼人員分析則是以這些素質標準為尺度對員工個人進行衡量，分析存在的差距，再進一步分析差距後面隱藏的原因。[①] 人員分析的主要內容包括以下四個方面：

（1）員工知識結構。包括文化教育水準、職業教育培訓與專項短期培訓等。

（2）員工專業結構。組織中有些人員並沒有從事自己的專業，所以對組織內員工專業對口率的調查也是一個重要方面。

（3）員工年齡結構。培訓是企業的一項投資活動，年齡的大小對企業投資回報率有著一定的影響。例如對50歲的員工培訓的投資回報率明顯低於對30歲員工培訓的投資回報率，因為在非主動離職的假設下，30歲的員工比50歲的員工有更多的時間來為組織服務。

（4）員工個性特徵。不同的崗位對員工的個性特徵也有著不同的要求，例如設計崗位與業務崗位對員工的個性特徵的要求就明顯不同。

（5）員工工作能力分析。員工在實際工作中展示出的能力與工作所需要的能力之間是否存在差距，是培訓內容的主要組成部分，不斷將這種差距縮小也是組織培訓的目標之一。培訓者可以對員工的工作績效進行分析，找出這種差距。

人員分析的目的在於決定特定員工的培訓需求，其重點在於組織成員怎樣才能將主要的工作任務執行好。進行人員分析的最佳人選是能對員工的工作進行直接觀察的人，一般說來就是員工的直接主管。當然，員工本人作為工作的執行者，也是最好的進行人員分析的人選。此外，幾乎所有的與個人業績相關的人都可以成為個體需求評估信息的提供者，如員工的同事、下屬、顧客、參謀機構人員等都可以提供相關信息。

二、培訓需求分析過程

1. 制訂培訓需求分析計劃

為任何工作在開展前制訂一個科學而可操作的計劃，是保證工作順利實施與成功的關鍵，培訓需求工作的實施也不例外。前面提到培訓需求有三個層次，包括組織層次的培訓需求、任務層次的培訓需求和人員層次的培訓需求。因此，在培訓需求分析

---

① 陳麗芬. 論組織培訓需求評估 [J]. 南京理工大學學報：社會科學版，2008（2）.

的實施計劃中應當首先明確，在各個層次上進行需求分析應當達到什麼目標。

計劃制訂之前，對組織信息的收集是必不可少的。信息的收集主要是對組織、任務和個人三方面信息進行集中歸類整理。培訓需求信息的收集方法主要包括觀察法、訪談法和問卷法。觀察法是培訓者到員工的工作崗位上去瞭解第一手的資料，通過對員工工作進行觀察記錄而收集信息的方法。訪談法是指通過培訓組織人員對員工進行面對面的交談來瞭解員工的心理和行為的心理學基本研究方法，具有較高的靈活性和適應性。問卷法則是通過將由一系列問題構成的調查表發放給被調查人填寫並回收，從而收集員工的行為和態度的一種方法。由於這三種方法在工作分析那一章已經做了詳細的闡述，這裡就不再重複了。

對收集來的信息要進行合理的整理，可以將這些信息主要分成兩類，一類是關於工作行為、態度、結果等方面的標準，另一類是關於工作行為、態度、結果等方面的現狀。在對信息進行分析時，主要從下面兩個方面入手：一是確認員工現實與理想的工作行為、態度、結果之間是否存在差距以及差距程度的大小。二是確認差距來源。工作計劃的主要內容包括：培訓需求分析工作的時間進度，各項具體工作在執行時可能會遇到的問題，以及應對這些問題的方案和應當注意的事項等。

2. 實施培訓需求分析計劃

培訓需求分析的實施主要是按照事先制訂好的工作計劃依次展開，但在分析培訓需求的時候，也要根據實際工作情況或遇到的突發情況隨時對計劃進行調整。例如，培訓計劃中選擇的分析方法如果在實施時遇到阻力或不能反應調查對象的真實需求時，就要及時增加或更換調查方法。按照培訓需求分析計劃開展工作的主要程序為：

（1）徵求培訓需求。培訓管理者向各有關部門發出徵求通知，要求各有關部門根據自己部門的現狀與理想狀況，分析其存在的差距，提出自己部門或員工的培訓需求。

（2）整理培訓需求。培訓管理者將收集來的各類需求信息進行整理匯總並向相關主管部門進行匯報。

（3）主管部門對各部門申報的培訓需求進行分析。主要分析三個方面的情況，一是受訓員工的現狀包括其在組織中的位置、是否受過培訓、受過哪些培訓以及培訓的形式。二是受訓員工存在的問題，包括是否存在問題及問題的成因。三是員工的期望和真實想法，包括員工期望接受的培訓內容、希望達到的培訓效果，然後核實員工真實的想法以確認培訓需求。

（4）通過對匯總來的各類培訓需求加以分析和鑑別，培訓管理者參考有關部門的意見，根據培訓需求的重要程度和迫切程度排列培訓需求，確定培訓需求，為制訂培訓計劃奠定基礎。

（5）評估培訓需求，對培訓需求作進一步確認。評估培訓需求是實施培訓需求計劃的最後環節，應該注意處理好個別需求和普遍需求、當前需求和未來需求之間的關係，結合企業的實際情況和戰略發展目標，對培訓需求進行系統全面的分析，保證企業培訓需求分析的有效性和可行性。

3. 撰寫培訓需求分析報告

培訓需求分析報告是培訓需求分析工作的成果表現。它的目的在於對各部門申報匯總上來的培訓需求做出解釋和給出評估結論，並最終確定是否需要培訓和培訓什麼。因此，培訓需求分析報告是確定培訓目標、制訂培訓計劃的重要依據和前提。培訓分析報告主要內容形式如表 5-2 所示：

表 5-2　　　　　　　　　培訓需求分析報告內容一覽表①

序號	項　目	內　容
1	報告提要	簡明扼要地介紹報告的主要內容
2	實施背景	闡明產生培訓需求的原因 培訓需求的意向
3	目的和性質	說明培訓需求分析的目的 以前是否有類似的培訓分析 以前的培訓分析的缺點和失誤
4	實施方法和過程	介紹培訓需求分析所使用的方法 介紹培訓需求分析的實施過程
5	培訓需求分析的結果	闡明通過培訓需求分析得到了什麼結論
6	分析結果的解釋、評論	論述培訓的理由 可以採取哪些措施改進培訓 培訓方案的經濟性 培訓是否充分滿足了需求 提供參考意見
7	附錄	分析中用到的圖表、資料等

三、將培訓需求轉換為培訓目標

通過培訓需求分析找出差距，分析存在差距的原因，確定一個時期的培訓目標是需求分析的根本目的。一個明確的培訓目標，既可以用來規定員工的學習內容，也可以用來規定培訓人員的教學內容，還可以用來作為評價培訓效果的基準。將培訓需求轉換為可操作的培訓目標，應該遵循以下原則：

（1）目標要具體，盡可能使用定量目標。目標越具體越具有可操作性，越有利於培訓效果的評價。

（2）目標內容文字表達要精確，盡量採用行動性詞語來表達，如「熟練掌握」、「正確理解」、「準確操作」等，因為學習目標是在行動中實現的。

（3）目標水準應合理，不宜太高或太低，應既具有促進性又具有可行性。

（4）培訓目標應盡可能獲得受訓者的認同，使目標本身對受訓者產生積極的激勵作用，以免受訓者因否定目標而產生抵觸行為。

---

① 蔡寧. 培訓需求分析五步流程［J］. 中國勞動, 2009（6）.

(5) 目標內涵應與職位工作相關，即依據職位工作的性質、特點及要求來規定培訓目標，否則培訓將會失去實際意義。

通常確定下來的每一項完整的培訓目標包括三個主要內容：業績、條件和標準。

業績是目標的關鍵部分，指預期的培訓結果，如你希望受訓者掌握何種知識技能或具備何種態度、應該改變何種行為等。

條件指的是受訓者完成目標任務所處的環境或所需要的條件，它包括培訓所需用到的任何工具設備、文件、輔助設施和各種系統。這種條件可以是模擬的環境條件，也可以是真實的操作現場。

標準指達到目的的標準，即你希望受訓者以何種表現來完成目標。標準可以是定量詞語表達的，也可以是定性詞語表達的。培訓中學習目標的典型例子如「運用標準鍵盤（條件），每分鐘打字速度達到65個單詞（業績），沒有任何錯誤（標準）」。再比如「逐字逐句（標準）地背誦（條件）闡明改進質量的十四步工作法（業績）」。

培訓目標是培訓活動的目的和預期成果，目標可以針對每一培訓階段設置，也可以面向整個培訓計劃來設定。培訓目標是建立在培訓需求分析的基礎上的，培訓需求分析明確了管理人員和員工所需提升的知識、能力、技能、態度等，接下來就是要確立具體且可測量的培訓目標。

第三節　人力資源培訓的實施與評估

一、培訓方案的設計

1. 培訓計劃的內容

計劃、組織、領導、控制是管理的四項基本職能，而計劃工作貫穿於整個管理過程之中。因此，在進行培訓管理之前，制訂一個詳細周全的計劃是實施培訓的一項重要的基礎性工作。培訓計劃是按照一定的邏輯順序排列的記錄，它是從組織的戰略出發，在全面、客觀的培訓需求分析基礎上對培訓時間、培訓地點、培訓者、培訓對象、培訓方式和培訓內容等事宜做出的預先系統設定，培訓計劃必須滿足組織及員工兩方面的需求，兼顧組織資源條件及員工素質基礎，並充分考慮人才培養的超前性及培訓結果的不確定性。

(1) 培訓目的。包括培訓目標、預期結果等，都需要在培訓計劃中得到明確的體現，這是培訓的綱領性內容。

(2) 培訓對象。不同的培訓對象，培訓計劃的內容也各不相同。針對不同的培訓對象安排不同的培訓計劃，可以讓企業的年度培訓計劃充實而有效。

(3) 培訓內容。不同的培訓對象有著不同的培訓需要，培訓內容是以理論為主還是以實踐為主，以思想為主還是以知識為主，都是編製培訓計劃時需要考慮的問題。

(4) 培訓師。企業人力資源部門一般都有自己的培訓師，與工作相關的專業知識也可以由各部門主管擔任，企業文化方面的培訓可以由行政領導實施。從企業內部挑

選適當的人才擔任培訓師的任務有著很好的效果，而且節省開支，但是必要時也可以邀請外部專業人員或培訓機構來完成。

（5）培訓的後勤工作。培訓計劃裡需要體現的內容是培訓需要的設備、地點、時間、支持等方面。

2. 培訓經費

現在的大型跨國企業用在培訓上的支出都很高，一般培訓費占總銷售額的 1%～3%，最高的能達到 7%。知識、技術密集型的行業，培訓費一般會多一些，比如會計師事務所、管理諮詢公司就會相對比較高。目前國內的企業，一般都比這個比率要低一些，國企、事業單位的預算比較高，例如中國石化目前按照員工工資總額的 1.5% 提取職工培訓經費。但是企業越小，在培訓費用上的支出也就越少。企業編製培訓預算時，必須首先認真研究本企業的培訓需求，根據企業的經濟實力，選擇最有效的培訓方式。

員工培訓實際上是一種投資，無論培訓預算在各個企業的制定上存在怎樣的不同，如果沒有「培訓就是投資」這種理念，企業的培訓工作乃至人力資源工作恐怕都是很難做好的。

3. 培訓計劃的影響因素

（1）員工的參與。讓員工參與設計和決定培訓計劃，除了加深員工對培訓的瞭解外，還能增加他們對培訓計劃的興趣和承諾。此外，員工參與可使課程設計更切合員工的真實需要。

（2）管理者的參與。各部門主管對於部門內員工的能力及所需何種培訓，通常比負責培訓計劃者或最高管理階層更清楚，故他們的參與、支持及協助，對計劃的成功有很大的幫助。

（3）時間。在制訂培訓計劃時，必須準確預測培訓所需時間及該段時間內人手調動是否有可能影響組織的運作。編排課程及培訓方法必須嚴格依照預先擬定的時間表執行。

（4）培訓成本。計劃必須符合組織的資源限制。有些計劃可能很理想，但如果需要龐大的培訓經費，就不是每個組織都負擔得起的。能否確保經費的來源和能否合理地分配和使用經費，不僅直接關係到培訓的規模、水準及程度，而且也關係到培訓者與學員能否有很好的心態來對待培訓。

（5）在編製培訓計劃時還應當注意下列內容：培訓計劃必須首先從公司經營出發，不僅要「好看」，更要「實用」；更多的人參與，將獲得更多的支持；培訓計劃制訂前必須要進行培訓需求調查；在計劃制訂過程中，應考慮設計不同的學習方式來適應員工的不同需要和個體差異；盡可能多地得到公司最高管理層和各部門主管的承諾及獲得足夠的資源來支持各項具體培訓計劃，尤其是對員工培訓時間上的承諾；提高培訓效率要採取一些積極的措施；注重培訓細節和內容等。

二、培訓方案的實施

1. 做好培訓宣傳工作

培訓前宣傳工作非常重要，而不是可有可無。好的宣傳可以調動員工的積極性與

參與動機，提高培訓的效果。

（1）對培訓的內容與目的進行說明，包括培訓時間、地點、吃住行的安排、培訓日程、培訓內容、培訓形式、主要出席培訓會議的領導和培訓課程主講、顧問等。

（2）調動學員強烈的動機和學習積極性，強調本次培訓活動對於公司和學員個人的重要意義，引起學員的重視，使學員產生興趣，最大限度地利用這次機會完成培訓任務。

（3）徵求學員對培訓安排的不同意見是很重要的一個工作，如果忽視了不同意見的存在而不加以解釋，學員對培訓工作的不滿很容易影響學員的學習積極性，不僅自己不能達到培訓預期效果，還會影響其他人。

（4）瞭解特殊要求，充分體現對學員的尊重和關懷，使學員心情愉悅，對培訓效果產生積極的促進作用。

（5）明確培訓紀律，這是培訓組織者應注意的問題。特別是培訓對象公務繁忙時，經常會有各種事務干擾培訓學習，會影響教師的正常授課，影響學員的注意力。因此一定要事前強調紀律。

2. 做好培訓資源的準備

（1）培訓管理人員、培訓教師的落實。選派培訓管理人員和培訓教師，如需聘請專門培訓機構的教授、專家，更要提前聯繫，並瞭解他們的背景、經歷等。

（2）培訓場所的選擇與布置。為確保培訓效果，最好選擇較安靜的培訓場所，且室內光線、溫度、通風要好，使學員感到舒適。同時，要進行必要的布置，如適當的口號、標語等，以營造培訓氛圍，激勵學員參加培訓的積極性和主動性。

（3）應用工具的準備。培訓過程中應用的工具主要有兩大類：資料類工具和設施類工具。常用的資料類工具包括培訓教材、講義、討論資料、測試資料等；設施類工具主要包括白板或黑板、投影儀、幻燈機、音響器材、多媒體網絡終端等。要確保工具的品種、數量和質量滿足並符合培訓的需要，因為培訓效果的好壞來自於學員的聽覺、視覺和心理的共同接收效果。

3. 組織實施培訓計劃應注意的問題

（1）明確分工，落實責任

雖然公布培訓計劃可以使培訓項目的相關人員明確自己的具體工作責任，但在培訓計劃實施前，最好應召開一個相關人員的會議，一方面明確分工，落實責任；另一方面為今後在培訓過程中的溝通配合奠定基礎。

（2）密切配合，相互溝通

一個培訓項目的實施是一個系統工程，特別是規模比較大的培訓，涉及的時間長、人員多，培訓過程中難免出現這樣那樣的問題。因此，要特別強調相關工作人員之間的溝通、配合及全局觀念。

（3）嚴格監控，保證進度

要特別注意按培訓計劃的進度安排課程，既不要前緊後鬆，造成後期學員鬆懈；也不要前鬆後緊，後期趕進度，影響培訓的質量。員工培訓工作要堅持「以人為本」的方針，緊緊圍繞「人才強企」戰略，以「提高整體素質，做好人才儲備，更好地為

企業改革、發展服務」為目標。落實好培訓計劃是實現培訓目標的根本保證。因此每一個培訓項目都要制訂出科學、系統、縝密的培訓計劃，並遵循相關原則，應用科學方法，認真組織實施。

三、培訓效果評估

培訓效果評估是企業培訓活動的最後一個環節，也是非常重要的收尾工作。只有進行了有效的企業培訓評估，才能及時發現培訓過程中存在的問題並及時進行反饋和修正。科學的企業培訓效果評估對於瞭解企業培訓的效果、界定培訓對企業的貢獻、對員工成長的幫助等方面有著積極的意義。

1. 效果評價的主要內容與方法

培訓效果評估就是系統地收集必要的描述性和判斷性信息，以幫助做出使用或修正培訓項目的決策選擇。有效的培訓效果評估就是收集用於決定培訓是否有效的結果信息的過程。結果信息指的是企業和員工個人從培訓中獲得的實際收益。對企業來說，收益意味著效益的增加、顧客滿意度的增加等；對員工個人來說，收益意味著學到各種新的知識或技能，從而提高自身價值。

表5-3　　　　　　　　培訓效果評估分析表[1]

評估層面	評估內容	評估方式	評估時間	實施條件
反應層面	員工對培訓項目的反應	問卷調查、訪談、員工對培訓的參與程度	培訓過程中	學員的支持
知識層面	員工的知識、態度、技能的提高程序	測驗、實地操作、工作模擬、角色扮演、討論	培訓結束時、培訓結束後一個月內	測評人員的測評工作科學、公正
行為層面	員工所學應用於工作的情況及行為改進情況	由領導、同事、下屬進行的績效考核	培訓結束後，一個或幾個績效考核週期內	培訓內容的針對性與實用性
結果層面	培訓為公司帶來的效益、效率的提高	事故率、出勤率、利潤率	年度/半年，視數據採集週期而定	培訓評估數據庫的完善

表5-3是將培訓分成幾個層面的內容，結合企業的實際情況進行細化和變動，然後分類進行評估。

（1）反應層面：主要指員工對培訓項目的反應，包括態度、情緒、意見、互動情況等，通過他們的反應來總結他們對培訓設施、培訓方法、培訓內容和培訓教師的看法。這個過程中我們可以採用問卷調查等方法，譬如要求學員填寫學員滿意度調查表或者培訓課程評估調查表，以此掌握學員對培訓項目的主觀感受。

（2）知識層面：這個層面的評估是要考查接受培訓的員工在知識、技能、態度等方面是否有變化，可以通過卷面或實際操作，瞭解學員在學習前後，對於在培訓中涉

---

[1] 孫英. 淺析員工培訓效果評估 [J]. 中國集體經濟，2010（10）.

及的一些理論知識等方面及實際技能有多大程度的提高。該方面的評估比較直接而容易。

（3）行為層面：這個層面的評估直接體現了培訓的意義和目的。如果得出的結論是負面的，也就是培訓沒有對員工行為產生積極影響，就要從多方面入手調整培訓工作內容，使其更貼近實際工作需要，同時配合其他部門為培訓知識的應用創造良好的氛圍。該層面的評估包括員工將所學應用於工作的情況和學員的行為改進情況。可以在評估中通過跟蹤調查，由學員的上下級、同事判斷和自己分別在工作中對所學知識的應用情況，包括工作態度、工作表現和分析解決實際問題的能力等方面進行評價，例如採用360度問卷調查等。

（4）結果層面：培訓是否為公司帶來效益和效率的提高，是培訓的另一個重要目標。對於該層面的評估我們可以從兩個角度入手，一是員工個人績效的提高，二是組織績效的提高，綜合兩方面來總結員工培訓對員工和企業的影響。具體地可以通過事故率、出勤率、銷售額、利潤率、單位電量能耗、安全生產週期等指標來進行評估。

2. 培訓效果評估的流程

（1）培訓效果評估的準備工作

①確定培訓目標：培訓前確定的培訓目標是否達成，是培訓效果評估的主要內容，目標的達成與否，直接決定著培訓的成敗。

②確定培訓效果評估的目的：在培訓實施之前，或者說在制訂培訓計劃時就應該確定培訓評估的目的，並確定評估的重點。一般來說，培訓評估的目的除了檢驗培訓成功與否，還包括對培訓的系統內容、方式、程序、環節等進行修正，或者說是對培訓項目進行整體修改，從而逐漸完善企業的培訓體系。

③培訓前測試：培訓前對員工進行某個培訓內容方面的測試，可以用來對培訓後的測試進行對比，可以直接測出員工培訓前後有多大程度的提高。培訓前測試適用於關於知識、技能或理論方面的培訓。

④培訓相關計劃準備：相關計劃準備包括對培訓方法的選擇、培訓時間的安排和培訓地點的預約等，這部分內容視評估安排的情況而定。

（2）培訓效果評估前的實施工作

①確定評估的層次。前面提到了評估內容可以分為四個層次，但是由於培訓的內容不同或者評估的目的不同，不會對四個層次全部進行評估。因此，結合具體的培訓項目有針對性地選擇評估層次是評估實施的第一步。

②確定評估方法。評估方法一般包括問卷法、測試法、訪談法和觀察法，這些方法在前面幾章都有介紹，這裡便不再贅述。只是隨培訓的內容不同，選擇的方法也應不同。如果時間等條件允許，也可以同時採用多種方法一起評估，以提高評估的準確性。

③收集評估數據。不同的評估層次，評估的時間和指標不盡相同。例如，反應層面的評估在培訓進行中和培訓結束後都可以進行，主要涉及員工的感受，如培訓場所的安排、內容的豐富性等。行為和結果層面的評估是在培訓結束後一段時間進行的，但員工培訓後的效果受很多條件的限制，需要企業為員工提供展示其通過培訓取得的

進步的機會和場所。例如為銷售人員提供新的客戶等機會。

3. 效果評價的總結與反饋

評估的結果與反饋工作需要以正式的報告形式進行提交，這不僅是為了向上級領導匯報，也可以為企業培訓工作留下寶貴的數據資料，以促進企業人力資源管理的持續性。

（1）撰寫培訓評估報告。培訓評估報告由評估人員根據評估數據擬定，其內容應該包括培訓目的、培訓內容的簡要說明、各層次評估信息的分析、培訓評估的結果、對未來培訓工作的改進和建議等。事實上，行為層面和結果層面的投資回報內容才是企業更為關心的內容，因此評估報告要考慮高層的實際需要。

（2）跟蹤反饋。培訓評估報告確定後，應及時在企業內進行傳遞和溝通，並根據培訓效果調整培訓項目及環節。對於沒有效果的項目，可以撤銷；對於某些效果不明顯的培訓項目，可以對其進行重新設計和調整；對於某些欠缺的項目或環節，可以考慮增設。

本章小結

本章內容是人力資源開發與培訓。這是現代人力資源管理意義所在，也是人力資源管理工作的重點。本章首先講述了人員培訓需求分析，主要是能夠使員工培訓更加具有針對性，對企業發展和員工個人發展都具有重要的意義和作用，重點介紹了人員培訓分析的方法和步驟及評估；其次講述了人員開發與培訓的計劃制訂與實施，重點介紹計劃制訂的內容和方法，計劃實施的步驟、程序；最後講述了員工培訓效果的評估與檢驗的內容、方法和步驟，並在效果檢驗評估的基礎上，對今後的培訓計劃實施修訂和改進。

關鍵概念

1. 培訓需求分析　　2. 培訓計劃　　3. 戰略人才培訓　　4. 培訓效果評估

本章思考題

1. 人力資源培訓的意義與作用是什麼？
2. 如何進行培訓需求分析？
3. 如何制訂培訓計劃和實施方案？
4. 在實施培訓中應該注意哪些問題？
5. 培訓效果評估的方法與流程有哪些？

案例分析

五月花公司的培訓[①]

五月花製造公司是美國印第安納州一家生產廚具和壁爐設備的小型企業，大約有150名員工。博比是這家公司的人事經理。這個行業的競爭性很強，五月花公司努力使成本保持在最低的水準上。

在過去的幾個月中，公司因為產品不合格問題已經失去了3個主要客戶。經過深入調查，發現次品率為12%，而行業內平均水準為6%。副總裁提米和經理考森在一起討論後，認為問題不是出在工程技術上，而是因為操作工們缺乏適當的質量控制培訓。考森使提米相信實施一個質量控制的培訓將使次品率降低到一個可以接受的水準上，然後接受提米的授權負責設計和實施操作這一項目。提米很擔心培訓課程可能會影響生產進度，考森強調說培訓項目花費的時間不會超過8個工時，並且分解為4個單元，每個單元2小時來進行，每週實施1個單元。

然後，考森向所有的一線主管發出了一個通知，要求他們檢查工作記錄，確定哪些員工存在生產質量方面的問題，並安排他們參加培訓項目。通知還附有一份講課的大綱。在培訓設計方案的最後，考森為培訓項目設定了這次培訓的目標——將次品率水準在6個月內降低到標準水準即6%。

培訓計劃包括講課、討論、案例研討和觀看一部電影。在準備課程時，培訓師把他講義中的很多內容印發給每個學員，以便於學員準備每一章的內容。在培訓過程中，學員花費了相當多的時間來討論教材中每一章後面的案例。

由於缺少場地，培訓被安排在公司的餐廳裡舉辦，時間安排在早餐與午餐之間，這也是餐廳的工作人員準備午餐和清洗早餐餐具的時間。

本來應該有大約50名員工參加每個單元的培訓，但是平均只有30名左右的人參加。在培訓檢查過程中，很多主管人員向考森強調生產的重要性。有些學員對考森抱怨說，那些真正需要在這裡參加培訓的人已經回到車間去了。

考森認為評價這次培訓最好的方法是看在培訓結束後培訓的目標是否能夠達到。結果產品的次品率在培訓前後沒有發生明顯的變化。考森對培訓沒有能夠實現預期的目標感到非常失望。培訓結束6個月後，次品率水準與培訓項目實施以前一樣。考森感到自己壓力很大，他很不願意與提米一起檢查培訓評估的結果。

案例思考題

1. 考森的培訓項目的設計有哪些問題？培訓過程中存在哪些問題？
2. 你認為應該如何評估培訓需求？
3. 請你根據案例背景，重新制訂一個培訓計劃。
4. 你認為可以使用哪些其他的培訓方法和培訓技術來達到培訓的目標？
5. 質量控制中的問題總是可以通過員工培訓來解決嗎？為什麼？

[①] 五月花公司的培訓 [OL]. 中國管理培訓網，http://www.zoneuse.com/artical_details.asp? id=268.

第六章　職業管理

學習目標

1. 瞭解職業管理的基本概念
2. 熟悉和理解職業發展規劃的重要意義
3. 熟悉並掌握職業發展規劃的設計與實施步驟和方法
4. 瞭解不同類型的管理人員的職業管理

引導案例

小張該如何選擇[①]

　　某省級電信企業分公司網絡運維部的小張工作積極肯幹，勤於思考，深得省公司企業發展部趙總的賞識。一年前趙總將小張從其所在市公司借調到省公司工作，支撐省公司新職能戰略管理的力度。小張工作十分努力用心，僅在一年中，就深入參與省公司年度戰略規劃的制定工作，並向省公司提交了多篇電信企業競爭環境的分析報告，工作獲得了不小的成績。

　　小張的直接主管劉經理是一位精通業務的技術骨幹，但喜歡對下級的工作進行挑剔，經常不分場合地批評員工，對於本是借調並且內向寡言的小張更是多次指責。劉經理苛刻的工作作風雖受到小張等多名下屬的暗中抱怨，但是大家面對這位頂頭上司時也只能沉默和屈從，小張本人更是感到如履薄冰。

　　小張借調時值一年，省公司進行中層領導的競聘上崗。在省公司企業發展部任職多年的趙總要到分公司去競聘老總，劉經理也要重新參加部門主管的公開競聘。小張則處於職業發展何去何從的選擇中：自己原定兩年的借調期，現在已過了一大半，雖然工作業績與個人能力受到趙總的賞識，但是趙總如果到地方分公司競聘成功，小張將直接面對苛刻嚴厲的直接領導劉經理，小張很難預料自己留在省公司的發展前途。如果此時小張以兩地分居為由，向趙總申請縮短借調期，回到原單位繼續本職工作，工作輕車熟路，既受老領導器重，又可以與家人團圓。然而如此一來，小張在省公司企業發展部的工作成績、所掌握的關於企業發展戰略方面的知識與技能便失去了意義。他覺得通過參與公司戰略規劃項目，能夠站在企業最前沿關注公司環境的變化，瞭解最新的技術動向、市場動向，這些是自己在網絡部技術崗位所接觸不到的。

　　小張現在很矛盾，究竟是回市公司網絡部去發展，還是堅持留在省公司呢？

[①] 職業發展管理案例［OL］. http://wenku.baidu.com/view/c1ca56c75fbfc77da269b120.htm.

第一節 職業管理概述

一、職業管理的有關概念

1. 職業生涯

職業生涯是一個人從首次參加工作開始的一生中所有的工作活動與工作經歷按編年的順序串聯組成的整個過程。[1] 有研究者將職業生涯定義為：以心理開發、生理開發、智力開發、技能開發、倫理開發等人的潛能開發為基礎，以工作內容的確定和變化、工作業績的評價、工資待遇、職稱職務的變動為標誌，以滿足需求為目標的工作經歷和內心體驗的經歷。

2. 職業規劃

從管理的角度，職業規劃有個人與組織兩個層次。從個人層次看，每個人都有從現在和將來的工作中得到成長、發展和獲得滿意的強烈願望和要求。為了實現這種願望和要求，他們不斷地追求理想的職業，並希望在職業生涯中得到順利的成長和發展，從而制訂自己成長、發展和不斷追求滿意的計劃。這個計劃就是個人的職業發展規劃。從組織層次看，職業發展規劃是指組織為了不斷地增強員工的滿意度並使其能與組織的發展和需要統一起來而制訂協調有關員工個人成長、發展與組織需求和發展相結合的計劃。

3. 職業管理

職業管理是一種專門化的管理，即從組織角度，對員工從事的職業所進行的一系列計劃、組織、領導和控制等管理活動，以實現組織目標和個人發展的有機結合。對於這一概念，需要明確以下幾點：第一，職業管理的主體是組織，是企業；第二，職業管理的客體是企業內員工及其所從事的職業；第三，職業管理是一個動態的過程；第四，職業管理是將組織目標同員工個人職業抱負與發展融為一體的管理活動，它謀求企業和個人的共同發展，同時也是促進其得以實現的重要方式、手段和路徑。

二、職業發展觀及其重要意義

1. 職業發展觀產生的背景

（1）經濟發展和人們需求層次的提高

人類社會經過數十萬年尤其是最近二三百年的發展，經濟規模已經達到空前的水準，人類創造財富的能力從來沒有像現在這麼強大，這使得越來越多的人開始過上富裕的生活，而且能夠接受更高水準的教育。隨著生活水準的提高和人們素質的提高，人們不再滿足於物質需求的滿足，而開始追求滿足更高層次的需求。職業發展和事業成功就是現代人的主要追求之一。

---

[1] 張德. 人力資源開發與管理 [M]. 北京：清華大學出版社，2002.

(2) 知識經濟的飛速發展

20世紀50年代以來，伴隨著第三次技術革命浪潮的興起，世界開始告別傳統的工業經濟，迎來新的經濟發展時代。在以信息技術為代表的高科技的推動下，知識和技術成為經濟增長的主要源泉，工業時代的分工被重新整合，人力資本成為最活躍的生產要素和經濟發展所依賴的最主要的戰略資源。

(3) 企業管理從科學管理到文化管理的轉換

在過去的二百多年裡，企業管理已經從早期的經驗管理、科學管理發展到當今的文化管理。員工不再被看成「經濟人」，而被視為「複雜人」、「觀念人」，管理不再「以事為本」而是「以人為本」，領導不再是「控制型」而是「育才型」。人力資源管理是文化管理的核心，人力資源開發是現代企業的生命線，作為人力資源開發重要內容的職業管理是現代企業生存和發展的必要條件。

(4) 企業管理走向人本管理

以人為本是現代企業管理的指導思想。主張以人為本，就是主張人是企業的主體，企業最重要的資源是人，企業為人的需要而存在，企業要促進員工的全面發展。在人本管理思想的指引下，現代企業的經營目標不再僅僅是為企業所有者的利益最大化服務，而是必須為所有的利益相關者服務，滿足員工的利益需求、促進員工的全面發展成為現代企業追求的重要目標。

2. 職業發展觀的主要內容

職業發展觀是現代人力資源管理的基本思想之一，其主要內容是，企業要為其成員構建職業發展通道，使之與組織的需求相匹配、相協調、相融合，以達到滿足組織及其成員的各自需要，同時實現組織目標和員工個人目標的目的。職業發展觀的核心是要使員工個人職業生涯和組織需求實現協調與融合。

3. 職業發展觀的意義和作用

(1) 有利於促進員工的全面發展和提高員工工作滿意度

人類社會發展到今天，僅僅靠物質刺激已經很難滿足員工的高層次需求。職業發展觀正是針對這一現實情況而提出的。無論如何，人類的進步和發展，是經濟發展的根本目標和最終目標。所以，職業發展觀順應人類社會的發展趨勢，代表著企業管理的發展方向，它不但能解決員工的現實激勵問題，而且能從根本上調動員工的積極性，是員工激勵的最終選擇。管理實踐經驗證明，成功的企業無一例外地重視員工的全面發展，為此採取必要的管理措施，投入充足的資源促進員工的全面發展，從而提高員工工作滿意度，並最大限度地調動員工工作積極性和創造性。

(2) 有利於塑造優秀的企業文化

企業文化的核心是企業全體員工的共同價值觀，其主要內容就是如何認識企業的使命、如何看待顧客和員工。對這些問題的認識水準，決定了一個企業的文化發展水準。現代企業要正確認識其使命及其員工，就不能不樹立職業發展觀。樹立職業發展觀，實質上就是肯定和強調人的重要性，這是現代優秀企業文化的基本特徵。

(3) 有利於促進企業的發展

職業發展觀的核心是發展和進步，它鼓勵學習，鼓勵創新，也鼓勵競爭。在這一

過程中，組織一方面保持了積極向上、活躍進取的氛圍，另一方面也必然造就一大批勇於創新求變的人才。無論是優秀的企業文化，還是忠誠於企業的高素質員工，都是企業發展的必要條件，同時也是最重要的條件。有了這兩條，企業的發展也就指日可待了。

第二節　職業發展規劃

一、職業發展規劃概述

1. 職業發展規劃的概念

職業發展規劃，亦稱職業生涯管理，是指組織和員工個人對職業發展進行設計、規劃、執行、評估和反饋的一個綜合性的過程。通過員工和組織的共同努力和協助，使每個員工的職業發展目標與組織目標相一致，使員工的發展與組織的發展相吻合。因此，職業發展規劃包含兩個方面：一是員工的職業發展規劃，員工對自己的職業選擇和發展由自己做主，實現自我管理。自我管理是職業發展規劃成功的關鍵。二是組織協助員工規劃其職業生涯，並為員工提供必要的教育、訓練、培訓等發展的機會，促進員工實現職業發展目標。

2. 職業發展規劃的特點

個人和組織都必須承擔一定的責任，雙方共同完成對職業發展的規劃。傳統管理歷來認為，員工的職業選擇和發展是員工個人的事情。但是，隨著把人視為最重要的一個資源，自企業中廣泛實施以人為本的管理思想及管理技術以來，人們發現，加強員工的職業管理，實際上是與企業目標相一致的，是實現企業目標的有效管理手段。企業的發展離不開員工的努力工作，員工個人的發展同樣也離不開良好的企業環境，二者目標利益上的一致性和共同性為實施員工職業發展規劃構建了基礎平臺。

職業發展規劃是一種動態管理，它貫穿於職業生涯發展的全過程，每一個員工在職業發展的不同階段，其發展特徵、發展任務以及應注意的問題是不相同的。每一個階段都有各自的特點、各自的目標和各自的發展重點，每一個階段的管理也應有所不同。隨著決定職業發展的主客觀條件、組織成員的變化，職業發展規劃的側重點也會發生相應變化，以適應情況變化的需要。

3. 職業發展規劃的內容

職業發展規劃是個動態管理的過程，需要不斷根據企業內外部環境、社會人才市場變化和社會經濟發展趨勢進行不斷的調整，以適應社會發展和企業用人的需要。在整個職業發展規劃過程中，必須考慮以下主要內容：

（1）設計職業發展規劃路徑；

（2）提供職業發展規劃的各項信息；

（3）員工績效評估；

（4）職業發展規劃的諮詢與輔導；

(5) 主管扮演支持的角色；
(6) 職業發展規劃評估；
(7) 工作與職業生涯調試；
(8) 職業生涯發展。

二、職業發展階段

1. 職業發展六階段模型

員工的職業發展過程要經歷若干階段。在現代社會，一個人的職業一直是其自我概念的核心，是其自尊的來源。舒伯（D. E. Super）和波恩（M. J. Bohn）認為，職業發展的本質就是人們自我概念的實現與完成。據此，他們提出了職業發展過程六階段模型：

(1) 探索期：自我概念在童年及青少年期的發展。
(2) 現實測試期：從學校轉換到工作崗位及早期工作經歷。
(3) 試驗期：試圖通過嘗試一種或幾種職業道路，來實現自己的自我概念。
(4) 立業期：在職業生涯的中期，實現並改變自我概念。
(5) 守業期：保持並繼續實現自己的自我概念。
(6) 衰退期：隨著職業角色的終結，對自我概念進行新的調整。

這個職業發展理論表明一個人的童年和年少時代所帶來的需要模式、動機與價值觀，對於職業選擇過程只是一套初步的目標與制約條件而已。在以後的發展中，這個人會一直處於一種變化的動態過程之中，不斷地試圖把自己內在的驅動力與衝動釋放出來，去實現各種新的經歷，而結果也總是不斷變化與擴展的。

如果把這個過程繪成曲線，則可以看出，在探索與測試兩個階段，發展線是平坦的或緩慢上升的；在試驗期與立業期則是較陡峭的上升斜線；到了守業期則升、平與降三種可能都存在，多數人往往是維持水準狀態，上升滯緩下來，這在國外被稱為「高原平臺」時期。人近「知命」之年，心理與生理上都可能發生變化，稱為「中年危機」，此時的人已經意識到老境將至，對自己所定職業發展目標中哪些已經達到或將要達到有所瞭解，往往開始探索新的生活目標，調整與人的工作關係，角色從新手、後輩轉向長者、教練，並開始感到力不從心、為時已晚，轉而關心其職位的安定性。這一時期是人生的一個十字路口，縱向有升或降的兩種可能，橫向有轉或退兩種可能。對這種員工，要勸誡他們使自己的期望變得現實起來。如果公司上層空缺崗位確實有限，可以讓他們去做年輕員工的師傅或教練，或安排他們去實施一些項目性的工作，對表現突出的給予獎勵，讓他們參與管理。總之，組織要關心這些處於守業期的幹部和員工，使其能維持自尊或調整自我概念。衰退期，當然是呈下降的斜線，此時已經退休，職業發展已漸漸消退。

2. 職業發展五階段模型

（1）工作準備階段。這一階段主要年齡段為 0～18 歲。在這一階段，人們還沒有正式參加工作，而是通過各種方式接受教育，為正式參加工作做準備。這一階段的主要任務是接受系統教育，確定職業取向，形成完整的職業發展觀念。

（2）進入組織階段。這一階段主要年齡段為 18～25 歲。這一階段的焦點是對工作、行業和組織的選擇。這一階段最主要的問題是「現實的震盪」。「現實的震盪」一方面表現在教育環境中養成簡單的、理想的、明確的觀念同社會工作環境中複雜的、多樣的現實會形成鮮明的對照；另一方面剛進入組織開始工作時易抱有不切實際的過高期望，不久就會發現實際上的工作並非富有挑戰性。兩方面形成的「現實的震盪」對自身和組織來說都是有害的。組織必須幫助員工克服該問題。

（3）職業早期階段。這一階段主要年齡段為 25～40 歲。這一階段的基本任務是在組織和職業中塑造自我。這一階段開始真正面對挑戰，學會承擔責任；嘗試應對多方面的問題並尋求解決方案；這一階段員工需要時間適應成人世界的規則，尋找到適合自己的角色。

（4）職業中期階段。這一階段主要年齡段為 40～55 歲。職業中期的特徵是對支配職業早期的生活方式進行重新確認；提煉出新的生活結構。職業中期面臨的兩個問題有中年危機和職業高原現象。

（5）職業晚期階段。這一階段的年齡段為 55 歲至退休。這一階段是職業發展的最後一個階段，要對抗衰老、保持工作的創造性，要做好從工作中解脫出來的準備。組織可以通過以下方式幫助職業晚期的員工發展[1]：

①認真審視人力資源政策中對資深員工會產生影響的做法；
②調查資深員工的需要；
③提供模擬退休的中長期休假；
④發展退休計劃；
⑤提供多種彈性工作方式。

三、職業發展規劃設計與實施

1. 職業發展規劃設計

（1）組織方面的職業發展規劃設計

組織方面的規劃設計的活動成為員工職業發展管理。目的在於把員工的個人需要與組織的需要統一起來，做到人盡其才，並最大限度地調動員工的積極性；同時使他們覺得在此組織中大有可為，前程遠大，從而極大地提高其組織歸屬感。此規劃設計活動涉及人力資源規劃、指導與考評、培訓與開發、獎勵等一系列人力資源管理職能的發揮。

人力資源規劃，包括通過評估和選拔找出重點培養對象（接班人或儲備幹部），認真安排他們的崗位與晉升路線。

指導與考評，包括幫助他們做好自我分析，提供企業中可供選擇的發展途徑的信息，考核他們的績效並及時給予反饋等。

培訓與開發，如果讓員工自己憑感覺摸索提高自己的機會，那麼可能就會見效慢

---

[1] 曾坤生，劉茂松．人力資源管理學［M］．北京：經濟科學出版社，2004：192．

且效果不明顯；如果組織有預見性地擬定出正式的培養與開發計劃，自然就會事半功倍。

獎勵措施，包括合理獎勵制度的建立與實施，鼓勵員工在職業發展道路上的任何進展。

(2) 個人方面的職業發展規劃設計

個人方面的職業發展規劃設計活動包含了一系列職業生涯中重大轉折性的選擇，如專業發展方向的選擇、就業單位的選擇、職務的選擇等。首先需在做好自我分析（個人的優劣勢、經歷、績效、好惡等）的基礎上，在本人價值觀的指導下，確定自己的長期與近期發展目標，並進而擬出具體的發展道路規劃。此規劃應有一定靈活性，以便根據自己實際的表現而加以調整。

以上這兩種活動當然是需要密切配合和協調的。個人發展計劃的成功需要組織的扶持。美國以管理優異聞名的 IBM 公司有一句名言：「員工能力與責任的提高，是企業的成功之源。」現代企業看到了員工職業發展道路的開發對企業的巨大利益，能發現人才，尤其是高潛力的後備管理人才，保證了企業領導層人才質量的連續性；實現人盡其才，充分開發本企業人力資源潛力；滿足員工個人的榮譽、自尊與自我發展需要，引導其個人目標與組織目標統一，保證員工的工作積極性、創造性與對組織的忠誠與歸屬感。

2. 職業發展規劃實施

職業發展規劃實施的主體一般是企業，由企業有計劃有步驟地進行。優秀的現代企業總是對員工的各種需要尤其是他們的高層需要十分敏感，它們鼓勵、支持並幫助員工實現其職業上的抱負。為了管理好員工的職業發展，企業需要完成以下兩個步驟：

首先，要制定企業的人力資源開發綜合計劃，並把它納入企業總的戰略發展計劃之中，真正把人力資源的發展提高到應有的高度，並與其他方面的計劃協調一致。

其次，要建立本企業的人力資源檔案，通過日常績效考評及專門的人才評估活動，瞭解員工現有的才能、特長、績效、經歷和志趣，評估出他們在專業技術、管理和創業開拓諸方面的潛力，確定他們目前所處的職業發展道路階段，記錄在檔案中，作為制訂具體的培養、使用計劃的依據。

這種管理有效性的關鍵，是組織需要與個人需要的協調與一致。企業要鼓勵和幫助員工，尤其是骨幹和潛力較大者，做好自我分析，妥善制訂個人的發展計劃。有些企業就此向員工提供諮詢，發放指導材料。企業根據員工個人發展計劃、人事檔案，結合企業未來發展對人力資源的需要，便可確定具體的培養與開發目標和計劃，通過培訓已有員工或必要時招聘新人，以滿足需求。

這種管理的重點通常是具有管理潛質的苗子。對青年新員工，要著重從日常實踐與績效考評中評估他們的管理才能，發現優勢，先安排在基層主管職位，指派其直接主管上級對他們進行在職指導，言傳身教，也可針對他們的不足與弱點組織重點培訓。等其對某一職位所需能力已經掌握之後，便有計劃地對他們做橫向調動，通過職務輪換，擴大他們的知識面；在適當的時候組織專業培訓，學習管理基本理論及人際關係處理等管理技能。待他們對基層管理熟練之後，即可提升到中層管理職位上。對其中

表現突出的優秀人才，便可經中層鍛煉後，升入高層管理職位。在整個過程中，要保持上下溝通渠道暢通，經常開展縱向對話，直接瞭解下級的進展與不足，並促進相互需要的滿足，適時地調整、修訂原計劃，以符合實際情況的需要。

第三節　管理人員的職業管理

一、管理人員選拔的特殊性

　　一項對高級管理人員的調查表明，第一，高級管理人員應該具備以下幾種優秀品質：誠實、自信、身心健康、具有戰略眼光以及比較強的思想交流能力；第二，繼任者應該從本公司內部選拔。管理經驗表明，經常調換管理人員既能夠使公司在不同的環境中考察管理人員的工作，又能使他們累積更加豐富的工作經驗。一般而言，對基層管理人員的甄別比較容易做到科學合理，因為人們對基層管理人員所需要具備的知識、技能和其他品質比較容易瞭解。但是對於比較高層次的管理的選拔就面臨著許多困難。

　　研究結果表明，不同層次的管理工作需要管理者具備不同的工作技能。一個人在非管理職位上所獲得的成就並不能說明他在管理職位上也將獲得成功。同樣道理，一個優秀的基層管理人員並不一定會成為一名傑出的高層管理人員，因為不同層次的管理工作需要不同的能力。高層管理人員最重要的工作是長遠計劃的制訂、公司的經營監督、協調公司與客戶的關係、市場開發和內部諮詢等；基層管理人員最主要的工作是監督員工完成工作任務。

　　遴選管理人員容易出現的錯誤有以下幾個方面：第一，用人標準不明確，因此不能正確地選擇合適的人選，這是最常見也是代價最大的一類錯誤。第二，用人標準規定繁瑣，缺乏靈活性。第三，在選拔管理人員時求全責備，脫離實際，忽視人力資源市場的實際情況，招募人才時抱有不切實際的奢望。第四，由於沒有把握時機而浪費金錢。

　　組織在不同的發展階段上需要有不同的管理風格，明確這一點對於選擇管理人員非常重要。在組織發展初期，生產規模迅速擴大，具有基本的生產線，強調產品的設計和開發，幾乎沒有穩定的客戶。這時，組織需要能夠在風險環境中隨機應變的果斷的創業型經理，而不是精通日常事務的保守型經理。在組織的高速發展階段，組織既要誇大市場佔有率，又要建立一個精良的管理班子；同時生產線得到擴大和完善，並贏得客戶的信賴。這時，組織需要善於建立穩定的管理系統來鞏固初期階段成績的成長型經理。在組織的成熟階段，強調市場佔有率，通過規模經濟來降低成本，採用嚴厲的管理手段來約束工人的活動，累積資本來開發新的生產線。成熟階段的組織的靈活性和可變性要小得多。這時，組織需要善於處理日常經營事物的固定模式型經理。可以說，在這一階段，由於實現規模經濟是重要的任務，因此，同其他階段的合適的經營管理人員相比，這一階段要求管理人員具備更多的經濟學知識。在組織的衰退階

段,力求維持原來的市場佔有率,通過持續而集中的努力來降低成本,謀求繼續生存。這時,組織需要一位創業型經理來淘汰已經無利可圖的產品,解雇生產效率低下的員工,減少不必要的費用。①

二、管理人員的遴選

遴選管理人員時需要進行測驗,而測驗包括測試和考察兩個方面。其中測試是指對於具有「是」或「非」答案的問題進行的標準化測驗(如數學和詞彙測驗等),而考察則是對沒有「是」或「非」答案的行為進行標準化測驗(如興趣、態度和觀點等)。需要強調的是在考察過程中,應試者可能會揣測未來雇主的喜好而偽裝,但是在測試中不存在這種問題。因此,管理人員的遴選過程應該採用測試方法,而考察方法適用於管理人員的工作安排和培訓,因為這時應試者沒有必要偽裝自己。在管理人員的遴選過程中,除了可以使用領導能力測試、人事履歷材料、同事評議等方法外,評價中心技術是一種非常重要的遴選方法。②

首先,人力資源管理中經常涉及的評價中心不是一個空間的概念,使用評價中心技術的企業並不一定有一個被稱為「評價中心」的場所,評價中心指的是一系列篩選和評價員工的工作和技術的集合。這種方法對管理人員的遴選具有很高的效果。最初在第二次世界大戰期間,德國和英國的一些軍事心理學家使用評價中心方法來挑選軍官,美國也使用這種方法來挑選特工人員。在美國的評價中心方法中,每個應試者必須自己虛構一個故事來掩蓋自己的真實身分,考官則設計許多陷阱來誘使應試者暴露自己的身分,以此測試應試者的撒謊能力。需要強調的是,評價中心不僅可以作為員工錄用的選擇方法,也可以作為制定員工晉升決策時的篩選工具。評價中心方法能夠有效預測工作績效,是一種具有有效性又不含偏見的員工選擇工具。這種方法最早在20世紀50年代由美國AT&T公司開始採用,現在已經非常普及,而且已經舉行過多次專門的國際研討會議。在第三屆評價中心方法國際會議上,對這種方法的使用制定了一系列的標準和要求,其中最主要的有以下五個方面:第一,評價中心必須使用文件筐、無領導小組討論等多種技術。第二,評價中心必須有事先經過培訓的評價師來評價結果。第三,關於人力資源管理決策的判斷必須同時根據多個評價師和多種評價技術提供的信息來共同決定。第四,對評價對象進行整體評價之前,必須提供所有評價師的觀察結果並進行討論。第五,評價中心內所使用的全部方法都需要事先進行檢驗並證實它們確實可以提供可靠、客觀和與工作內容相關的行為信息。

評價中心的工作方式是讓十幾位工作應徵者或管理職位候選人在一天到三天的時間內模擬執行實際的工作,同時評估者進行觀察和評分。所有訓練都強調與他人合作共同解決實際問題的能力。評價中心技術的具體內容通常包括以下幾種形式:

1. 文件筐作業

「文件筐作業」取名源於從經理辦公桌上存放組織文件的文件筐中取出並放入備忘

---

① 張一馳. 人力資源管理教程 [M]. 北京:北京大學出版社,1999:296.
② 張一馳. 人力資源管理教程 [M]. 北京:北京大學出版社,1999:297.

錄。它是一種用紙與筆完成的測驗，測驗的題目描述了工作崗位的實際任務。備忘錄中的問題應從待聘崗位的分析中產生並能代表實際工作任務。通常被考核人單獨坐在桌子旁，花 2~3 小時針對選出的備忘錄提出解決辦法。評委不得提供口頭指導，也不允許被考核人與監考人之間進行交流，但有一段介紹性的文字描述設想的場景，也會有組織結構圖、公司使命、政策等背景資料。場景是多種多樣的，但主題都是應聘者被任命到一個新的管理崗位，而其前任因辭職、受傷、休假或死亡等原因離職。

2. 無領導小組討論

無領導小組討論的目的，是考察被試者在需要小組成員共同合作才能成功完成的任務中表現出的人際交往特性。無領導小組通常由 6~8 人組成，其中沒有領導，他們圍坐在房間中央的會議桌旁，自由討論，評委在另一房間（可全面觀察到被試者的全部討論過程，而被試者看不到評委）觀察並記錄被試者的行為。被試者面對的問題是同樣的，但問題的側重點有兩個：其一強調合作，例如分析中國加入 WTO 後中國工商銀行北京分行應如何重新配置網點；其二強調競爭，例如只有一小部分資源（獎金、新設備、一次性的投資基金等）不足以在組員間分配。在這兩種情況下，小組都會見到問題的文字說明以及相關的輔助材料，並被要求提交一份行動方案的書面報告。考試時間通常不超過兩小時。無領導小組討論的問題除了用競爭與合作加以區分之外，也可用指定角色或不指定角色的扮演加以區別。指定角色指被試者中每個人被告知特殊的不同的信息，組員間相互保密。信息包括在公司擔任的部門職位。組員要利用獲得的信息在適當的時機影響小組的行動。不指定角色的扮演即沒有額外信息提供。指定角色扮演最常用在競爭性問題的討論中。

3. 案例分析

案例分析包含一段很長的組織問題說明，這些問題根據所選職位的不同而有所區別。對高級職務，案例常常描述公司某種事件的歷史、相關的財務數據、經營戰略以及組織結構，也常常會介紹新產品的行業動態、消費者傾向以及相關的生產技術。案例迫使被試者面對兩難境地，要提出特殊的建議、給出支持性的數據以及詳細地描述公司戰略的改變措施。對中層管理職務，經常出現的主要問題是關於如何設計和實施經營計劃或系統方案，例如管理信息系統或工作流程系統。對一線管理職務，問題集中在如何解決下屬間的矛盾、下屬的行為與公司政策相悖的難題，或者要重新評價特殊的工作方法。在考試完畢後，被試者會被要求在評委面前做講演或與其他被試者討論該案例。

4. 角色扮演

在角色扮演練習中，角色扮演者將和一至兩位被試者進行互動。在這一過程中，角色扮演者將設置種種障礙，強調各種理由，說明被評價人員的決策是錯誤的，而被試者要竭盡全力讓角色扮演者接受自己的決策方案。通過角色扮演活動，評價人員可以瞭解被試者的敏捷性、堅韌性、責任心以及處理衝突的能力。

5. 面試

在面試中，評價人員要求被試者回答一系列問題，這些問題通常包括他們以往的工作經驗、個人經歷、在技能方面存在的優缺點以及職業生涯規劃等。面試主要有四

種方式：模式化面試、問題式面試、非引導性面試和壓力面試。

(1) 模式化面試

由主試人根據預先準備好的詢問題目和有關細節，逐一發問。為了活躍氣氛，主試人可以問一些其他方面的情況。面試的目的是瞭解被試者全面、真實的情況，觀察被試者的儀表、談吐和行為，以及相互溝通的能力。結構化面試適用於招聘熟練工人、一般管理者、科技人員和各類後備人員。

(2) 問題式面試

由主試人對被試者提出一個問題或一項計劃，請他解決和處理。觀察他在特殊情況下的表現情況，以判斷其解決問題的能力。這種面試方式適用於招聘中級管理者。

(3) 非引導性面試，又稱自由面試

由主試人海闊天空地與應聘者交談，無固定題目、無限定範圍，讓被試者自由地發表議論，盡量活躍談話氣氛，在閒聊中觀察被試者的知識面、價值觀、談吐和風度以及他的思維能力、表達能力和組織能力。這是一種高級面試，主試人需要有豐富的知識經驗和高度的談話技巧，否則很容易使面試失敗。這種面試方式適用於招聘企業高中層管理人員。

(4) 壓力面試，又稱深度面試

由主試人有意識地對被試者施加壓力，針對某一事項作一連串發問，不但詳細而且刨根問底，直至使其無法回答，甚至激怒被試者。看他在突如其來的壓力下能否做出恰當的反應，來觀察他的機智和應變能力。這種方法如果運用不當，會引起被試者的反感。

6. 搜索事實

這是一個需要口語表述的模擬活動。這個活動中需要角色扮演者與被試者共同參與。被試者拿到一份將來某個工作情境中可能遇到問題的材料。首先要向角色扮演者創造性地、洞察性地提出一些敏感的問題，盡力挖掘出與該問題有關的信息。被試者不僅需要看到問題中包含了哪些信息，更需要關注問題中所缺少的關鍵信息。與角色扮演者充分交流之後，被試者需要在一個較短的時間之內做出決定，提出一個解決問題的方案。通常情況下，角色扮演者還會對被試者的問題解決方案提出質疑，與被試者進一步討論甚至爭論。整個過程中主試人完全不介入，只是在旁邊觀察和記錄。顯然，這種活動在智能方面尤其是思維的深度和廣度及創造性方面對被試者提出了很大的挑戰。他們需要深刻地、創造性地分析問題和解決問題。此外，從被試者在活動中的行為表現，主試人還可以考察他們的決斷能力——能否有效地獲取信息，還可以關注他們的社會技能——能否很好地傾聽，提出適當的問題。

7. 演講

這也是一個需要口語表述的模擬活動。在開始這個活動前，被試者拿到了一些零亂、無組織的材料，他們需要根據材料來把握其中的主要問題，盡力去瞭解問題進展到什麼程度。經過半個小時準備之後，他們向主試人陳述自己的想法。當被試者表達了盡可能多的信息，明確提出材料中存在的問題及其解決方案之後，主試人可以有針對性地提一些問題，以進一步澄清被試者的看法和觀點。這種活動對被試者的智能、

社會技能和意志力都有特定的要求，比如分析問題的能力、口語表達能力及壓力下的堅定性等。

8. 模擬會議

這是一個要求兩個以上角色模擬者參與的測量方法，根據被試者在未來面臨的職位上可能出現的工作情況，設計一個有明確議題的會議，要求被試者組織這個會議，確保能在限定的時間之內對議題進行足夠深入的討論。這種測量方法有利於在人際互動中考察個人的社會技能、把握變化的能力、主動性、堅持性、堅定性和決斷性等重要的特性。但由於參與模擬會議的角色扮演者比較多，他們的行為模式很難實現標準化，人際的複雜互動有時候會影響被試者的行為表現與主試人的評分過程。而且多個角色扮演者的參與也大大提高了評價中心的成本。因此，如果採用其他測量方法能達到類似測量效果，建議運用其他測量方法。

9. 心理測驗

心理測驗方法是一種科學與經驗有機結合的方法，其特徵是：針對評價目標，通過定性、定量的方式對人的能力、個性等心理特徵進行測試、分析和評價。

心理測驗的基本方法是，依據對評價目標的分析，進行合理的結構分解，並分別予以測試度量，再依據結構關係合成各方面的測量結果，從而形成對人員的分析評價結論，供服務對象使用。

（1）心理測驗的作用：

①人員招聘：對候選人進行有效篩選、淘汰，提供甄選信息。

②幹部選拔：通過幹部測評，可測出幹部的領導類型、工作能力、職業興趣、個性特點等，從而為幹部選拔提供了基本依據。

③人員資源調查：識別潛力人員，提供人員資源結構狀況分析信息。

④人員培訓：識別人員發展潛力和發展局限性以及人員個性發展機制，據此擬定培訓方案，有針對性地實施培訓。

⑤職位安排：有了人員測評的數據，就可根據人員的特點進行職位安排。

（2）心理測驗方法分類：

它是以一些測驗題來間接測驗人的智力、能力、成就、人格等心理特性中的個體差異的測驗方法。如各種智力測驗、能力測驗、成就測驗。

①個別測驗：指主試者在進行心理測驗時，一次只能對一個被試者進行測驗。

②集體測驗：指主試者在進行心理測驗時，一次可以對眾多的被試者進行測驗。

③速度測驗：指主試者在進行心理測驗時，每一次的測驗都在規定的時間內完成，時間一到，測驗一律停止。

④難度測驗：指主試者在進行心理測驗時，由於難度測驗的題目比速度測驗的題目難度大，被試者需要多長時間，主試者就給他多長時間。

⑤書面測驗：指主試者在進行心理測驗時，把試題印在紙上，被試者將回答寫在紙上。

⑥操作測驗：指主試者在進行心理測驗時，要求被試者以操作的形式出現。主試者通過觀察其操作來評定被試者某一種或幾種能力或技能。

總之，評價中心設計的方法工具都要服務於測評的目的，與企業的人力資源管理哲學要一致。表6-1表明了不同目的的測試工具選擇。

表6-1　　　　　　評價中心不同目的的技術工具的選擇比較

	晉升或選拔	培訓需求診斷	技能發展
測評對象	具有高潛質的員工	所有有興趣的員工	所有有興趣的員工
分析職位	目前或新產生的職位	最近或今後產生的新職位	最近或今後產生的新職位
指標特性	潛力，特徵	發展，概念區分	培訓技能
指標數目	5~7個	8~10個	5~7個
情境演練特徵	練習數量3~6個，仿真程度中等，複雜程度中等	練習數量7~10個，仿真程度高，複雜程度高	練習數量7~10個，仿真程度高，複雜程度取決於測評對象的當前技能
結果匯總	所有的評價等級	指標等級	行為建議
報告類型	短，具有描述性	長，具有診斷性	口頭報告及反饋
反饋對象	測評對象及其上兩級的管理者	測評對象及其直接的管理者	測評對象，如可能的話，也可包括其直接的管理者
反饋者	人力資源管理部門	人力資源管理部門或測評師	人力資源管理部門或測評師或測評助手

［資料來源］喬治·C. 桑頓三世. 評鑒中心在人力資源管理中的應用［M］. 上海人才有限公司評鑒中心研發專家組，譯. 上海：復旦大學出版社，2004. 筆者作過一些整理。

目前，評價中心方法的作用包括評價和遴選管理人員，培訓和提高管理人員的管理技巧，鼓勵工程技術人員和研究人員的創造性，解決人際衝突和組織內各個部門之間的摩擦，幫助管理人員進行職業選擇以及評價一個組織自身晉升系統的效力等。

評價中心可能出現的問題包括以下幾個方面：第一，不認真考慮候選人過去和現在的工作情況，不分析實際需要而盲目採用評價中心方法，或者在準備不充分的條件下草率使用。第二，對評審過程中的信息缺乏控制，如將不利的評審結果透露給在職的管理人員；或是沒有直接給接受評價的人員以足夠的信息反饋。正確的做法是由受試者的直接主管把他在評價中心活動中的優缺點明確地通知他本人，以充分利用評價中心方法的信息，為提高組織績效服務。第三，沒有正確估計評價中心方法的成本和收益。對於遴選基層管理人員，並不需要採用成本過高的評價中心技術。

三、管理人員的接班計劃

管理人員的接班計劃是指為組織的管理挑選繼任者的過程。管理人員的接班人計劃一般通過內部選拔提升的方式來獲取組織需要的管理人員。內部提升的方式能夠有效地避免外部招聘帶來的一系列弊端。從企業內部來選擇候選人，旨在保持組織文化、思維與行動方式及管理的延續性。由於接班人計劃是為組織儲備未來的領導人，它更關注的是管理人員的潛力和未來的發展。接班人計劃的實施效果對企業的現狀及未來關

係重大，影響深遠。一般來說，開發一個有效的接班人管理系統有以下幾個基本的步驟。

1. 確定組織的能力需求

確定關鍵的能力需求通常是制訂接班人管理計劃的第一步。組織的關鍵能力來源於企業戰略，包括企業的行業戰略、競爭戰略、管理戰略等。企業未來的領導人是戰略實施的組織者和領導者，他所具備的能力必須符合企業戰略的要求。因此，接班人計劃首先從企業的戰略規劃引出實現企業的目標所需要的能力和行為。在國外許多公司，這一步驟的具體實施過程是由公司核心人員來提供有關公司面臨的挑戰、環境變化的可能、企業未來發展的看法，由高層管理人員主持討論，再結合以往各個管理層級總結的有效管理能力，列出需要培養的能力清單，進行分析。最後，通過向各個管理層級的管理者發放調查問卷，確定有效管理或應對未來挑戰所需的能力。這樣，每一層級所需的能力和關鍵行為就確定下來了。

2. 建立能力評估體系

第二步是根據明確的組織及職位未來的能力要求，對潛在的候選人進行評估。這些候選人一般是通過了一段時間的考察而被認為是接班人的候選人，入圍的依據一般為一段時間內的績效水準及改進程度、在工作中表現出來的能力和潛質等。常用的候選人評估工具包括績效考核的數據、來自上下級全面的反饋。此外，也可以運用在招聘選拔中慣用的個性和心理測試、角色扮演、評價中心技術等方式。

評估方式及標準的選擇在組織間可以有所不同，但它必須是有效和透明的。此外，員工的能力並不是靜態的，需要不斷地重複評估，特別是當企業的戰略和組織結構有所變化時，對候選人的要求和評判標準也要隨之改變。

3. 建立加速跑道

為候選人建立加速跑道是許多成功的接班人計劃的共同特點。進入加速跑道計劃的候選人是經過前一階段的評估之後確定的候選人員，他們在獲得有關其績效及能力評估的反饋的基礎上，根據未來職位的勝任力模型確定培訓需求，從而具備適合組織發展需要及勝任未來職位所需要的各種專業知識和能力。這一般表現為專門為候選人量身定做的職業生涯發展規劃，包括正式的脫產教育、重點項目的參與、由上級或專家提供的單獨指導等。同時，組織會為其分配具有挑戰性的任務，並對各個候選人的表現進行比較。這樣，雙重的壓力及動力會使真正優秀的未來領導人脫穎而出。

4. 關注職位空缺及候選人的繼任者發展狀況

接班人管理計劃的最終目的是保證組織在適當的時候能為空缺職位找到合適的人選。因此，它關注的管理對象是職位與候選人兩個方面，協同把握職位空缺及候選人發展的動態情況，包括職位空缺的可能性、現任任職者情況、現有候選人情況、應付突發情況的方案等。

5. 任命及交接班環節

接班人計劃並不是以找到了組織未來的領導人為終點，它延伸至新的任職者真正接受工作，開始行使職權的那一刻。在國外公司比較成熟的操作中，前後兩代任職者的交接班過程中或繁或簡的各項環節，如管轄權限的轉移、後續事項的處理等，都在接班人計劃中進行了規劃。特別是許多組織對其 CEO 的選人過程有非常規範的管理模

式，避免在領導人交接班過程中造成權力及責任的模糊及公司資產的損失。

本章小結

本章內容是職業管理。首先闡述了職業管理的基本概念，以及對人力資源管理的重要意義；其次重點討論了職業生涯發展設計與實施，闡述職業發展的幾個基本階段，以及各個階段的特點和主要任務，介紹了職業發展的組織作用與個人作用；再次著重闡述了管理人員的職業發展與培養，並介紹了管理人員職業發展與培養的基本步驟、方法與評估；最後介紹了管理人員接班計劃的制訂與實施。

關鍵概念

1. 職業管理　　2. 職業發展規劃　　3. 管理人員接班計劃　　4. 管理人員遴選

本章思考題

1. 職業管理的概念是什麼？
2. 職業發展的意義和作用是什麼？
3. 如何設計職業發展規劃？如何實施？
4. 如何對管理人員進行職業管理？

案例分析

她為什麼頻頻跳槽？[1]

吳小姐，24歲，畢業於某重點大學，本科學歷，工作年限兩年，先後跳槽五次之多，行業涉及房地產、化妝品、教育諮詢、傳媒等，所從事的具體工作也有服務、行銷、策劃、編輯四項之多。吳小姐在大學所學的專業為國際貿易，但她的長項卻比較傾向於中文，寫作能力和口頭表達能力均非常優秀。在校期間，一直擔任教授助理，並且獨自尋找了一個加盟項目，在家鄉擔任整個城市的代理商，先期運作比較成功。因為這些經歷，吳小姐在畢業時對自己的期望較高，不甘心在大公司從低層做起，而是想進入一家規模不大但是有發展前途的公司，可以一開始就受到重視，以最快的速度成長，然後再自己創業。以下是吳小姐的工作簡歷：

2001年9月—2002年1月，某知名房地產公司，任物業管理主任，主要工作職責就是處理投訴之類的事宜。工作非常的清閒穩定，福利待遇也比較讓人滿意。但是吳小姐認為該工作沒有挑戰性，並且發展空間很小。

2002年1月—2002年6月，某合資化妝品公司，任品牌經理。該公司老闆在招聘

---

[1] 她為什麼頻頻跳槽［OL］. http：//www.461000.net/News/showNewsDetail.aspx? id=1634.

時對吳小姐極為器重，吳小姐認為自己進入該公司後可以大展拳腳。開始時，吳小姐信心百倍，編寫了整套的企業文書、招商方案、對外合同，積極參加與客戶談判等。但她漸漸發現，老闆的經商風格非常保守、為人吝嗇，談判往往因為極小的折扣或非常少的利益分配而耽擱下來，甚至不歡而散。並且所有的產品都是在作坊式的小型加工廠裡貼牌生產，產品質量得不到保障。本來是想與公司一起成長的吳小姐覺得前途渺茫，不顧老闆的挽留，毅然辭職。

2002年6月—2002年9月，某臺資教育機構，主要負責銷售知名英語教材。該公司有點類似於保險公司，非常注重對員工的培訓，甚至用獨特的企業文化實現對員工思想的控制。有點理想主義的吳小姐正是被該公司表面上熱情奮進的氛圍所吸引，接受了這份沒有底薪只有提成的工作。可以說，吳小姐在這間公司工作得非常出色，身為新人的她第一週的業績就高居榜首，深受上司的器重和同事的歡迎。但工作一段時間以後，這裡高負荷的運作讓她的身體嚴重透支，難以繼續支撐下去，並從上司對其他業績較差員工的冷酷態度上對公司的企業文化產生了質疑，最終在上司和同事的一片惋惜聲中離開了該公司。

2002年9月—2003年3月，某諮詢策劃公司，任銷售公關經理、編輯。在該公司工作期間，吳小姐編寫了四本行銷方面的書籍，策劃了一些與報社等其他媒體的合作項目，招聘並培訓了多名業務員。以往的工作波折、輕率的跳槽經歷造成的「後遺症」在此時慢慢表現出來，吳小姐發覺自己變得越來越害怕與客戶進行溝通。在公司內部召開業務會議時，她可以很輕鬆地指導業務員解決工作中遇到的難題，自己卻不願意或者說害怕與客戶交流，有時候她逼著自己去面對客戶，事實上也發揮得很好。這種恐懼感，或者說是交流的障礙，讓吳小姐感到非常困擾，卻又難以克服。她向老闆提出不想再從事行銷工作，但有重要項目的時候，老闆還是要委派吳小姐去。由於無法調整好自己的心態，吳小姐又一次選擇了辭職。

2003年3月至今，吳小姐在一家雜誌社擔任記者。和先前的輾轉奔波和業績壓力相比，這裡的環境輕鬆了很多，也讓吳小姐從緊張的心理狀態中解放了出來。但這份工作真的能讓吳小姐找到一種歸屬感嗎？

回想兩年來的從業經歷，常讓吳小姐覺得有很多的困惑和迷茫，比起剛畢業的時候，她甚至更找不到自己的發展方向。從一開始全心希望去做一份有挑戰性的工作，對行銷有著滿腔的熱情和嚮往，到後來對行銷產生恐懼、抗拒、厭惡，吳小姐到現在都解釋不了自己的心理變化，也不知道該如何去調整。吳小姐的性格具有兩面性，在一個活躍的集體裡她會非常活躍，在一個安靜的集體裡她會比別人更沉悶；在上司及同事的器重、鼓勵下，她會工作得非常出色；而如果她覺得自己不受重視，她可能會很快地意志消沉，直至選擇逃避。她本不喜歡那種太安逸的工作，為了挑戰自己、提升自己，她換了一份又一份的工作，卻感覺自己好像還在原地，目前的狀況讓她失去了方向，不知道該何去何從。

案例思考題

1. 你認為吳小姐頻頻跳槽的根本原因是什麼？
2. 你認為吳小姐該如何規劃她未來的職業發展？

第七章　績效管理與績效評估

學習目標
1. 瞭解績效管理的含義
2. 熟悉和掌握績效考核的實施過程
3. 熟悉並掌握績效考核的方法
4. 理解績效考核結果的應用

引導案例

　　A是K公司的員工，大學畢業後加入K公司，從普通員工做到高級銷售經理。K公司在年初制訂銷售計劃時，較上年提高了將近100%。同時改變了績效考核辦法，由原來的按季度考核改為按月考核，並且實行了負面激勵。儘管員工的反對聲音很大，但新辦法還是開始實行。然而，一個季度之後，公司業績離目標甚遠，員工的績效獎金大幅度減少。A認為是K公司制訂的績效目標計劃不切實際，考核目標太高，無法完成造成的。而公司認為是員工干勁不足造成的。在數次溝通無效後，A憤然離職，並帶走部分同事和資料。[①]

第一節　績效管理

一、績效管理概述

1. 績效的含義

　　從管理學角度看，績效是組織期望的結果，是組織為實現其目標而展現在不同層面上的有效輸出，它包括個人績效和組織績效兩個方面。組織績效建立在個人績效實現的基礎上，但個人績效的實現並不一定能保證組織是有績效的。個人績效應該是組織績效按一定的邏輯關係分解出來的，這樣才能保證組織績效的順利實現。

　　績效主要指員工符合組織目標的結果，同時也要考慮員工在產生結果的過程中的行為。績效一般可以分為員工個人績效、團隊績效和組織績效三個層次。員工個人績

---

① 讓「績效溝通」深入人心［OL］．http://www.rlzygl.com/Item/7679.aspx.

效是團隊、組織實現績效的基礎。本章所說的績效主要指員工個人績效。

2. 績效管理的含義

績效管理是指識別、衡量以及開發個人和團隊績效，並且使這些績效與組織的戰略目標保持一致的一個持續性過程。從操作層面上講，績效管理是管理者對員工在企業運行中的行為狀態和行為結果進行定期考察和評估，並且與員工就所要實現的目標互相溝通、達成共識的一種正式的系統化行為。[①]

通過以上對績效管理的定義，我們應該從以下幾個方面來把握績效管理的內涵。首先，績效管理著眼於企業整體戰略，是組織戰略的逐層分解；其次，績效管理是雙向的管理活動，是管理者和員工共同進行的活動；再次，績效管理主要是對員工行為和結果的管理，通過對員工工作行為的控制和對員工工作產出結果的管理，將抽象的績效具體化；最後，績效管理是週期性、持續性、動態性的循環系統。

3. 績效管理體系設計

績效管理體系包括四個方面的內容，分別是績效計劃、績效實施、績效評估、績效反饋，如圖7-1所示。

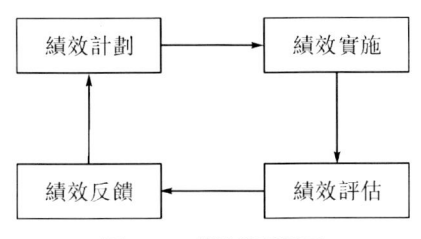

圖7-1　績效管理體系

（1）績效計劃

績效計劃是績效管理的起點，是績效管理實施的關鍵和基礎。績效計劃是指在組織戰略部署和團隊目標確認的基礎上，將企業戰略目標細化和分解，績效雙方就被評估者在績效週期內的工作目標、評估標準和工作環境進行充分的溝通，並就績效目標和績效標準達成共識，形成關於目標和標準的契約的過程。績效計劃的制訂主體是管理者和員工，績效計劃的制訂過程是雙向溝通的過程。績效計劃是關於績效週期內工作目標和標準的契約，內含管理者和員工雙方的心理承諾。

績效計劃具有指導作用。績效計劃作為績效管理的綱領，不僅為管理者的管理活動提供了依據，還為績效管理活動指明了方向。績效計劃使員工對自身情況有明確的認識，能使員工更好地瞭解工作目標，從而能使績效計劃很好地實施。績效計劃具有統一作用。績效計劃的制訂是由人力資源管理者、各個職能部門的經理、員工三方共同參與的。三方就績效計劃進行了充分的討論，最後達成統一的意見，因此對於績效計劃，組織中的各方都能夠接受，最終達到統一奮鬥目標的作用。

（2）績效溝通

績效溝通是指在整個績效管理過程中，通過上級和員工之間持續的溝通使員工瞭

---

① 侯荔江. 人力資源管理［M］. 成都：西南財經大學出版社，2010：152.

解自己工作的績效標準以及達成績效的行為方式，預防或解決員工實現績效時可能發生的各種問題的過程。

(3) 績效考核

績效考核是指確定一定的考核標準，借助一定的考核方法，對員工一定時間內的工作績效做出評價。

(4) 績效反饋

績效反饋就是績效週期結束時，在上級和員工之間進行績效考核面談，由上級將考核結果告訴員工，指出員工在工作中存在的不足，並和員工一起制訂績效改進的計劃。[1]

二、績效管理的影響因素

績效管理是一個持續的動態循環過程，在這個過程中影響績效管理的因素很多，主要歸納為以下幾個方面：

1. 組織目標和個人目標

績效管理是從設置組織工作目標開始，強調組織目標的溝通。中、高層管理者要把組織的整體目標層層分解為部門的工作目標，然後再具體到個人的工作目標，使每個員工在組織整體目標的引導下，明確自己所承擔的組織分配的工作目標。員工個人的發展目標必須建立在完成組織目標的基礎上，使組織目標與個人目標有機結合，這樣的績效管理才會有效。

2. 企業文化

企業文化是在企業長期運作過程中逐漸形成的群體意識，以及由此產生的群體行為規範。不同的組織有不同的企業文化。企業文化從價值角度可以分為利潤導向型企業文化，主要以績效產出來衡量員工的績效水準；以人為本型企業文化，鼓勵員工積極參與，賦予相應的權限和充分的信任，重視反饋和溝通，有利於員工的職業生涯規劃和企業的長期戰略規劃；服務於社會型企業文化，通過向社會提供優質服務來推動企業更好更快地發展。

3. 組織業務流程

業務流程規範與否關係到組織和各部門管理體系的內部控制和整體規範程度。流程不規範將導致難以界定各項績效指標，也會導致績效評定結果缺乏規範性、準確性和可靠性，最終績效管理也就無法順利開展。

4. 組織結構

公司內部結構清晰，員工職責分工明確，就為個人績效指標的設計提供了明確的前提；反之，如果企業內部結構混亂，就很難做到指標分解的客觀化、合理化和流程化。只有構建了完善的組織結構，關鍵績效指標才能具體落實到人，績效考核結果才能被真正應用到績效管理中。

---

[1] 董克用，葉向峰. 人力資源管理概論 [M]. 北京：中國人民大學出版社，2003：230.

5. 企業所處的發展階段

一個企業所處的發展階段不同，其相應的績效管理制度也會不同。從企業初創階段到集合階段，再到正規化階段，最後到精細階段，每個階段的發展都會對績效管理制度提出不同的要求，企業應根據所處的不同發展階段，採取相應的績效管理策略。

三、績效管理的作用

1. 對組織發展的作用

績效管理對組織發展的作用主要有：績效管理是提高組織績效的有效手段。績效管理能及時並清晰地反應組織重要的經營管理活動，實現對績效目標的監控，及時發現問題並予以糾正，進而有助於提高實現績效目標的效率以及降低管理成本；績效管理有助於推進戰略實施和組織變革。績效管理能夠將組織的戰略目標轉化為具體的、定性的或定量的目標，並將目標層層分解轉化為各部門和各員工的行動計劃，使整個組織中員工的個人目標和戰略目標保持一致；績效管理有助於塑造高績效的組織文化；績效管理有助於組織內的溝通與合作，可以有效地避免管理人員與員工之間的衝突。績效管理是一個需要各級管理者與員工相互溝通合作才能完成的過程。在這個過程中，績效管理促進了組織內部的溝通與合作，有助於組織有效確定改進的方向和措施，使組織績效得到不斷的改善。

企業的績效是以員工個人績效為基礎而創造的，有效的績效管理系統可以改善員工的工作績效，進而有助於提高企業的整體績效。在西方國家，很多企業紛紛強化員工績效管理，把它作為增強企業競爭力的重要途徑。根據翰威特公司對美國所有上市公司的調查，具有績效管理系統的公司在企業績效的各個方面明顯優於沒有績效管理系統的公司，調查結果如表 7-1 所示。

表 7-1　　　　　　　　　　績效管理系統指標　　　　　　　　　單位：%

指標	無績效管理系統	有績效管理系統
全面股東收益	0.0	7.9
股票收益	4.4	10.2
資產收益	4.6	8.0
投資現金流收益	4.7	6.6
銷售實際增長	1.1	2.2
人均銷售（美元）	126,100	169,900

[資料來源] 於秀芝. 人力資源管理 [M]. 北京：經濟管理出版社，2002：224.

2. 對管理者的作用

績效管理過程中，管理者與被管理者之間建立了基於績效承諾的科學合理的分權，被管理者被授予必要權力以進行自我決策，減少了很多因職責不明而產生的誤解和拖延，節約了管理者的時間成本，提高了管理者的決策效率，從而全面提高了組織的效率。

3. 對員工的作用

績效管理是激勵因素的體現，員工對自己的工作確定了績效目標，就能夠獲得自

我完善的動力和信息，並在績效反饋的指導下改進工作方法，提高自身素質，使得自身得到發展，提高自身績效。員工在確定自己工作目標的過程中，深入地瞭解了自身組織和工作要求，從而能制定和實施更加科學、更加實際的職業生涯規劃，使職業生涯規劃得到優化。

績效管理有助於提高員工的滿意度。提高員工的滿意度對於企業來說具有重要的意義，而滿意度是和員工的需要的滿足程度聯繫在一起的。在基本的生活得到保障之後，按照馬斯洛的需求層次理論，每個員工都會內在地具有尊重和自我實現的需要，績效管理則從這兩個方面滿足了這種要求，從而有助於提高員工的滿意度。

四、績效管理與人力資源管理各模塊之間的關係

1. 績效管理與工作分析的關係

工作分析的目的是確定一個位置的工作職責以及它所提供的重要工作產出，工作分析的結果是崗位說明書與崗位規範，崗位說明書與崗位規範為績效管理提供了基本依據和標準。績效管理的評估內容必須與工作內容密切相關，績效管理的結果可以反應出工作分析中的問題，是對工作分析合理與否的一種驗證。

2. 績效管理與招聘選拔的關係

人員的招聘和選拔需借助一定的人力資源測試手段來進行，側重考察應聘人員的價值觀、態度、性格、能力傾向或行為特徵；績效管理，通過績效評估的記錄和總結，側重考察員工的績效和行為，並對高績效者和低績效者的能力、素質特徵加以歸納和區別，幫助企業實現有效的招聘和選拔。

3. 績效管理與培訓開發的關係

員工的培訓與開發往往是在績效評估結果確定後，根據被評估者的績效現狀，結合組織目標和個人發展願望，與被評估者共同制定的，即績效管理為員工的培訓與開發提供了依據。人力資源管理者通過對培訓前後員工的績效進行對比和評價，可找出培訓方案的不足並進行調整，不斷提升培訓效果。

4. 績效管理與薪酬管理的關係

現代人力資源管理系統的基本要求是績效管理與薪酬體系掛勾。薪酬是促進績效的激勵因素，科學合理的薪酬體系能推進績效管理的順利實施。薪酬體系設計一般以職位價值、績效和勝任力為依據而開發。只有將績效管理的結果和薪酬相聯繫，使員工認可回報的公平性和合理性，績效管理才能真正發揮作用。

第二節　績效考核

一、績效考核的基本概念

1. 績效考核的定義

績效考核，就是收集、分析、評價和傳遞有關某一個人在其工作崗位上的工作行

為表現和工作結果方面的信息情況的過程。在企業和非營利組織的管理實踐中，績效考核是評價每一個員工工作結果及其對組織貢獻的大小的一種管理手段。人力資源管理越來越受到廣泛重視，績效考核也自然成為企業在管理員工方面的一個核心的職能，如圖7-2所示，經過實踐的驗證和理論的推動，績效考核現在已經取得了相當多的成果，並且成為企業提高員工積極性、獲取競爭優勢的一個重要來源。

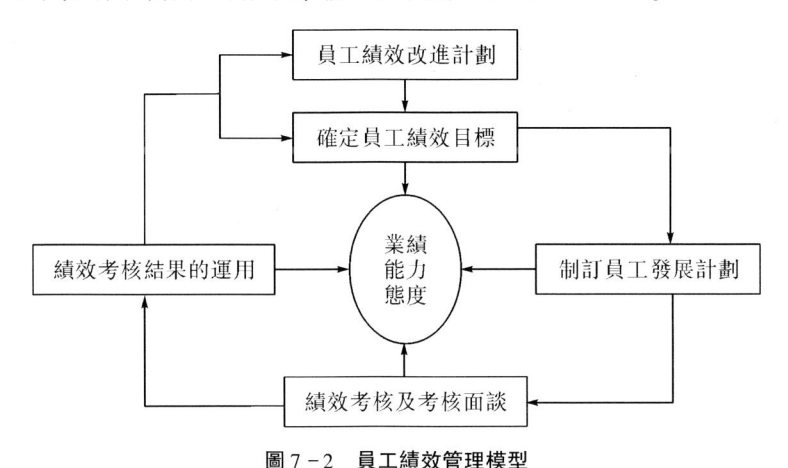

圖7-2　員工績效管理模型

2. 績效考核的重要性

（1）績效考核是人員任用的依據

人員任用的標準是德才兼備，人員任用的原則是因事擇人、用人之長。判斷員工的德才狀況、優勢劣勢，進而分析其適合何種職位，必須經過考核，對人員的政治素質、思想素質、心理素質、知識素質、業務素質等進行評價，並在此基礎上對人員的能力和專長進行判斷。招聘過程中的測評、甄選可以提供這些資料，但是那是在員工並未在本組織中進行工作的情況下進行的，而事實上員工能否融入新的組織環境、能否勝任工作責任，能否發揮出良好的工作績效，尚需在實際工作後通過績效考核來評價。

（2）績效考核是決定人員調配和職務升降的依據

人員調配之前，必須瞭解人員使用的狀況，認識配合的程度，其手段是績效考核。人員職務的晉升和降低也必須有足夠的依據。這也必須有科學的績效考核作為保證，而不能憑領導的好惡輕率地決定。通過全面嚴格的考核，發現素質和能力超過所在職位要求的員工，則可晉升其職位；反之，則應保持現狀或降低其職位。

（3）績效考核是進行人員培訓的依據

人員培訓是人力資源開發的基本手段。培訓應有針對性，針對員工工作中的短處進行補充學習和訓練。因此，培訓的前提是準確地瞭解各類人員的素質和能力，瞭解其知識和能力結構、優勢和劣勢，進行培訓需求分析，為此也必須對人員進行考核。同時，考核也是判斷培訓效果的重要手段。

(4) 績效考核是確定勞動報酬的依據

按勞分配是我們社會主義企業員工的分配原則，不言而喻，準確地衡量「勞」的數量和質量是實行按勞分配的前提。沒有績效考核，報酬的分配就沒有依據。沒有考核結果作為依據的報酬分配，並不是真正的勞動報酬，而是一些單位分配上的平均主義或大搞特權等不正之風的基本特徵。

(5) 績效考核是對員工進行激勵的手段

獎勵和懲罰是激勵的主要內容。要做到獎罰分明，就必須要科學地、嚴格地進行績效考核，以考核結果為依據，決定獎勵或懲罰的對象以及獎罰的等級。考核本身也是一種激勵因素，通過考核，肯定成績，肯定進步，指出長處，鼓舞鬥志，堅定信心；通過考核，指出缺點和不足，批評過失和錯誤，指明努力的方向，鞭策後進，促其進取。

(6) 績效考核是平等競爭的前提

管理學家研究表明，同一職位的不同員工之間的績效可能存在著非常明顯的差別，而且越是在需要高層次知識和技能的工作崗位上，這種差別就越明顯。表 7-2 列舉了部分職位員工績效差別的情況。

表 7-2　　　　　　　　　績效差異：高水準與平均水準

工作類別	高績效與平均績效的差異（%）
藍領工人	15
辦事員	17
工匠	25
事務性管理人員	28
專業技術人員	46
非保險類銷售人員	42
保險銷售人員	97

［資料來源］M K JUDIESCH, F L SCHMIDT, J E HUNTER. Has the Problem of Judgment in Utility Analysis been Solved [J]. Journal of Applied Psychology, 1993（12）.

管理實踐表明，具有高水準績效考核的企業，會通過多種手段提高企業的競爭優勢。績效考核有助於企業做出正確的人力資源管理決策，在加薪、升職、解雇、降級、調動、培訓等方面使企業的人力資源管理提高水準。良好的績效考核制度還可以保證企業依法行事。

二、績效考核的內容

績效考核的內容通常一方面是經營指標的完成情況，另一方面是工作態度、動機、思想覺悟等內容。目前，對績效考評的內容劃分主要有三大類。

1. 德、能、勤、績

「德」是指一個人的操行。德決定一個人的行為方向——為什麼而做；行為的強弱——做的努力程度；行為的方式——採取何種手段達到目的。德的標準不能是抽象

的、一成不變的，不同時代、不同行業，德的標準不同。

「能」是指完成某一具體工作所需要的能力和素養。對能力的評估應在素質考察的基礎上，結合其在實際工作中的具體表現來判斷；另外對不同職位的能力評估過程應各有側重、區別對待。

「勤」是指員工的工作勤奮和努力狀況，是一種工作態度，主要體現在員工日常工作表現方面。

「績」是指員工工作的實際貢獻或實現預定工作指標的程度。對崗位、職責不同的員工，其工作業績的評估重點也不同，對績的評估是績效考核的核心。表 7－3 列出了德、能、勤、績的主要內容。

表 7－3　　　　　　　　　　德、能、勤、績的內容

德	能	勤	績
原則性 求實精神 正直 忠誠 民主 責任感 廉潔	文化及專業水準 政策水準 口頭及書面表達能力 指揮協調能力 人際交往能力 領導用人能力 計劃預測能力 應變能力 決策能力 身體健康狀況	事業心 紀律性 主動性 鑽研精神 創新精神 犧牲精神 服務精神 出勤情況	工作效率 工作數量 工作質量 經濟效益 社會效益 群眾威望

2. 重要任務、日常工作、工作態度

「重要任務」是指在考核期內被考核者的關鍵性工作，往往只列舉對所要考核崗位至關重要的數項工作任務。任務指標的內容和數量隨著崗位的不同而變化，對沒有關鍵性工作任務的員工可不對該指標進行考核，而將評估重點放在「職責指標」和「工作態度」上。

「日常工作」是指被考核者日常職責範圍內的工作，一般以崗位職責的內容為標準。但如果崗位職責的內容過於龐雜，可以僅選取重點項目進行考評。

「工作態度」是選取對工作能夠產生影響的個人態度，如協作精神、工作熱情、禮貌程度等，但應注意避免將一些純粹的個人生活習慣等與工作無關的內容列入考評範圍。對於不同的崗位可選擇不同的項目進行考評。

3. 任務績效和周邊績效

根據與工作績效直接相關和間接相關的因素，可將績效考核的內容分為「任務績效」和「周邊績效」。

「任務績效」是指與員工工作產出直接相關的績效因素，也就是對員工工作結果的考評，通常可以用工作的數量、質量、時效、成本、他人的反應等指標來進行考評。

「周邊績效」是指對員工工作結果造成影響的績效因素，但並不是以結果的形式表現出來的，一般為工作過程中的一些表現，通常可採用行為性的描述來考評。

三、績效考核的實施

績效考核的實施流程包括考核者的選擇與培訓、考核資料與情報收集、員工自評與他評、考評結果審核與協調、考核績效面談以及考核績效結果運用六個階段（如圖7-3所示）。

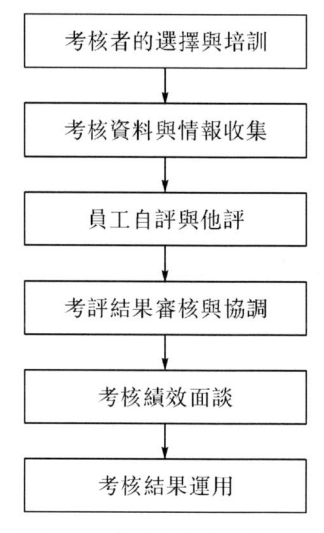

```
┌─────────────────────┐
│  考核者的選擇與培訓  │
└──────────┬──────────┘
           ↓
┌─────────────────────┐
│  考核資料與情報收集  │
└──────────┬──────────┘
           ↓
┌─────────────────────┐
│     員工自評與他評    │
└──────────┬──────────┘
           ↓
┌─────────────────────┐
│   考評結果審核與協調  │
└──────────┬──────────┘
           ↓
┌─────────────────────┐
│     考核績效面談      │
└──────────┬──────────┘
           ↓
┌─────────────────────┐
│     考核結果運用      │
└─────────────────────┘
```

圖7-3　績效考核的實施流程

1. 考核者的選擇與培訓

一般來說，員工的考核由員工的直接上級來實施，但是由於員工的上級與員工之間的親近關係，有可能使考核結果帶有「感情色彩」。科學有效的考核指標體系建立之後，考核者的選擇依據不同的考核方法而有所不同。考核者可以是同事、上級、客戶，也可以是下屬。考核者影響考核的公平性，因此，對考核者的正確選擇以及對考核者的培訓是非常重要的一個階段。

2. 考核資料與情報收集

在某次考核至下次考核之間，考核者應該收集情報使考評更加公平公正。J. C. 弗蘭根提出用一種客觀的方式來收集評估資料，稱之為「關鍵事件法」。關鍵事件都是明確而易觀察且對績效好壞有直接關聯的。關鍵事件收集之後對其加以整理，填寫在特殊設計的考核表上，並用標題將資料加以分類。

關鍵事件法有三個步驟：

（1）當有關鍵性事件發生時，填寫該表。

（2）摘要評分。

（3）與員工進行考核面談。

在收集考評資料時，考核者應把握一個目的：正確地考核。考核者一般從以下兩個主要來源獲取被考核者的資料：工作表現的記錄，例如生產品質、工作品質、是否按時完工、是否安全、預算成本與實際成本的比較、顧客滿意度等；與被考核者有來

往的參與者，包括上級、同事、客戶的評價。

3. 員工自評與他評

員工自評的目的是讓員工參與到績效考核中來，考核不再是管理者單方面的事情。對員工來說，員工自評讓員工能更加瞭解工作績效與工作期望的差距，讓員工更能明白工作的努力方向與目標；對管理者來說，員工自評與他評相結合的方式，更能夠有效地對員工的績效進行考評，能更有效地與員工進行績效溝通，有利於達成績效改進的計劃，達到激勵員工內在的工作潛力，促其迸發出工作熱情的目的。

4. 考核結果審核與協調

完成員工自評與他評之後，可由高一級的領導或考評小組進行更深層級的審核考評，原則上不改變自評和他評的考評結果，但必須將幾次考評的意見匯總到人力資源管理部門，根據企業整體情況進行協調。考評結果審核與協調使考核更加公正與公平。

5. 績效面談

考評績效面談是考核實施中必不可少的環節，是考核反饋的主要形式。在很多企業中，績效面談並未得到重視，以為表填完了，分評定了，結果也知道了，考核就算結束了——這種完成任務的心態對績效考核來說是非常危險的。考核績效面談是管理者履行管理者的職能，指導與幫助員工發展的重要方式。通過績效面談，有助於員工工作績效的提高，充分發揮考核的「培育個人成才和發展的回饋機能」。

6. 考核改進（結果運用）

考核如何真正達到持續增進績效之目的，其根本在於績效改進計劃的制訂，在於考核結果的運用。績效考核過程中獲得的大量有用信息可以運用到員工績效的改進中，此時績效考核的記錄便成為績效改進的根據和衡量改進效果的依據。績效考核的結果能在人力資源管理的很多方面得到應用，為人力資源管理的其他職能提供支持。

四、績效考核結果的應用

1. 績效考核結果在人力資源規劃中的應用

通過績效考核可以發現企業內部有哪些員工能夠從事特定的職位，是內部績效預測的一個重要方面。績效考核的應用主要表現為以下三點：

（1）提供高效度的人力資源信息。人力資源信息包括員工經驗、能力、知識、技能的要求，以及員工培訓、教育等情況。這些信息可以從員工績效考核的記錄中調出。員工績效考核結果的有效運用大大地提高了信息的準確性和有效性。

（2）清查內部人力資源情況。內部人力資源情況可以明了組織內部是否有大材小用、小材大用的情況發生；明確哪些員工可以從組織內部填充，哪些應從組織外部招聘。

（3）預測人員需要。商業因素是影響人員需求類型、數量的重要變量，進行人力資源規劃要學會在分析這些因素的基礎上，對未來人力資源的需求做出正確預測。此時可運用績效考核的記錄來協助人力資源的預測工作。

2. 績效考核結果在招聘錄用中的應用

（1）績效考核結果對員工招聘錄用具有參考和檢測作用。參考作用是指通過對績

效考核結果的分析，發現那些績效考核結果優秀的員工的共同特徵，將這些特徵作為招聘的標準，從而能夠招聘到優秀的員工。很多企業都非常重視應聘人員的素質測評和其他選拔手段。對這些手段的檢測，可以通過新員工走上實際工作崗位後的績效考核結果來衡量。

（2）企業內部員工選拔依賴於績效考核結果。業績是績效評估中的重要因素，好業績意味著較高的工作質量、較高的工作效率等。因此可將業績評估的結果作為人員選拔的先決條件，鼓勵員工創造出高的業績。傳統的選拔制度下，晉升意味著管理職位的提升，但管理職位在企業中是有限的，不可能企業中所有好的員工都晉升到管理職位上去。因此，將員工的工作特長與其績效考核結果相結合，在不同的職位族（如研發、行政、工程）上劃分不同的等級，從而形成以職位族為基礎的晉升階梯，實現工作職位的定位優化。

3. 績效考核結果在薪酬管理中的應用

影響員工績效的因素有很多，但薪酬仍然是一項很重要的因素，將績效考核結果與薪酬相聯繫，建立一種付出與回報之間的條件關係，能夠提高員工對工作的投入程度，大幅度地提高員工的工作績效。績效考核結果與薪酬的關係也提高了物質分配的客觀性和邏輯性，薪酬的增減是公司對績效水準最真實的反饋。如果績效考核結果與薪酬之間沒有任何關係，必然導致員工對績效考核重要性與薪酬分配公平性的質疑。

績效考核結果中可量化目標的部分更多地與獎金掛勾，實現公司對員工的承諾。而有關行為或技能的部分則更多地與來年加薪聯繫在一起。因為工作目標的實現往往有不可控制的影響，但是行為和技能則代表著工作績效持續提升的能力。有的企業傾向於更多地使用獎金激勵，以便使增加的人工投入不被固定為成本；但是員工傾向於得到更多的加薪，加薪是對一個人持續創造價值能力的認可。

4. 績效考核結果在建立公平激勵機制中的作用

（1）區分員工績效差異。公司績效考核是通過一系列量化的指標來進行的，這些量化的指標主要是指公司員工按公司的目標細化每一個人必須完成的指標等。考核時根據每一個人完成的情況，對其業績提出量的差距，確定其級別，然後才可能進行激勵。

（2）確定員工工作態度的差異。在考核的過程中，公司不僅關心每一個個體的工作業績和工作貢獻的差異，而且十分重視個體工作態度的差異。因為工作態度不僅影響和制約了公司的奮鬥力，而且影響和制約了公司的凝聚力和競爭力，同時也影響和決定著個人潛力的發揮。有些員工，儘管工作能力突出，但是工作態度惡劣，公司就要運用相應的激勵手段，既能發揮其工作能力，又能改變其工作態度。

（3）確定人員待遇差異。科學、規範、合理的考核體系不僅能夠確定員工的工資級別，同時對於獎金的發放也能給予合理的幫助，應當重獎那些有特殊貢獻的員工。由此可見，績效考核是激勵制度得以建立的基礎，離開績效考核，激勵也就無從談起了。[1]

---

[1] 張德. 人力資源開發與管理［M］. 北京：清華大學出版社，2002：179.

第三節　績效考核的辦法

績效評估方法是企業績效評估的具體方法與手段。一套好的績效評估方法，可以有效地提供更多的信息，保證績效考核過程的公平性，為決定調資、升職、調動、培訓等提供更好的信息來源，是企業開展績效評估的總體手段。

一、排序法

排序法是將全體員工的績效按從好到壞的次序進行排列。排序法簡單、直接，其操作方法是：

步驟一：列舉需要進行評價的所有員工的名單，之後將不是很熟悉因而無法對其進行評價的員工名字劃去。

步驟二：運用如表7-4所示的表格，確定在評價的某一績效要素方面，哪位員工的表現是最好的，哪位員工的表現是最差的。

步驟三：在剩餘員工中挑出最好的和最差的。以此類推，直到所有必須被評價的員工都被列到表格中為止。

表7-4　　　　　　　排序評價法的工作績效評價等級

評價所依賴的要素：＿＿＿＿＿＿＿＿＿＿

針對你要評價的每一個要素，將所有員工的姓名都列示出來。將工作績效評價最高等級的員工姓名列在第1行的位置，將評價最低的員工姓名列在第20的位置；然後將次優員工的姓名列在第2行的位置，將評價次差員工的名字列在第19行的位置。以此類推，直到所有被評價的員工都被列到表格中為止。

績效評價最高等級員工姓名

1. ＿＿＿＿＿＿＿	11. ＿＿＿＿＿＿＿
2. ＿＿＿＿＿＿＿	12. ＿＿＿＿＿＿＿
3. ＿＿＿＿＿＿＿	13. ＿＿＿＿＿＿＿
4. ＿＿＿＿＿＿＿	14. ＿＿＿＿＿＿＿
5. ＿＿＿＿＿＿＿	15. ＿＿＿＿＿＿＿
6. ＿＿＿＿＿＿＿	16. ＿＿＿＿＿＿＿
7. ＿＿＿＿＿＿＿	17. ＿＿＿＿＿＿＿
8. ＿＿＿＿＿＿＿	18. ＿＿＿＿＿＿＿
9. ＿＿＿＿＿＿＿	19. ＿＿＿＿＿＿＿
10. ＿＿＿＿＿＿＿	20. ＿＿＿＿＿＿＿

績效評價最差等級員工姓名

排序法的優點在於有利於識別出好績效的員工和差績效的員工，對於某個因素上績效有問題的員工，可以作為在該方面培訓的對象。排序法的缺點是當被考核的員工較多時，要準確地將他們依次排序，費時費力，效果也不一定好。如果存在工作性質差異，或是對不同部門的人員進行考核，則該方法不適用。此外，排序法可能會造成

員工之間相互攀比和不正當競爭。

二、配對比較法

配對比較法也叫兩兩對比法，它是將所有的被考核者就某一考核要素，與其他個體一一對比，最後將被考核者按績效高低排列。

假設需要對5位員工進行工作績效評價，在運用配對比較法時，應將每一績效評價要素列出，見表7-5。其中要標明所有被評價員工的姓名以及需要評價的所有工作要素。然後，將所有員工根據某一類要素進行配對比較，再用「＋」（好）和「－」（差）表明績效好的員工和差的員工。最後，將每一位員工「好」的次數相加。

表7-5　　　　　運用配對比較法對員工工作績效進行評價

就「工作質量」要素進行評價						就「創造性」要素進行評價					
被評價員工的姓名：						被評價員工的姓名：					
對象	A	B	C	D	E	對象	A	B	C	D	E
A		＋	＋	－	－	A		－	－	－	－
B	－		－	－	－	B	＋		－	＋	＋
C	－	＋		＋	－	C	＋	＋		－	＋
D	＋	＋	－		＋	D	＋	－	＋		－
E	＋	＋	＋	－		E	＋	－	－	＋	
本欄中B的評價等級最高						本欄中A的評價等級最高					

配對比較法的優點是該方法通過對被考核者進行兩兩之間的比較而得出次序，因而其評價結果更為可靠。配對比較法的缺點是該方法會受到被考核者人數的制約。當有大量的員工需要考核時，這種方法顯得複雜和浪費時間。因此，該方法一般使用於10人左右的績效評價。

三、強制分佈法

強制分佈法是按照「兩頭小、中間大」的正態分佈規律，提前確定一種比例，以將各個被評價者分別分佈到每個工作績效等級中去。實施強制分佈法的目的是為了避免考核當中出現趨中效應以及偏鬆或偏緊的偏差。

在實施強制分佈法時，首先要確定各個等級的人數比例。例如，若將績效考核劃分成優、中、劣三等，則可以劃分成分別占總數的30％、40％、30％；若劃分成優、良、中、劣、差五個等級，則可以劃分成分別占總數的5％、15％、60％、15％、5％的比例。然後根據每一種評價要素對員工進行評價，按照每人績效的相對優劣程度，強制將其列入其中的某個等級。

強制分佈法的優點是考核者的個人偏好或偏見性大大減少，從而保證了考評分數有一個合理分佈，而不是集中在分數過高的一頭。因為考評者並不知道每組的四個選

項中哪兩個對員工計分有利，因而考核者的考核不會受該員工外在條件的影響。

強制分佈法的缺點是該方法的平均主義，考核結果往往不能完全做到實事求是和客觀公正。例如，如果某一組被考核者認定總體上績效很高，則每個人都會因此而占便宜，即使一個誠實客觀的考核者，也很難按照自己的意願去把握對員工考評的結果，不能讓員工在考核中產生自我激勵。一般來說，強制分佈法適用於規模較大、工種繁多的組織。

四、關鍵事件法

關鍵事件法是由美國學者弗拉賴根和伯恩斯共同創立的。這一考評方法要求每一位需要考核的員工都有一本「工作日記」，上面記載的是日常工作中與員工工作績效密切相關的事件，既可以是極好的事件，也可以是極差的事件。關鍵事件的記錄者一般是員工的主管。在記錄時，主管應著重對事件或行為進行記載，而不是對員工進行評論。記錄的事件必須是典型的、較為突出的、與工作績效相關的事情，而不是一般的、瑣碎的、與績效無關的事件。應用該方法時，考核者應將注意力集中在那些能區分有效和無效的工作績效的關鍵行為上。表7-6列出了運用員工關鍵事件法對工作管理人員進行工作評價的例子。

表7-6　　　　　　　　　　　關鍵事件法舉例

擔負的職責	目標	關鍵事件
安排工廠的生產計劃	充分利用工廠中的人員和機器，及時發布各種指令	為工廠建立了新的生產計劃系統；上個月的指令延誤率降低了10%；上個月機器利用率提高了20%
監督原材料採購和庫存控制	在保證原材料充分供應的前提下，使原材料的庫存成本降到最低	上個月使原材料庫存成本上升了15%；A部件和B部件的訂購多餘了20%；C部件的訂購短缺了30%
監督機器的維修保養	不出現機器故障而造成停產	為工廠建立了一套新的機器維護和保養系統；由於及時發現機器部件故障而防止了機器的損壞

關鍵事件法的優點是可以幫助確認被考核者的長處和不足，真實可信；避免了考核中存在的近期效應，即依據員工在最近一段時間的表現來確定其績效的好壞，因為關鍵事件總是在很長的一段時間內累積起來的；在對員工提供反饋時，不但因為有具體的事實而使被考核者更容易接受，而且也可以在績效面談時有針對性地提出改進的意見。

五、量表法

1. 行為錨定等級評定量表法（BARS）

行為錨定等級評定量表法（BARS）由史密斯和肯德爾提出，是描述性關鍵事件評估法和量化等級評估法的結合，即用具體行為特徵的描述來表示每種行為標準的差異程度。運用行為錨定等級評定量表法來進行員工績效評估，通常按照以下步驟進行：

步驟一：運用工作分析的關鍵事件技術得出一系列有效或無效的工作行為。

步驟二：工作分析者將這些行為分類為個人行為大致能表徵的工作維度或工作者特徵，然後對這些特徵歸類加以定義。

步驟三：在不知道所分配維度的情況下，與主題有關的專家們評論行為清單。如果大部分專家分配給同一行為的維度與工作分析者分配給它的維度相同，則該行為被保留下來。

步驟四：保留下來的行為由第二組與主題有關的專家加以評審。依照一項工作績效去評定每種行為的有效性。

步驟五：分析者們計算出每一行為被給予的有效性評分的標準偏差，如果該標準偏差反應評分有較大的可變性（專家們在該行為的有效程度上意見不一），則該行為就被捨棄，然後為剩下的行為計算出評分的平均有效性。

步驟六：建立最後總的員工績效評估體系。分析者為每個維度構建一個評定量表，量表中列出該維度的名稱和定義。對行為的描述被放置在量表中的一個與它們的平均有效性評分相對應的位置上。表7-7為某企業內訓師授課行為尺度評估的例子。

表7-7　　　　　　　　企業內訓師授課行為尺度評估量表

維度：課堂培訓教學技能	
優秀：7	
6	內訓師能清楚、簡明、正確地回答學員的問題
5	當試圖強調某一點時，內訓師使用例子
中等：4	內訓師能用清晰、使人明白的方式授課
3	講課時內訓師表現出許多令人厭惡的習慣
2	內訓師在班上給學員們不可理喻的批評
極差：1	

2. 行為觀察量表法（BOS）

行為觀察量表法的使用，首先確定衡量績效水準的維度，如工作的質量、人際溝通技能、工作的可靠性等。每個維度都細分為若干個具體的標準，並設計一個評估表。評估者將員工的工作行為同評估標準進行對比，每個衡量角度的所有具體科目的得分構成員工在這一方面的得分，將員工在所有評估方面的得分加總，就可以得到員工的總分。表7-8是一個行為觀察量表的示例。

表 7－8　　　　　　　　管理人員績效評估 BOS 指標示例

克服改革中阻力的能力
（1）向下屬說明改革的細節 　　　從不　　1　　2　　3　　4　　5　　總是
（2）解釋改革的必要性 　　　從不　　1　　2　　3　　4　　5　　總是
（3）與員工討論改革會對他們產生什麼影響 　　　從不　　1　　2　　3　　4　　5　　總是
（4）傾聽員工所關心的問題 　　　從不　　1　　2　　3　　4　　5　　總是
（5）在推進改革的過程中尋求下屬的幫助 　　　從不　　1　　2　　3　　4　　5　　總是
（6）如果需要，確定下次會議的日期以便對員工所關心的問題做出答復 　　　從不　　1　　2　　3　　4　　5　　總是
總分：
不足　　　　尚可　　　　良好　　　　優秀　　　　傑出 6～10　　　11～15　　　16～20　　　21～25　　　26～30

六、關鍵績效指標法

　　企業宏觀戰略目標決策經過層層分解產生的可操作性的戰術目標，是宏觀戰略決策執行效果的監測指針。[①] 關鍵績效指標法（Key Performance Indicator，KPI）是指把對績效的評估簡化為對幾個關鍵指標的考核，將關鍵指標當成評估標準，把員工的績效與關鍵指標進行比較的評估方法，在一定程度上可以說是目標管理法與帕累托定律的有效結合。關鍵指標必須符合 SMART 原則：具體性（Specific）、可衡量性（Measurable）、可達性（Attainable）、現實性（Realistic）、時限性（Time－based）。

　　建立 KPI 指標的要點在於流程性、計劃性和系統性。首先明確企業的戰略目標，並在企業會議上利用頭腦風暴法和魚骨分析法找出企業的業務重點，也就是企業價值評估的重點。然後，再用頭腦風暴法找出這些關鍵業務領域的關鍵業績指標（KPI），即企業級 KPI。

　　接下來，各部門的主管需要依據企業級 KPI 建立部門級 KPI，並對相應部門的 KPI 進行分解，確定相關的要素目標，分析績效驅動因數（技術、組織、人），確定實現目標的工作流程，分解出各部門級的 KPI，以便確定評價指標體系。

　　然後，各部門的主管和部門的 KPI 人員一起再將 KPI 進一步細分，分解為更細的 KPI 及各職位的業績衡量指標。這些業績衡量指標就是員工考核的要素和依據。這種對 KPI 體系的建立和測評過程本身，就是統一全體員工朝著企業戰略目標努力的過程，也必將對各部門管理者的績效管理工作起到很大的促進作用。

---

① 彭劍鋒. 人力資源管理概論［M］. 上海：復旦大學出版社，2007：334.

指標體系確立之後，還需要設定評價標準。一般來說，指標指的是從哪些方面衡量或評價工作，解決「評價什麼」的問題；而標準指的是在各個指標上分別應該達到什麼樣的水準，解決「被評價者怎樣做、做多少」的問題。

最後，必須對關鍵績效指標進行審核。比如，審核這樣的一些問題：多個評價者對同一個績效指標進行評價，結果是否能取得一致；這些指標的總和是否可以解釋被評估者80%以上的工作目標；跟蹤和監控這些關鍵績效指標是否可以操作，等等。審核主要是為了確保這些關鍵績效指標能夠全面、客觀地反應被評價對象的績效，而且易於操作。下表7-9給出了行銷類KPI指標。

表7-9　　　　　　　　　　　行銷類 KPI 指標

序號	指標	考核項目	指標定義	功能	目標要求
1	報價及時性	報價	一定週期內未及時報價的次數	檢測報價及時性	在規定期限____內報價
2	報價準確性	報價	一定週期內報價出錯的次數	檢測報價準確性	一定週期內報價錯誤次數在____次以下
3	產品劃分及時性	產品劃分	一定週期內未及時進行產品劃分的次數	檢測劃分產品的及時情況	在規定期限____內劃分產品
4	產品劃分準確率	產品劃分	(1－產品劃分出錯數/產品劃分總數)×100%	檢測劃分產品的準確情況	產品劃分準確率達到____%
5	促銷計劃完成率	促銷計劃	(已完成的促銷計劃數量/促銷計劃總數量)×100%	檢測促銷計劃完成情況	一定時期內促銷計劃完成率達到____%
6	大客戶開發量	大客戶	一定週期內大客戶的開發數量	檢測開發大客戶的能力	一定週期內大客戶開發數達到____家
7	單據審核正確性	單據審核	一定週期內審核單據出錯的次數	檢測對於單據審核的正確性	一定週期內單據審核出錯次數在____次以下
8	電話溝通成功率	電話溝通	[電話邀約（銷售）成功次數/總溝通電話數]×100%	檢測與準客戶電話溝通的成功率	一定週期內電話溝通成功率達到____%
9	電話約見成功率	電話約見	(成功約見面的電話數/總撥打電話數)×100%	檢測電話約見的成效	一定週期內電話約見成功率達到____%
10	電子商務營業利潤增長率	電子商務營業利潤	(當期電子商務營業利潤增長額/上期營業利潤額)×100%	檢測電子商務利潤增長情況	一定週期內營業利潤增長率達到____%

七、目標管理法

美國管理大師彼得・德魯克（Peter Drucker）於 1954 年在其名著《管理實踐》中最先提出了「目標管理」的概念。目標管理是以目標為導向，以人為中心，以成果為標準，而使組織和個人取得最佳業績的現代管理方法。目標管理亦稱「成果管理」，俗稱責任制，是指在企業個體員工的積極參與下，自上而下地確定工作目標，並在工作中實行「自我控制」，自下而上地保證目標實現的一種管理辦法。

目標管理的具體做法分三個階段：第一階段為目標的設置；第二階段為實現目標過程的管理；第三階段為測定與評價所取得的成果。

1. 目標設置

這是目標管理最重要的階段，可以細分為四個步驟：

（1）高層管理預定目標，這是一個暫時的、可以改變的目標預案。即可以由上級提出，再同下級討論；也可以由下級提出，上級批准。無論哪種方式，必須共同商量決定。領導必須根據企業的使命和長遠戰略，估計客觀環境帶來的機會和挑戰，對本企業的優劣狀況有清醒的認識，對組織應該和能夠完成的目標心中有數。

（2）重新審議組織結構和職責分工。目標管理要求每一個分目標都有確定的責任主體。因此預定目標之後，需要重新審查現有組織結構，根據新的目標分解要求進行調整，明確目標責任者和協調關係。

（3）確立下級的目標。首先下級明確組織的規劃和目標，然後商定下級的分目標。在討論中上級要尊重下級，平等待人，耐心傾聽下級意見，幫助下級發展一致性和支持性目標。分目標要具體量化，便於考核；分清輕重緩急，以免顧此失彼；既要有挑戰性，又要有實現的可能。每個員工和部門的分目標要和其他的分目標協調一致，共同支持本單位和組織目標的實現。

（4）上級和下級就實現各項目標所需的條件以及實現目標後的獎懲事宜達成協議。分目標制定後，要授予下級相應的資源配置的權力，實現權責利的統一。由下級寫成書面協議，編製目標記錄卡片，整個組織匯總所有資料後，繪製出目標圖。

2. 實現目標過程的管理

目標管理重視結果，強調自主、自治和自覺，但並不等於領導可以放手不管。相反，由於形成了目標體系，一環失誤，就會牽動全局。因此，領導在目標實施過程中的主動管理是不可缺少的。首先進行定期檢查，利用雙方經常接觸的機會和信息反饋渠道自然地進行；其次要向下級通報進度，便於互相協調；再次要幫助下級解決工作中出現的困難問題；最後是當出現意外、不可預測事件嚴重影響組織目標實現時，也可以通過一定的方式，修改原定的目標。

3. 總結與評估

達到預定的期限後，下級首先進行自我評估，提交書面報告；然後上下級一起考核目標完成情況，決定獎懲；同時討論下一階段目標，開始新的循環。如果目標沒有完成，應分析原因、總結教訓，切忌相互指責，以保持相互信任的氣氛。

八、平衡計分卡

平衡計分卡（BSC）是一種全新的企業綜合測評體系，代表了目前國際上最前沿的管理思想。

1. 平衡計分卡的框架

圍繞企業的戰略目標，利用 BSC 可以從財務、顧客、內部過程、學習與創新這四個方面對企業進行全面的測評。在使用時，對每一個方面建立相應的目標以及衡量該目標是否實現的指標。

（1）財務方面：其目標是解決「股東如何看待我們」這一類問題。告訴企業管理者他們的努力是否對企業的經濟收益產生了積極的作用。財務方面指標包括傳統的財務指標，如銷售額、利潤額、資產利用率等。

（2）顧客方面：其目標是解決「顧客如何看待我們」這一類問題。通過顧客的眼睛來看一個企業，從時間（交貨週期）、質量、服務和成本幾個方面關注市場份額以及顧客的需求和滿意程度。其指標可以是送貨準時率、顧客滿意度、產品退貨率、合同取消數等。

（3）內部過程方面：其目標是解決「我們擅長什麼」這一類問題。報告企業內部效率，關注導致企業整體績效更好的過程、決策和行動，特別是對顧客滿意度有重要影響的企業過程。如生產率、生產週期、成本、合格品率、新品開發速度、出勤率等。

（4）學習和創新方面：其目標是解決「我們在進步嗎」這一類問題。將注意力引向企業未來成功的基礎，涉及雇員問題、知識資產、市場創新和技能發展。在當前市場環境下，光有競爭優勢是不夠的，必須能夠保持這種優勢，這就需要不斷創新、改進和變化。只有通過生產新產品、為顧客增加新的價值、不斷提高運行效率，企業才能夠進入新的市場，增加收入和利潤。

BSC 就是要對上述四個方面進行平衡。BSC 中各項測量指標並不是孤立地存在的，它們與一組目標相聯繫，而這些目標自身又相互關聯並最終都以各種直接或間接的形式與財務結果相關聯。

2. 平衡記分卡的實施步驟

每個企業都可以根據自身的情況來設計各自的 BSC，但大體上可以遵循以下幾個步驟：

第一步：定義企業戰略。BSC 應能夠反應企業的戰略，因此有一個清楚明確的能真正反應企業願景的戰略是至關重要的。由於 BSC 的四個方面與企業戰略密切相關，因此這一步驟是設計一個好的 BSC 的基礎。

第二步：就戰略目標取得一致意見。由於各種原因，管理集團的成員可能會對目標有不同的意見，但無論如何都必須在企業的長遠目標上達成一致。另外，應將 BSC 的每一個方面的目標數量控制在合理的範圍內，僅對那些影響企業成功的關鍵因素進行測評。

第三步：選擇和設計測評指標。一旦目標確定，下一個任務就是選擇和設計判斷這些目標是否達到的指標。指標必須能準確反應每一個特定的目標，以使通過 BSC 所

收集到的反饋信息具有可靠性。換句話說就是：BSC 中的每一個指標都是表達企業戰略的因果關係鏈中的一部分。在設計指標時，不應採用過多的指標，也不應對那些企業員工無法控制的指標進行測評。一般在 BSC 的每一個方面中使用 3~4 個指標就足夠了，超出 4 個指標將使 BSC 過於零散甚至會變得不起作用。其設計的指導思想是簡單並注重關鍵指標。

第四步：制訂實施計劃。要求各層次的管理人員參與測評。這一步驟也包括將 BSC 的指標與企業的數據庫和管理信息系統相聯繫，在全企業範圍內運用。

第五步：監測和反饋。每隔一定的時間就要向最高主管人報告 BSC 的測評情況。在對設定的指標進行了一段時間的測評，並且認為已經達到目標時，就要設定新的目標或對原有目標設定新的指標。BSC 應該被視為戰略規劃、目標制定以及資源配置的依據之一。

第四節　績效考核中的問題及對策

一、績效考核中容易出現的主要問題

由於績效考核在人力資源管理實踐中具有非常重要的地位，研究者和實踐者都對其進行了系統的思考和研究，發現了績效考核中的一些問題。綜合國內外研究者的研究成果，表 7-10 列出了績效考核面臨的問題。

表 7-10　　　　　　　　　　績效考核面臨的問題

很難考核創意的價值
很難考核團隊工作中的個人價值
往往忽略了不可抗力的因素
考核方法本身需要提高
主管害怕考核的負面影響
員工覺得自己沒有受到公正的評價和待遇
考核過程容易受到外界因素的干擾
缺乏明確的工作績效標準
工作考核的標準不現實
考核者的失誤
消極地溝通
反饋不良

［資料來源］張德. 人力資源開發與管理［M］. 北京：清華大學出版社，2001：207.

除了表 7-10 中列出的一些問題外，在績效考核過程中還有下列障礙：

1. 偏見導致的誤差

這種誤差是由籍貫、性別、性格、年齡和種族等差別造成的，在考核工作中時有

發生。例如在跨國公司的績效考核中，有色人種員工往往會得到較低的評價，白色人種員工通常得到較高評價。這些都將對員工的晉升或個人發展形成障礙。

2. 暈輪效應

暈輪效應是在考核人員對被考核人員的某一績效要素看好時，導致對其他績效要素的評價也相應較高。例如，當被考核者對考核者或主管人員表現得特別友好時，考核人員有可能在被考核人員的「與其他人相處能力」方面給予高分，而事實上，這位員工與別人相處的能力很一般。這就會導致考評失真，出現誤差。

3. 趨寬、趨嚴、趨中等誤差

在績效考核中，有些考核人員不能很好地把握考核標準。有的考核人員傾向於給所有被考核人員的績效考核結果做出較高的評價，這就是趨寬誤差；有的考核人員傾向於讓所有被考核人員的績效考核結果評價集中在中等區域內，這就是趨中誤差；有的考核人員傾向於給所有被考核人員的績效考核結果做出較低的評價，這就是趨嚴誤差。

4. 首因效應

首因效應就是人們日常生活中所說的第一印象，即被考核者給考核者的第一印象有時會給考核結果帶來誤差。不同的考核者由於具有不同的性格和生活體驗，對第一印象的處理方法不同。例如，考核者第一次見到某位員工時，該員工表現積極，給考評者留下了較好的印象，導致評價偏高的誤差；反之，有的考核者對第一印象較好的被考核者傾向於嚴格要求，導致評價偏低。

5. 近因效應

近因效應指對人進行評價時，過多地從其近期的表現出發，而忽視其長期一貫表現的一種現象。通常情況下，員工都知道績效考核的時間，有的員工在考核前一段時間積極地工作，改變自己的工作行為，提高工作效率。由於記憶原因，考核者對被考核者早期的工作表現的記憶已經模糊了，只能依據其近期表現進行判斷，導致近期行為對考評結果產生影響。

6. 對照效應

考核者不自覺地將某一被考核者和其他被考核者進行比較，從而得到有偏差的考核結論。例如，在考核者剛剛接待了一位工作績效非常優秀的員工後，下一位員工的工作績效本來也不錯，但是考核者卻將該員工的績效評為中等，而實際上這位員工的績效已經達到「較好」或「良」的評價等級了，這就造成了評價偏低的誤差；相反，如果前一位員工的績效較差，而後一位員工的績效稍微好一些，相當於「中等」或「及格」水準，但是由於對照前一位員工，考核者可能將其評價為「較好」，也造成了評價偏高的誤差。這些都是對照效應引起的誤差現象。

7. 外界壓力

考核者在考核過程中的壓力可能來自上級，也可能來自下級。上級為了提拔某一績效並不優秀但有背景的員工，可能會向考核者施加壓力；而下級可能找考核者對質或報復，致使考核者感到緊張和壓力。這些壓力都會在一定程度上給評估結果帶來誤差。

8. 板塊效應

在實際生活中，人們習慣於把處於不同層次的社會群體視為穩定的板塊，對處於該群體中的某一成員，也認定其具有板塊特徵，會產生板塊效應。例如，許多人希望聽老教授講課，認為老教授知識淵博，教學經驗豐富，但是他們遇到的那位老師其實未必如此。板塊效應構成的誤差經常表現為對青年員工的評價偏低的現象，也就是將「青年員工有待鍛煉」這個一般性、概括性的結論硬性延展到每一個青年員工的身上。板塊效應的弊端在於用假設代替了現實。

9. 類己效應

在考核過程中，在考核者遇到與自己相類似的被考核者時，傾向於給予較高或較低的評價。例如，考核者是個急性子，那麼他對也是急性子的員工的績效可能給予較高的評價，對慢性子的員工的績效評價則可能較低。其實，性子急或慢與工作績效沒有必然聯繫。

二、如何避免績效考核中的問題

1. 充分準備

在進行績效考核時，事先要對各個環節進行充分準備、論證，對績效評價過程中出現的問題進行充分的估計，並研究好應對方案，盡量避免問題的發生。

2. 確定合適的考核目標和恰當的考核指標

考核目標應和實際工作相符合，如進行晉升考核時，應重點考核員工的工作能力、管理能力和解決問題的能力，而不是員工成績和工作態度。

3. 選擇正確的考核方法

每種考核方法都有各自的長處和短處，如用排序法可以避免趨寬、趨中、趨嚴現象的出現，但在所有員工的績效均較好的情況下容易使被考核者產生心理不平衡。因此一定要根據考核的目的、對象等具體情況，選擇最合適有效的考核方法。

4. 選擇適當的考核時間

考核時間適合與否，對考核結果的質量有重要影響。兩次考核之間的間隔應該適當，即不宜過長，也不宜過短。兩次考核之間的間隔過短，不僅增加工作量，而且容易引起員工的抵觸情緒，也容易使考核流於形式，達不到事先確定的考核目的。

5. 加強對考核人員的培訓

考核中出現的問題大部分是由考核人員引起的，如首因效應、近因效應等。要保持考核結果的信度和效度，必須從考核人員入手，加強對他們的培訓。

在培訓過程中，應向考核人員講述有關考核的知識、產生偏差的原因，加強對考核偏差的認識，從根本上避免偏差的產生。在實踐中，讓每一位考核者親自參與考核，然後讓他們自己思考產生這些問題的具體原因。反覆進行多次這樣的訓練，直到考核者都認識並糾正了自己的錯誤，培訓方可結束。

6. 創造良好的考核環境

創造良好的考核環境，是指領導要給予實際的支持，不要給考核者施加壓力，並且保持公正。若出現對考核者採取報復現象，應徹底予以制止和批評，使組織中的全

體員工對績效考核有正確的認識，只有這樣才能減少考核者的壓力，在考核過程中才能做到實事求是，增加考核結果的準確性。

本章小結

本章內容是績效管理與績效評估。首先強調績效管理的重要意義及在人力資源管理中的重要作用；其次對績效管理與績效評估的基本概念及兩者的聯繫與區別做了清晰的闡述；接下來重點闡述和介紹了績效管理與績效評估的步驟、方法和評估工具，並提示在績效管理與績效評估中如何避免容易出現的問題；最後強調績效管理與績效評估的人力資源激勵作用。

關鍵概念

1. 績效管理　　2. 績效評估　　3. 績效標準　　4. 量化評估　　5. 定性評估

本章思考題

1. 什麼是績效？什麼是績效管理？
2. 績效管理與績效評估的聯繫與區別是什麼？
3. 績效考核的實施步驟是什麼？
4. 績效考核的方法有哪些？
5. 績效考核結果可以在人力資源管理的哪些方面得到應用？如何應用績效考核結果？

案例分析

績效管理的困境[①]

A公司是一家民營大型紡織企業。面對生產線上員工工作經驗不足、產品合格率低、生產成本居高不下等問題，公司李力總經理決定在2005年10月開始實施績效管理，並將績效管理方案的設計、實施、改進等全過程交由人力資源部負責。

李總在決定實施績效管理初期主持了幾次會議，之後由於工作忙就沒有再參與其中了。半年過去了，李總發現企業生產力並未得到提升，反而出現了更多意想不到的問題，如員工積極性下降、員工的思想認識混亂、上下級產生衝突等。李總覺得很困惑：為什麼績效管理在公司中發揮不出其應有的作用？

為了找出績效管理不佳的原因，企業管理者與人力資源部進行溝通。在對績效管

---

① 績效考核的四大誤區 [OL]. http://www.dghrlaw.com/news/jzfc/fczr/0859132057EJ12497JADGI388B4C13.html.

理的認識方面雙方出現了各自不同的看法。

企業管理者認為，績效管理是人力資源管理的一部分，理所當然由人力資源部來做。因此管理者只負責實施績效管理的指示，剩下的工作全部交給人力資源部，做得好不好，應全由人力資源部負責。

人力資源部認為，雖然人力資源部對績效管理的有效實施負有責任，但是並不是完全的責任。人力資源部在績效管理實施中主要扮演流程制定、工作表格提供和諮詢顧問的角色，至於績效管理的推行和決策則與人力資源部無關，人力資源部也做不了這樣的工作。績效管理的推行責任在於企業的高層支持和鼓勵，高層領導不僅要重視績效管理的作用，而且要意識到績效管理絕非一個簡單的人力資源問題，而是一個綜合的系統管理問題。只有高層領導者覺悟了並在全體員工中明確系統的主旨後，績效管理的作用才能逐漸凸顯，發揮出重要的作用。

案例思考題

1. 面對績效管理方案與公司實際情況相矛盾的情況，該公司人力資源部該如何解決？
2. 針對該企業面臨的問題，請為該企業提供相應的績效管理方案。

第八章　激勵理論與實踐

學習目標
1. 瞭解個體激勵的心理過程及相關概念
2. 瞭解和熟悉激勵的基本理論
3. 熟悉並掌握激勵理論的應用方式

引導案例

如何實施薪酬激勵才對[1]

　　某房地產集團下屬一家物業管理公司，成立初期，該公司非常注重管理的規範化和充分調動員工積極性，制定了一套較科學完善的薪酬管理制度，公司得到了較快的發展，短短兩年多時間，公司的業務增長了110%。隨著公司業務的增加和規模的擴大，員工也增加了很多，人數達到了220人。但公司的薪酬管理制度沒有隨公司業務發展和人才市場的變化而適時調整，還是沿用以前的。公司領導原以為公司的發展已有了一定的規模，經營業績理應超過以前，但事實上，整個公司的經營業績不斷滑坡，客戶的投訴也不斷增加，員工工作失去了往日的熱情，出現了部分技術、管理骨幹離職，其他人員也出現了不穩定的預兆。其中公司工程部經理在得知自己的收入與後勤部經理的收入相差很少時，感到不公平。他認為工程部經理這一崗位相對於後勤部經理來說，工作難度大、責任重，應該在薪酬上體現出這種差別，所以，工作起來沒有了以前那種幹勁，後來辭職而去。因為員工流失、員工工作缺乏積極性，致使該公司的經營一度出現困難。在這種情況下，該公司的領導意識到問題的嚴重性，經過對公司內部管理的深入瞭解和診斷，發現問題出在公司的薪酬系統上，而且關鍵的技術骨幹力量的薪酬水準較市場明顯偏低，對外缺乏競爭力；公司的薪酬結構也不盡合理，對內缺乏公平，從而導致技術骨幹和部分中層管理人員流失。針對這一具體問題，該公司就薪酬水準進行了市場調查和分析，並對公司原有薪酬制度進行了調整，制定了新的與企業戰略和組織架構相匹配的薪資方案，再度激發了員工的積極性和創造性，公司發展又開始恢復良好的勢頭。

　　請運用所學的激勵理論，對案例進行分析。

---

[1] 現代企業的薪酬激勵制度 [OL]. http://www.mba.org.cn/a/a/anliku/a/a/anlik/2011/0815/4646.html.

第一節　激勵的理論、類型和原則

一、激勵理論的相關概念

激勵，是激發人的行為動機使之朝著所希望的方向前進。在人力資源管理中，就是激勵員工提高工作積極性，使之朝著組織目標前進。激勵，是人力資源管理的基本目的之一。人力資源管理的目的在於吸引、保留、激勵與開發組織中的人力資源，其中，激勵是核心，激發員工的工作積極性，能促成組織目標的實現。圖8-1表示了激勵的心理過程。

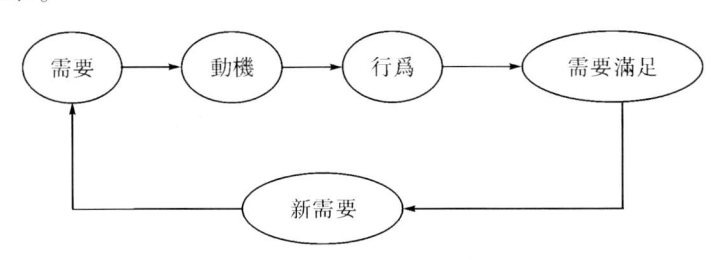

圖8-1　個體激勵的心理過程

首先瞭解該過程的相關概念：

（1）需要：需要是一種內部狀態，是指個體為生存、享受、發展而必須具有的因素，包括自然屬性因素和社會屬性因素。自然屬性因素包括衣、食、住、行等實物性要素；社會屬性因素包括社會交往、名譽、地位、尊重等非實物性要素。自然屬性與社會屬性不是決然分開的，社會屬性有時要通過自然屬性表現出來。人的需要是多種多樣的，在不同時期、不同地點、不同環境都會呈現不同的特點，隨著社會和個人的發展，需要也是不斷發展變化的。

（2）期望和期望值：期望是指個體根據客觀條件和主觀經驗判斷其行為所導致的能夠滿足需要的某種結果。期望值是指期望的結果能夠實現的概率。

（3）動機：動機是個人實現目標的內在動力。動機引發、保持行為並能將其導向能夠滿足自己需要的某一目標。動機是個人行為的原動力，主要有兩方面來源，一是內在原因，如衣、食、住、行等生理上的需要，得到讚許、友誼等心理上的需要；二是外在原因，指作用於人的身心的外在刺激，如食物香味、衣服的式樣色彩、語言等。外在原因通過內在原因發揮產生動機的作用。對於個人來講，只有未滿足的需要才會產生動機。

（4）目標：目標是指個人為滿足個人需要而要達到的某種結果及其程度。在某種意義上來講，目標與期望和期望值的意義相接近，只是目標更具體一些。在管理中，我們力求將組織目標與個人目標結合起來，通過實現組織目標而實現個人目標。

（5）行為：行為是指個人為實現目標而做出的努力和行動。行為可以從方向性、

幅度、持續性幾個維度來分析。方向性是指行為指向某一目標。行為幅度是指行為強度大小，它與個人能力、期望值和動機強弱相關。行為持續性是指某一行為持續時間，它與達到目標程度、行為過程和結果滿足個人需要程度有關。

（6）激勵：激勵是由動機演化而來的，其基本含義是激發動機。廣義上來講，激勵就是調動人們的積極性，它通過採取一系列措施，使員工為達到一定的組織目標而進行努力。

二、動機概述

1. 動機的含義

動機是由目標或對象引導、激發和維持個體活動的一種內在心理過程或內部動力[1]。在組織中，可以通過工作任務的選擇、努力程度、對工作的堅持性等外部行為間接地推斷出來。通過對工作任務的選擇可以判斷員工動機的方向、對象或目標；通過努力程度和堅持性可以判斷員工動機強度的大小。動機是構成人類大部分行為的基礎。

動機必須有目標，目標引導員工行為的方向，並且提供原動力。員工對目標的認識，由外部的誘因變成內部的需要，成為工作行為的動力，進而推動工作行為。動機要求活動有生理的和心理的。生理活動承受著員工活動的努力和堅持，並負責執行一些外在的行為。心理活動包括各種認知行為，如計劃、組織、監督、決策、解決問題和評估等，這些活動促使個體獲得或達到他們的目標。

2. 動機的功能

（1）動機的激活功能。動機是員工能動性的一個主要方面，它具有發動行為的作用，能推動員工努力工作，使員工由靜止狀態轉向活動狀態。例如為了生存而參加工作；為了得到領導的讚揚而努力工作；為了擺脫孤獨而結交朋友等。動機激活力量的大小，是由動機的性質和強度決定的。一般認為，中等強度的動機有利於任務的完成。

（2）動機的指向功能。動機不僅能激發工作行為，而且能將行為指向一定的對象或目標。例如在學習動機的支配下，員工會積極參加公司組織的培訓；在休息動機的支配下，員工可能在休息時間去電影院或健身房；在成就動機的支配下，員工會主動選擇具有挑戰性的任務等。因此，動機不同，員工活動的方向和所追求的目標也是不同的。

（3）動機的維持和調整功能。動機的維持功能主要表現為行為的堅持性。當動機激發員工的某種活動後，這種活動能否堅持下去，同樣要受到動機的調節和支配。當活動指向員工所追求的目標時，這種活動就會在相應動機的維持下繼續下去；相反，當活動背離了個體所追求的目標時，進行這種活動的積極性就會降低。[2]

3. 動機過程

動機是行動的原動力，也可以看成是需要獲得滿足的過程。如圖 8-2 所示，未滿

---

[1] PINTRICH P R, SCHUNK D H. Motivation in Education: Theory, Research, and Applications [M]. Eaglewood Cliffs: Prentice-Hall, 1996.

[2] 彭聃齡. 普通心理學 [M]. 北京: 北京師範大學出版社, 2004: 326.

足的需要使人產生緊張心理。為了消除緊張，就會產生一種力量促使他採取一定的行動，行動的過程和結果指向某一目標，該目標實現就可以滿足需要，從而解除緊張。

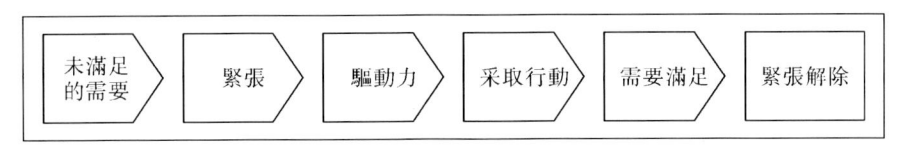

未滿足的需要 → 緊張 → 驅動力 → 采取行動 → 需要滿足 → 緊張解除

圖 8-2　動機過程示意圖

從未滿足的需要到滿足需要後解除緊張，再產生新的未滿足的需要，再到滿足需要解除緊張，這是一個不斷循環的過程，動機貫穿其中，這是一種不以人的意志為轉移的力量。

三、激勵概述

1. 激勵的含義

「激勵」，一般是指激發人的內在動機，鼓勵人朝著所期望的目標採取行動的過程。[1] 激勵含有激發動機、鼓勵行為、形成動力的意思，也就是人們常說的調動積極性。激勵的過程，實際上就是人的需要的滿足過程。心理學家對需要和動機非常感興趣並做了大量的研究，他們認為人類的行為都是動機性的行為，即人們的行為，都是有一定的目的和目標的。這種動機起源於人的需求（慾望）。有需求（慾望），就會產生動機，有動機就有了行為。一種沒有得到滿足的需求是整個激勵過程的起點。因為未得到滿足的需求會造成人們的身體或心理失去平衡而感到緊張，這種緊張情緒會導致人們去採取某種行為以滿足需求，來緩解或減輕其緊張程度。例如，人們在饑餓時大腦會支配人去尋找食物；口渴時大腦會支配人們去尋找水源。這種大腦指揮人們去行動的心理過程就是動機。行為在這裡是為消除緊張而達到目標的一種手段。當目標達到之後，原有的需求和動機也就消失了。因此，一個激勵過程，實際上就是人們的需求的滿足過程，它以未能得到滿足的需求開始，以需求得到滿足而告終。由於人們總是具有不同程度的多種需求，而且當一種需求得到滿足之後，新的需求將會反饋到下一循環過程中去。因此，激勵的過程也是循環往復、持續不斷的。

2. 激勵的過程

在上面談到了動機可以看成是需要獲得滿足的過程，在這個過程中動機是原動力，不以人的意志為轉移。但是這個過程中的每一個環節都是可以調節的，可以通過採取一定的措施來對這個過程進行干預，從而使個人在獲得需要滿足的同時，使組織目標得以實現。

激勵實質就是調動人的積極性，要通過一定的措施來實現，措施發揮作用的過程就是激勵過程。激勵過程以動機過程為基礎，不能脫離動機過程而另外產生一個過程。

動機過程只是針對個體而言，它是一個循環，各個環節互相影響，通過對各個環

---

[1] 傅夏仙. 人力資源管理 [M]. 杭州：浙江大學出版社，2003：154.

節進行干預，可以調整行為。進行管理就是使群體朝著組織目標而努力，關注的是指向組織目標的組織行為。組織行為是由個體行為聚合而產生的，可以通過在動機過程的不同環節進行調節而引導產生為實現組織目標而期望的行為，這個過程就是激勵過程。

3. 激勵的類型

不同的激勵類型對行為過程會產生程度不同的影響，因此對激勵類型的選擇是做好激勵工作的一個前提條件。

(1) 從激勵內容上劃分，將激勵分為物質激勵與精神激勵

物質激勵，就是從滿足人們的物質需要出發，對物質利益關係進行調節，從而激發人的向上動機並控制其行為的趨向。物質激勵多以加薪、減薪、獎金、罰款等形式出現。

精神激勵，就是以滿足人的精神需要出發，對人的心理施加必要的影響，從而產生激發力，影響人的行為。精神激勵多以表揚和批評、記功、評先進、授予先進模範稱號或處分等形式出現。物質激勵和精神激勵二者的目標是共同的，都是為了強化行為，提高人們的工作積極性。但是，它們作用的著力點是不同。前者作用於人們的生理方面，是對人的物質的滿足；後者作用於人們的心理方面，是對人的精神需要的滿足。

(2) 從激勵的性質上劃分，將激勵分為正激勵和負激勵

正激勵就是當一個人的行為符合社會的需要時，通過獎勵的方式來鼓勵這種行為，以達到保持這種行為的目的。正激勵的手段可以是物質方面的，如獎金、獎品、津貼等；也可以是精神方面的，如表揚、樹立先進典型等。

負激勵就是當一個人的行為不符合社會需要時，通過制裁等方式來抑制這種行為，以達到消除這種行為的目的。負激勵的手段可以是物質方面的，如降低工資級別、罰款等；也可以是精神方面的，如批評、通報、處分、記過等。正激勵與負激勵都以對人們的行為進行強化為目的，但它們的取向相反。正激勵起正強化的作用，是對行為的肯定；負激勵起負強化的作用，是對行為的否定。

(3) 從激勵形式上劃分，將激勵分為內激勵和外激勵

內激勵源於人員對工作活動本身及任務完成所帶來的滿足感。它是通過工作設計（使員工對工作感興趣）和啟發誘導（使員工感到工作的重要性和意義）來激發員工的主動精神，使人們的工作熱情建立在高度自覺的基礎上，以發揮出內在的潛力。

外激勵則是運用環境條件來制約人們的動機，以此來強化或削弱各種行為，進而提高工作意願。它多以行為規範或對工作活動和完成任務付給適當報酬的形式出現，來限制或鼓勵某些行為的產生。如建立崗位責任制，以對失職行為進行限制；設立合理化建議獎，用以激發工作人員的創造性和革新精神。

4. 激勵的原則

(1) 物質激勵與精神激勵相結合，以精神激勵為主的原則

物質激勵和精神激勵對於調動員工的積極性來說，都是必不可少的。在中國目前的社會經濟條件下，物質激勵仍然是激勵的重要手段，它對於調動員工的積極性有很大的作用。精神激勵是激勵的另一手段，由於它主要激發人的思想覺悟，思想覺悟提

高了，樹立了正確的價值觀，就可以長久地維持工作熱情。物質激勵和精神激勵是對人們物質需要和精神需要的滿足，而人們的這兩種需要的層次和程度，不是一成不變的，而是隨著客觀情況的變化而變化的。一般來說，在社會經濟文化發展水準較高的條件下，人們的精神需要比重會逐步加大。此外，文化程度、職業、思想境界、品德修養等因素也會對人的需要產生一定的影響。例如，從事簡單勞動的人，往往比較偏重於物質需要；從事複雜勞動的人，則更多地傾向於追求精神需要的滿足。由於不同類型的人有著不同的需要結構，同一類型的人在不同的時期和地區也有著不同的需要結構，因此，激勵手段的運用，必須因人制宜、因時制宜、因地制宜。

在正激勵和負激勵的關係問題上，堅持正激勵與負激勵相結合，以正激勵為主，負激勵為輔。正激勵是從正方向予以激勵，負激勵是從反方向予以激勵，它們是激勵中不可缺少的兩個方面。單純地運用正激勵或負激勵，效果都不理想。由於正激勵和負激勵之間存在著效應互補關係，因此，堅持把二者結合起來的原則，才能形成一種激勵的合力，真正發揮出激勵的作用。小功不獎則大功不立，小過不戒則大過必生。在實際工作中，只有做到獎功罰過、獎優罰劣、獎勤罰懶、獎罰分明，才能在組織中樹正風、揚正氣，真正調動起員工的積極性。在激勵中，要堅持以正激勵為主的原則，因為正激勵是主動性激勵，而負激勵是被動性激勵。就二者的作用而言，正激勵是第一位的，負激勵是第二位的。同時，由於懲罰只是手段，目的則在於實現目標，即改變行為者的行為方向，使其符合組織的需要，因此，即使進行負激勵時，往往也要伴隨正激勵的因素。

（2）適時原則

激勵時機的選擇是非常重要的。超前的激勵可能會使工作人員感到無足輕重，遲來的激勵可能會使工作人員覺得多此一舉，產生淡然處之的心理，從而削弱了激勵的效果。激勵時機直接影響激勵效果，要善於把握時機。

對於激勵的時機，應針對不同的情況進行具體分析。一般來說，根據激勵時間與工作性質、複雜程度和完成週期的關係分類，可以將激勵時機分為期前、期中、期末三種形式。

①期前激勵：在工作開始之前，公布任務指標和相應獎罰措施。這種激勵適用於工作週期長、任務明確的情況。

②期中激勵：在工作進行中，分階段規定任務指標及獎懲措施。這種激勵適用於工作內容龐雜、需分階段完成的任務。

③期末激勵：在工作完成後，在總結工作的基礎上進行激勵。這種激勵適用於工作任務複雜、開始時難以確定指標的情況。

（3）適度原則

①激勵內容要適度。要求激勵的內容實事求是、恰如其分。表揚一個人，要對那些確實值得表揚之處給予恰如其分的表揚，才能激勵他人前進。如果任意誇大情節，評價失實，在眾人面前把被獎勵者說得太過完美，就會使一起工作的同事聽了後不服，還會使被獎勵者被絕大多數人疏遠和冷遇。如果獎勵錯亂，張冠李戴，該獎勵的沒有獎勵，不該獎勵的卻被獎勵，或者幾個人共同努力做出了工作成績，卻只獎勵了其中

一個人或部分人，就會使得那些應受獎勵而事實上沒得到獎勵的人感到不滿和失望，挫傷了其工作積極性。同樣的，批評一個人，也要尊重事實，實事求是，以理服人，就事論事，對事不對人。這樣的批評才能使人信服，達到目的。懲罰合理才能使被懲罰者心理上接受，才有可能抑制不良行為的再次發生；如果懲罰不合理，會使被懲罰者心理上產生抗拒，難以抑制不良行為的再次發生。

②激勵量要適度。激勵的量是指獎勵或懲罰標準的高低，它與激勵效果有著密切的聯繫。超量激勵和不足激勵不但起不到激勵的作用，甚至還會起到反作用，造成對員工工作積極性的打擊。例如，過分優厚的獎勵，會使人感到得來輕而易舉，用不著努力；過分嚴厲的懲罰，往往導致人們產生抗拒心理，不利於改正錯誤繼續上進；過於吝嗇的獎勵不僅不能發揮激勵的作用，反而會使人們產生不滿情緒；過輕的懲罰，可能導致人們的無所謂心理，有可能不但不思悔改，反而變本加厲。因此，激勵一定要恰到好處。

③激勵方式要適度。激勵方式的適度是指要針對不同的激勵對象採取不同的激勵方式。這一原則是由激勵對象需要的差異性決定的。因此，領導者、管理者要經常瞭解下屬的思想動態與心理狀態，瞭解不同類型的員工的不同需求，從而採取最適當的激勵方式。

④激勵頻率要適度。激勵頻率就是指一定時間內激勵他人的次數。在激勵工作中，一定時間內激勵他人的次數要適度。激勵頻率與激勵效果之間並不是完全簡單的正相關關係，頻率過高或過低，往往都收不到好的激勵效果。激勵頻率的選擇受到多種客觀因素的制約，這些客觀因素包括工作的內容和性質、任務目標的明確程度、激勵對象的素質狀況、勞動條件和人力資源環境等。一般來說，對於工作複雜程度高、比較難以完成的任務，激勵頻率應該高；對於工作比較簡單、容易完成的任務，激勵頻率則應該低。對於任務目標不明確，較長時期才能見成果的工作，激勵頻率應該較高；對於工作目標明確，短期可見成果的工作，激勵頻率應該較低。對於各方面素質較高的工作人員，如把自我能力的實現，當成自己最大的樂事，從而在工作中有高度自覺性和積極性的工作人員，就不宜採用高頻率激勵；反之，對於把追求較低層次的需要作為自己工作的動力的工作人員，則要採用高頻率激勵。另外，在勞動條件和人力資源環境較好的部門，激勵頻率則應該低。在實際的工作中，應根據具體情況進行具體分析，靈活地運用適當的激勵頻率。

第二節　激勵理論

從激勵過程模型中，我們可以看到，通過對未滿足的需要、目標驅使的行為以及滿足需要幾個環節進行調控，都可以達到引導個體出現組織期望的行為的目的。人們對激勵機制的研究，產生了許多理論，從不同角度對激勵過程的調節進行了分析和闡述。從激勵過程中的調控點進行劃分（見圖8-3），這些理論大致可以分為四大類。

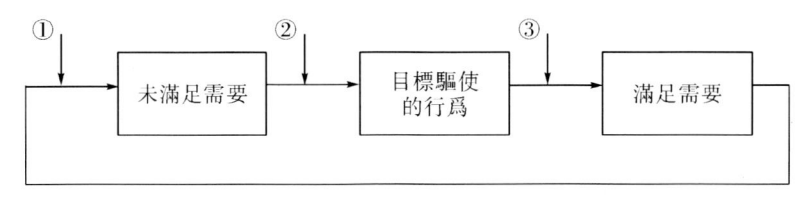

```
①              ②              ③
↓              ↓              ↓
┌────────┐    ┌────────┐    ┌────────┐
│未滿足需要│───→│目標驅使 │───→│滿足需要 │
│        │    │的行為   │    │        │
└────────┘    └────────┘    └────────┘
     ↑_____|
```

圖 8-3　激勵過程簡圖

第一大類：內容型激勵理論，著重對引發動機的因素，即對激勵的內容進行研究，作用點為圖 8-3 中①。包括需要層次理論、X 理論和 Y 理論、雙因素理論、ERG 理論、成就需理論。

第二大類：過程型激勵理論，著重對目標的選擇，即動機形成過程研究，作用點為圖 8-3 中②。包括期望理論、公平理論、目標設置理論。

第三大類：調整型激勵理論，著重對達到激勵的目的，即調整和轉化人的行為進行研究，作用點為圖 8-3 中③。包括強化理論、挫折理論。

第四大類：綜合激勵模式，對上述三類型理論進行整合，對激勵過程的整體進行研究。包括波特爾—勞勒綜合激勵模式、迪爾綜合激勵模式。

一、內容型激勵理論

內容型激勵理論著重對引發動機的因素，即對激勵的內容進行研究，包括馬斯洛的需求層次理論、麥格雷戈的 X 理論和 Y 理論、赫茲伯格的雙因素理論、阿爾德弗的 ERG 理論、麥克利蘭的成就需要理論等。以下分別進行簡要闡述。

1. 需求層次理論

需求層次理論是在 1943 年出版的《人類激勵理論》一書中首先提出來的，該書作者是美國人本主義心理學家亞伯拉罕·馬斯洛（Abraham Maslow）。1954 年馬斯洛又在《激勵與個性》一書中，對該理論進行了進一步闡述。本書第一章已有詳述。

儘管眾多的研究對馬斯洛的需求層次理論並未提供強有力的支持，但由於其簡單明了、易於理解、具有內在的邏輯性，還是得到了普遍的認可，特別是實踐中的管理者。管理者應準確識別員工的需求特徵，針對不同的特點採用不同的激勵措施。表 8-1 是與需求層次相應的激勵因素和措施，供參考。

表 8-1　　　　　　　　與需求層次相應的激勵因素和措施

需求層次	激勵因素	具體措施
自我實現需求	成長 成就 提升	富有挑戰性的工作 自主性/創造性的工作 工作成就 提升

表8－1(續)

需求層次	激勵因素	具體措施
尊重需求	承認 地位 自尊 自重	職稱 獎勵、榮譽稱號 同事和上級表揚 賦予更多的責任 委派挑戰性工作
社會需求	友誼 志同道合 和諧人際關係	同事友誼 質量管理 社會交往活動
安全需求	安全 穩定 保障 舒適	福利保障 職工安全 良好的工作環境
生理需求	食品 住房 交通 健康 性生活	工作條件 基本工資待遇 食品保障 醫療條件 婚姻

2. X 理論和 Y 理論

關於人性的討論由來已久，2000多年前，中國就有「人之初，性本善」之說，同時也有與之截然不同的「人之初，性本惡」之言。同樣，西方關於人性的假說也有兩種完全相反的觀點。道格拉斯·麥格雷戈（Douglas McGregor）對這兩種觀點及其在管理中的運用情況進行了研究，提出了 X 理論和 Y 理論。

(1) X 理論

X 理論認為人性具有下列特點：

①員工天生不喜歡工作，好逸惡勞，只要有機會，他們就會逃避工作；

②員工不願意主動承擔責任，很容易安於現狀；

③員工只會按要求進行工作，不願意進行創新，沒有雄心壯志；

④員工都是貪婪的，都希望不勞而獲。

與上述假設相適應，管理者採用的策略就是「胡蘿蔔加大棒」：強制員工工作，給員工明確工作任務，採用計件工資制，出現差錯給予嚴厲的處罰。

(2) Y 理論

Y 理論與 X 理論相對立，它認為人具有下列特點：

①員工天生喜歡工作，視工作如休息、娛樂一樣舒適自然；

②員工不但能夠對自己的工作承擔責任，還願意主動承擔更多的責任；

③員工會認真工作，能夠採取多種辦法完成任務，不斷創新，能進行自我指導和自我控制；

④大部分員工都具備做出正確決策的能力。

與這些假設相適應，擁護 Y 理論的管理者採用的管理策略就是民主式的管理：員工參與決策，給員工寬鬆的工作環境，進行充分授權，經常給予員工支持和鼓勵；讓員工自我管理，為員工提供富有挑戰性和責任感的工作，建立良好的群體關係。

不難驗證，X 理論和 Y 理論只是兩種極端情況，現實社會中，每個人都具有 X 理論和 Y 理論中所概括的某些特點。在一個高素質人員集中的場合，Y 理論似乎更容易被接受。管理者應根據組織發展階段、目前狀況、員工實際情況以及工作特點，合理運用管理策略。如某醫院在前幾年，採用的是一種近乎放任式的管理，由於員工能自主安排工作，具有一種寬鬆的工作環境，組織業績也在持續增長。但也出現了一些問題：組織紀律散漫，經常因應診遲到而被病人投訴。

3. 雙因素理論

雙因素理論又稱激勵—保健理論，是美國心理學家弗雷德里克·赫茲伯格（Frederick Herzberg）提出的[1]，這個理論的提出是建立在大量的實地調查基礎之上的。

20 世紀 50 年代，赫茲伯格領導的研究小組對美國一些工廠進行大規模的調查研究，他們在調查表中設計了許多問題，包括：

◆ 什麼時候你對工作特別滿意？
◆ 什麼時候你對工作特別不滿意？
◆ 滿意和不滿意的原因是什麼？

調查結果與預期結果有很大的差別。調查人員在開始時假設，當改善某種員工不滿意的因素時員工應該感到滿意，或者當某種員工感到滿意的條件變差時員工應該感到不滿意，但調查結果並沒有證實這個假設。調查結果顯示，員工對滿意與不滿意的因素認知是不一致的，即當改善某種員工不滿意的因素時，員工並不會感到非常滿意而是減少了不滿意；惡化了某種員工認為滿意的因素時，員工並不會有強烈的不滿意，如圖 8-4 所示。

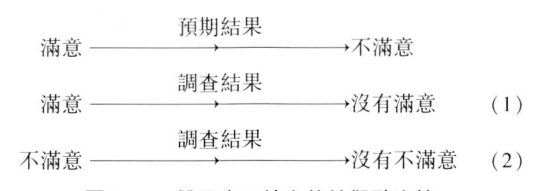

滿意 ——預期結果——→ 不滿意

滿意 ——調查結果——→ 沒有滿意　（1）

不滿意 ——調查結果——→ 沒有不滿意　（2）

圖 8-4　雙因素理論與傳統觀點比較

研究小組繼續對圖 8-4 中第（1）種結果的因素進行分析，發現這類因素與工作本身密切相關，如工作具有成就感、挑戰性的工作、大家關注的工作、責任重大的任務、工作成績能獲得社會的承認、個人有很好的發展前程和自我發展的空間等。這類因素如果得到改善，可以很大程度上提高員工的積極性和工作熱情；如果得不到很好的改善，員工會覺得工作缺乏動力，但不會引起員工的強烈不滿。赫茲伯格將這類因

---

[1] HERZBERG F, MAUSNER B, SNYDERMAN B B. The Motivation to Worker [M]. New York: John Wiley & Sons, 1959.

素稱為「激勵因素」。

研究小組繼續對圖8-4中第（2）種結果進行分析，發現這類因素與工作環境有關，如工作條件、工資制度、管理制度、與上下級的關係、工作安全等。這類因素如果得到改善，員工沒有怨言，但對提高生產率沒有直接影響；這些因素如果存在許多問題，得不到解決，員工往往會產生強烈不滿。赫茲伯格將此類因素稱為「保健因素」。

該理論認為，只有靠激勵因素來調動員工的積極性，才能提高生產率；保健因素所起的作用只是維持員工正常工作，處理得當可以消除不滿，對提高生產率作用不明顯。激勵因素與保健因素之間是有差別的，參見表8-2。

表8-2　　　　　　　　　　激勵因素與保健因素對比

項目	激勵因素	保健因素
起源	人類形成的趨向	動物生存的趨向
特徵	性質上屬於心理方面的長期滿足 滿足→沒有滿足 重視目標	性質上屬於生理方面的短暫滿足 不滿足→沒有不滿意 重視任務
滿足/不滿足源泉	工作性質 工作本身 個人標準	工作條件 工作環境 非個人標準
顯示出來的需要	成就、成長、責任、賞識	物質、社交、身分地位、方向、安全、經濟
常見因素	成就感、社會承認、工作挑戰性、重大責任、個人志向、個人成長	組織政策、行政管理、監督、與主管的關係、工作條件、與下級的關係、地位安全、工資

雙因素理論為我們制定激勵機制提供了有益的參考。首先，要為員工創造激勵因素條件，通過賦予責任、給予挑戰性工作機會、給予表揚、引進新技術等方式，給予員工發展機會，從而激勵員工為組織目標做出貢獻。其次，要正確處理好保健因素，通過改善工作條件、提高福利待遇、改善飲食交通、保證工作安全等方法，使員工能夠安心工作，減少不滿意情緒。再次，要善於把保健因素轉化為激勵因素。保健因素和激勵因素是可以轉化的，如工資作為固定的福利待遇是保健因素，如果作為一種獎勵，就可以轉化為激勵因素。某組織發現工資支出很大，增加工資並不能提高工作效率。為此組織嘗試對工資制度進行改革，將固定工資劃分成兩部分，一部分為基本工資，另一部分為崗位工資。崗位工資占70%，崗位工資與部門和個人業績相聯繫，如果業績有增長，崗位工資也隨之增長。通過將工資與工作業績相聯繫，將工資由保健因素變為一種激勵因素，取得了很好的效果。

4. ERG理論

ERG理論是美國耶魯大學教授阿爾德弗（C. Alderfer）提出的一種新的需要層次理論，

這個理論是對馬斯洛需要層次理論的擴展。他將人的需要歸納為生存需要（Existence）、關係需要（Relation）、成長需要（Growth）。取三種需要的第一個字母 ERG，因此被稱為 ERG 理論。

ERG 理論把人的需要歸納為生存、關係、成長的需要，與馬斯洛的需要層次理論相聯繫但又有區別，二者的關係如圖 8-5 所示。

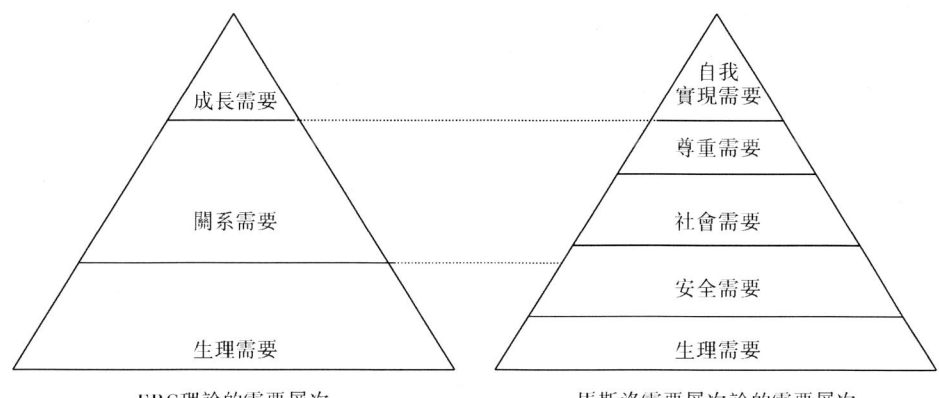

図 8-5 ERG 理論與馬斯洛需要層次理論對比

（1）生存需要：指維持人的生命生存的需要，包括衣、食、住、行、性以及工作的基本條件。與馬斯洛需要層次理論中的生理需要與部分安全需要相對應。

（2）關係需要：指個體對社會交往、人際關係以及互相尊重的需要。它對應於馬斯洛需求層次理論中的社會需要和尊重需要。

（3）成長需要：與自我實現需要相對應，是個人要求得到全面發展，充分發揮自己作用，實現個人價值的需要。

ERG 理論是對馬斯洛需要層次理論的拓展，拓展的意義不在於對需要層次的重新劃分，而是對層次間的聯繫規律提出了新的觀點。ERG 理論認為：需要的滿足既可以是「滿足→前進」模式，也可以是「受挫→後退」模式，即當一層次需要獲得滿足時，人會追求上一層次需要或加強同一層次需要；當需要受挫時，會轉而追求下一層次需要或加強本層次需要。生存、關係、成長三種需要的內在聯繫可通過願望加強律、滿足前進律和受挫迴歸律進行概括。

願望加強律是指各個層次的需要得到的滿足越少，則對該層次的需要就越強烈。滿足前進律是指低層次的需要得到的滿足越多，該需要的重要性就越低，對高層次的需求就越強烈，當高層次需要得到滿足時，還會不斷強化高層次需要。受挫迴歸律是指當較高層次需要受到挫折時，人們就會退而求其次，增加對低層次的需要；當低層次需要受挫時，人們會減少本層次的需要。

在管理實踐中，我們要善於分析員工的需求狀況，並觀察其變化規律，及時給予支持，引導員工向更高要求發展。當員工發展受到挫折時，應協助他們分析問題、找出原因，繼續向前努力，避免出現自暴自棄情況。

5. 成就需要理論

成就需要理論也稱「三種需要理論」，是由美國哈佛大學教授大衛·麥克利蘭（David McClelland）在研究人的高層次需要時提出的一種理論。他認為人們在工作中有三種主要的動機和需要。[1]

一是成就需要，是指個體追求成功、追求卓越的需要，是一個人成功的內驅力。具有高成就需要的人，對工作的成功有強烈的要求，他們追求的是個人的成就感而不是獲得成功後的獎勵，他們樂於接受甚至熱衷於挑戰性的工作，他們尋求能夠自己獨立處理問題的工作環境和機會，即使失敗也願意接受教訓和承擔責任。

二是權力需要，這是一種影響或控制別人且不受制於人的慾望。高權力需要的人善於控制全局，樂於承擔責任，能夠找出問題的關鍵，一般比較執著或固執，不易受人左右。

三是歸屬需要，這是一種良好人際關係的願望。歸屬需要是人的社會屬性決定的，任何人都存在歸屬需要，他們都希望與周圍的人友好相處，成為其中的一員。由於性格或其他環境的影響，他們會以不同的方式或形式融入到一定的組織中去，包括正式組織和非正式組織。

成就需要理論對於我們把握人的高層次需要具有重要的指導作用。首先，對於成就需要程度不同的人可以安排不同性質的工作，對於高成就需要的人，應讓他們承擔具有挑戰性的工作，給予他們主動工作的環境；對於成就需要強度較低的員工，應讓他們從事一些常規性工作，多進行指導和檢查，也要多給他們自信心，增強成就需要。其次，適當引導權力需要，對於權力慾望高的員工，可以讓他們從事管理工作，給予獨立工作的權限，著重對結果的考察，但要控制以權謀私，還要讓他們善於聽取別人意見，克服固執偏激的缺點。最後，通過各種活動，讓員工參與集體活動，特別是對新來員工、性格內向或所謂不合群的員工，主動幫助他們融入團隊，增強集體榮譽感。

二、過程型激勵理論

過程型激勵理論著重對目標的選擇，即動機形成過程進行研究，包括弗羅姆的期望理論、亞當斯的公平理論、目標設置理論等。本節將分別闡述這幾種理論。

1. 期望理論

期望理論是美國心理學家 V. 弗羅姆（Victor Vroom）於 1964 年在《工作與激勵》一書中提出來的，這個理論是對激勵問題最全面的解釋之一。

期望理論的核心假設是：當人們預期到某一行為能為自己帶來某種結果，且這種結果對自己具有吸引力時，才會採取這一特定行為。這一假設被大量的研究所證實。在這個假設中有以下幾個重要概念，即：

①激勵（Motivation, M）：對行為動機的激發程度；

②效價（Valence, V）：目標實現後能給自己帶來價值的主觀估計；

③期望（Expectancy, E）：能夠實現目標可能性的主觀估計，即目標實現概率，取

---

[1] MCCLELLAND D. Assessing Human Motivation [M]. New York: General Learning Press, 1971: 435-446.

值 0~1；

④關聯性（Instrumentality, I）：工作績效與所得報酬之間相聯繫的主觀估計，取值範圍 0~1。

期望理論可用公式進行描述。

（1）基本公式

$$M = V \cdot E \quad 即：激勵 = 效價 \times 期望$$

激勵水準是效價與期望的乘積。一個人在進行某項工作時，要對能否實現目標有一個預期，即期望值；同時對於目標實現後能給自己帶來什麼利益，也有一個主觀估計，即效價。這裡所指的利益是多方面的，包括直接經濟利益、提升機會、心理安慰、自我滿足等多方面，這些方面呈現出複雜的組合體。比如，某醫生要去完成一臺手術，他會考慮手術成功後會給自己帶來獎金、贏得同事稱讚，同時他也會對手術成功機會進行估計。該醫生去做這臺手術的動力來自這兩方面的乘積。

（2）基本公式擴展

基本公式表示了激勵與效價、期望之間的關係，但在實際運用中，我們發現目標實現與效價並不是一一對應的關係，中間還有一定的關聯度，稱之為關聯性。關聯性雖然是個人的主觀判斷，但這個判斷受過去結果的影響，這與組織規定或承諾本身有關，也與已經發生的規定執行情況或承諾兌現情況有關。因此就形成了期望理論的擴展公式：

$$M = V \cdot I \cdot E \quad 即：激勵 = 效價 \times 關聯性 \times 期望$$

前面所舉的例子中，該醫生除了考慮效價、期望之外，還要考慮手術成功後，是否能夠得到自己期望的價值，即關聯性。

期望理論的激勵過程可通過以下模型（圖 8-6）進行說明。

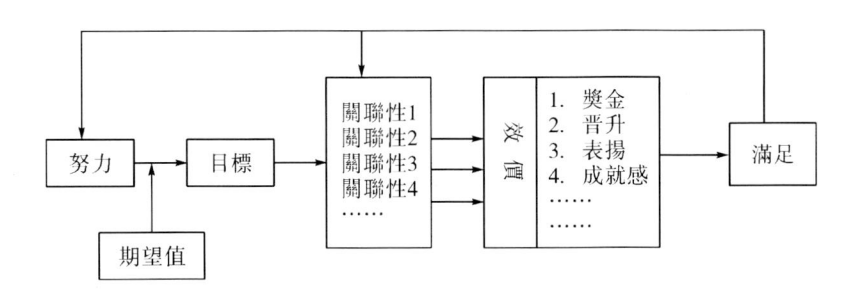

圖 8-6　期望理論激勵過程模型

承接上面所提到的例子，我們要激勵該醫生去開展工作，應該注意下列問題：

①確定適宜的目標。組織對員工的目標要求要考慮員工自身的能力，如果給員工超出其自身能力的任務，那麼員工容易失去信心，期望值很低，儘管複雜和高難度的工作任務會增強其效價，但二者的乘積不能達到最大化。相反，如果我們只要求他做非常簡單的日常工作，儘管成功的期望值很高，但沒有大的效價，二者的乘積也會很小。這兩種情況都不能有效激勵員工。只有制定適宜的目標，使期望值與效價之積達

到最大，才能有效激勵員工。

②提高員工的期望值。對於組織中知識型員工來講，要不斷提高知識量，創新工作方式，引進新的技術，通過業務培訓提高知識型員工技能，使員工增加工作的信心，提高期望值。

③幫助員工正確確立效價。效價是影響激勵的重要因素，在工作前後都會產生作用。一件工作的效價是多項因素的集合體，因素之間互相影響。不同的人、同一個人在不同時間和階段，其效價也會有差異。我們應引導員工設定明確的、清晰的、易於實現的、適度的價值期望，向內在性獎勵歸集。

④要提高工作目標與所得價值的關聯性。關聯性包括兩方面因素，一方面和個人確立效價有關，效價與實際相差遠則關聯性低；另一方面和組織執行制度和兌現承諾有關，組織的獎勵制度應與員工的表現緊密結合，使他們的努力及時得到回報。

2. 公平理論

在組織中，我們經常會發現這樣的現象：一個部門之間的員工本來很團結，人際關係融洽，大家互相關照，儘管業務沒有大的發展，但也平平穩穩，沒有差錯發生。為了發展需要，組織要求改變平均主義分配模式，實行按技術、按勞動量進行分配。部門經過討論，終於制定了按勞分配的方案，一下子，大家的積極性調動起來了。為了工作，大家寧願早上班、晚下班，週末也主動來上班，業務量不斷增大，新業務也不斷開展起來，與此相對應，員工的收入也拉開了距離。但沒過幾個月，新的矛盾出現了，同事之間經常攀比，認為自己付出多而獎金拿得少，同事之間經常為一點小事發生爭吵，大家愛發牢騷，工作協調性下降。員工向領導投訴別人的缺點更是家常便飯。領導為此十分煩惱，有時他真想回到那種平均主義分配的時期。

其實，類似情況在許多組織都存在，產生的原因很多，其中大部分現象可以從公平理論中得到解釋。

公平理論是美國行為學家斯達西·亞當斯（J. Stacey Adams）在其著作《獎酬不公平對工作質量的影響》中提出的，這一理論也稱社會比較理論，它認為人與人之間存在著社會比較現象，並有就近比較的傾向。

這一理論認為員工首先會思考自己收入與付出的比率，同時也會主觀判斷別人收入與付出的比率，然後將這兩個比率進行對比，對比結果會對其產生激勵影響。這個關係可用下列公式表達。

$$\frac{O_p}{I_p} = \frac{O_r}{I_r} \quad \text{公平感} \quad (1)$$

$$\frac{O_p}{I_p} > \frac{O_r}{I_r} \quad \text{不公平（吃虧感）} \quad (2)$$

$$\frac{O_p}{I_p} < \frac{O_r}{I_r} \quad \text{不公平（負疚感）} \quad (3)$$

上式中，O 代表投入後所獲得的獎酬，包括金錢、地位、表揚、提升、機會等因素；I 代表投入，包括時間、精力、經濟、知識、能力等；p 代表自己；r 代表參照對象。

一般情況下，O 是多種獎酬因素的集合體，每個因素都是主觀的體驗或感受，並

不能用一個具體數字來表示。同樣，I 也是多種投入的集合體，是一種主觀的定性判斷，不能量化。r 是參照對象，可以是他人，也可以是某一階段時的自己。

公平理論告訴了我們這樣一個事實，那就是：一個人所獲得獎酬的絕對值與他的積極性高低並無直接的必然聯繫，真正影響工作積極性的是他所獲得獎酬的相對值。相對值的性質和大小直接影響到激勵水準，從而影響其今後的工作。

在第（1）種情況下，當事者會認為是公平的，此時心情舒暢，努力工作。

在第（2）種情況下，當事者會認為自己付出多回報少，而別人是付出少得到的相對多，會產生自己吃虧的不公平感。此時會產生嫉妒心理，抱怨很多，他們往往會採取一定的方式來減輕不公平感：一是通過減少自己的付出來調整自己的收入付出比例，如上例中有的人借故推諉、消極怠慢。二是採取進一步行為減少別人的收入或讓別人多增加投入。三是改變參照對象，獲得新的心理平衡，很容易出現得過且過現象，但如果合理調整參照對象，就可以避免盲目攀比，減少矛盾。四是通過發牢騷、泄怨氣，甚至影響他人工作來發泄自己的不滿。如上例中某些人，他們經常牢騷滿腹，向科主任投訴。

第（3）種情況一般很少發生，除非情況非常明顯，因為人們比較傾向於高估自己的付出和別人的收入，而低估自己的收入和別人的付出。在這種情況下，當事者會產生負疚感，增加心理負擔，他們也會通過一定方式來減輕這種不公平感。一是自己積極工作，通過增加自己的付出，努力完成任務來減輕內疚感，這是一種積極的反饋。二是過分誇大自己的付出，或是小看別人的付出，從而使收入與付出比例達到新的平衡。這種反應極易損害團隊精神。三是歸因於自己運氣好，容易助長不勞而獲的心理。

公平理論為我們處理前面例子中所出現的問題提供了依據。首先，明確分配原則和考評方法，大家要充分討論考評方法和分配方案，使大家理解並認同，從而減少執行上的分歧。其次，在分配過程中要有科學、客觀、合理的依據，使大家對分配結果心服口服。再次，正確誘導、改變認知，對工作投入的感知是一種主觀意向，人們比較傾向於高估自己的付出而低估別人的付出，這是產生不公平的主要原因，應引導員工尊重他人的勞動成果，可採用換位思考、交換工作等方法來幫助員工確立新的認知。最後，公平理論的不公平感並不是方程式兩邊略顯不等就會產生的，只有當兩邊差值超過一定的閾值時才會有不公平感產生。因此我們在確定分配方法時應留有餘地，形成一個緩和矛盾的安全地帶。

3. 目標設置理論

目標設置理論最早是由 E. A. 洛克（E. A. Locke）提出的，他通過研究和實踐，發現外在的刺激都通過目標來影響動機。另外一些管理學家也發現，許多內在的激勵因素，如獎勵、成就、責任等，也是通過目標來影響動機的。他們在實踐中也發現，人們完成有目標的任務要比完成沒有目標的任務效率高。

其實，早在洛克提出目標設置理論之前的 10 多年，彼得·德魯克就在其《管理實踐》一書中提出了在當時來說是一種全新的管理方法——目標管理（MBO, Management By Objectives）。MBO 在美國企業界取得的巨大成功，為目標設置理論提供了強有力的依據。我們回顧一下 MBO 的方法，也許有助於理解目標設置理論。

目標管理通過一種專門設計的過程使組織目標具有可操作性，這個過程將整體目

標一層一層地分解到部門再到個人，每個部門、每個人都有自己明確的目標。在這個過程中，每個部門應參與整體目標分解工作，個人要參與部門目標分解工作，使目標轉化過程成為一個既是「自上而下」又是「自下而上」的過程。每個員工由於明確了自己的任務，為了完成任務，他們必須利用一切資源，在工作中進行自我控制和自主管理，從而大大提高了工作效率。

目標設置理論除了提出目標的激勵作用之外，還提到適當難度的目標對人的激勵作用最大；過於容易的目標可能提不起人們的興趣；過於艱難的目標，會讓人們缺乏自信心。

目標設置理論的研究者們還建議管理者要善於將組織目標化為個人目標，通過協調使個人在實現個人目標時促成組織目標的實現。還強調了要引導個人確立自己目標，不要將目光只盯在自己的工作上，要給自己找一根標桿，爭取去超越它。表 8-3 為重視目標與重視任務傾向之間的比較。

表 8-3　　　　　　　　重視目標與重視任務傾向特點的比較

	重視任務的人	重視目標的人
結果與反饋	迴避反饋與評價，追求表揚	尋求對結果的反饋和評價
承擔責任	避免承擔個人責任	願意承擔個人責任
創新性	喜歡常規工作，不願意創新	喜歡創新性工作機會
冒險性	尋求風險很高或很低的目標	尋求有適度冒險的目標
滿足感來源	較多來自工作過程中	較多來自結果或解決難題時
工作動力	不一定有強大動力，精力不集中	有指向目標的強大動力和精力
工作自主性	聽從指示	工作自主，不願聽取建議
抱負水準	抱負水準與成敗無關	抱負水準高

三、調整型激勵理論

調整型激勵理論著重對達到激勵的目的，即調整和轉化人的行為方面進行研究，包括強化理論、挫折理論。

1. 強化理論

我們之前介紹的目標設置理論認為，個體的目標可以激勵個體行動。與之相對，強化理論則認為，人的行為是由外部因素控制的。強化理論也稱操作性條件反射論，是美國心理學家斯金納（B. F. Skinner）在俄國生理學家巴甫洛夫的條件反射論、華生的行為主義論和桑代克的嘗試學習論的基礎上提出的一種新的行為主義理論。

所謂強化，就是指在人們出現某種行為之後發生的某種結果使以後這種行為發生的可能性發生變化，簡而言之，就是能產生令人滿意結果的行為會不斷得到重複，而令人產生不愉快的行為會不斷減少。強化理論是一種行為主義理論，由於運用它可以解決激勵方面的問題，因此，我們將強化理論歸為激勵理論。

（1）強化理論的激勵過程模型

強化實質上是對工作動機的影響，其過程如圖8-7所示。

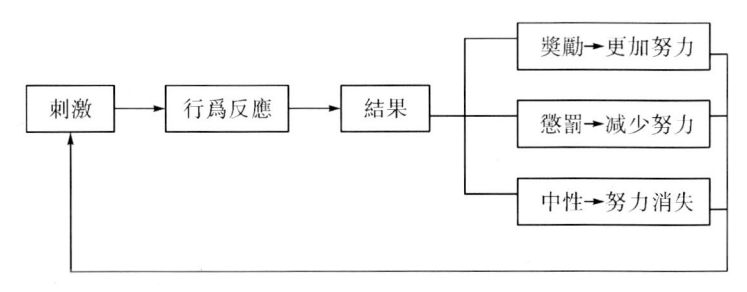

```
刺激 → 行為反應 → 結果 → 獎勵 → 更加努力
                        懲罰 → 減少努力
                        中性 → 努力消失
```

圖8-7　強化理論激勵過程

上述模型指出了行為出現後，會產生三種結果：一是給予肯定的反饋，人們會繼續努力，做得更好；二是給予否定的反饋，人們會減少這種努力，減少出現這種行為；三是中性反饋，既不進行表揚也不進行批評，人們的行為由於不受關注，他的努力也會逐漸消失。

（2）強化類型

在前面我們介紹了行為出現後的三種結果對今後出現這種行為的機會產生的影響，我們對這三種結果進一步按情形細分，可以概括成以下四種類型：

一是正強化。用某種令人興奮的結果，如獎金、提升、表揚、認可等，對某一行為進行獎勵和肯定，使其感到滿意，從而使其進一步加強該行為，以求獲得更多的滿足感。

二是負強化。當某種不符合要求的行為有了改變時，減少或消除施於其身的不愉快的刺激，從而使其改變後的行為持續下去。如，小李平時工作馬馬虎虎，有一次由於疏忽導致公司損失了一筆價值500萬元的訂單。此事上報到領導處，領導決定給予小李警告處分。小李接受了警告處分，並在領導的指導下認真分析自己過錯原因，從而開始認真工作。在之後的工作中，小李再也沒有犯過類似的錯誤，並且為公司爭取到了很多訂單，因此領導撤銷了對他的警告處分。小李心存感激，在此後的工作中一直表現不錯。在這個例子中，當小李出現錯誤後，領導給予其處分，待其行為改變後再撤銷對他的處分，就是一種負強化。

三是自然消退。自然消退包括兩種方式，第一種是對某種行為不予理睬，以表示對此行為的輕視或否定，使其自然消退。有一位職工愛挑別人毛病，經常向領導告別人的狀。剛開始一兩次，領導十分熱情地接待了他，後來領導發現其所反應的情況都是些捕風捉影的事，就不再接見他。吃過幾次閉門羹後，他再也不去找該領導了。該領導採取的策略就是一種不理睬式的自然消退。自然消退的第二種方式是對原來通過正強化確立起來的符合預期的行為，不再給予正強化，結果導致符合預期的行為減少。

四是懲罰。顧名思義，就是用批評、降職、降薪、處分等強制性措施來創造一種令人不愉快甚至是痛苦的環境，使某種不期望的行為終止，從而使這種行為今後不再出現。我們經常針對違紀違規人員進行處罰，就是這種類型的強化。

2. 挫折理論

人在朝向目標前進的過程中，由於主觀原因、客觀原因，或二者兼有，不能達到目標，即我們所講的挫折。挫折對於任何人來說都是不可避免的。挫折發生後，行為主體會對挫折產生一種心理感受，這種感受稱為挫折感。挫折理論源於奧地利心理學家弗洛伊德的精神分析學說，著重研究人因挫折感而導致的心理自衛。

挫折是客觀存在的，而挫折感則是一種主觀感受，不同的人對相同的挫折會有不同的挫折感，即使同一個人在不同的時期、不同的心境下也會產生不同的挫折感。由此我們可以推斷挫折感是可以進行調節的。挫折感是一種心理不適狀態，不同的挫折感會產生不同類別和程度的不適。當挫折感導致心理不適時，人們都有自我調節的本能，使自己趨向平靜，這種調節能力的心理反應，我們稱之為心理自衛。

挫折感影響心理自衛，心理自衛直接影響人們的行為。我們根據心理自衛對行為的影響，將其區分為兩類：一類是建設性的心理自衛，即積極進取，重新尋求成功；另一類是破壞性心理自衛，採取消極態度，有時採取對抗行為。

建設性心理自衛包括以下幾種方式：一是正視挫折，增強努力。不放棄原有目標，繼續加倍努力，重新嘗試新的方法和途徑，或將挫折感產生的敵對、悲憤情緒化為動力，最後獲得成功。科學家經過多次失敗最後獲得成功，就屬於此類心理自衛機制。二是重新解釋目標，通過對目標設定進行調整或闡述，減輕挫折感，使自己達到心理平衡。三是調整目標，以新的容易達到的目標取代原來設定的目標。

破壞性心理自衛包括推諉、逃避、憂慮、攻擊、冷漠等情形。破壞性心理自衛不利於個人和組織的目標實現，甚至會對自己和他人造成人身或心理傷害。

挫折理論為我們處理因挫折而出現的管理問題提供了理論依據，在管理實踐中應注意下列問題：

第一，要引導員工正視挫折。挫折是客觀存在的，許多員工擔心出現失敗，擔心失敗給自己帶來不利影響，從而工作上縮手縮腳，心理負擔很重，反而容易出現差錯。

第二，幫助員工正確歸因。歸因即人們對遭受挫折的原因進行歸納和反思。美國心理學家維納對歸因提出了三個維度，即：內部歸因和外部歸因、穩定性歸因和非穩定性歸因、可控性歸因和不可控性歸因。歸因的方式不同，產生的挫折感也不同，產生的心理自衛的性質也有差別。一般情況下，我們應指導員工朝主觀努力方面歸因，這樣可以使他們相信通過再次努力就可以成功，從而採取建設性的心理自衛。

第三，採取寬容態度。對受挫者的消極行為應採取寬容態度，不要使受挫者更加喪失信心，採取寬容態度可以使受挫者恢復信心。

第四，為員工提供一個發泄的環境。員工的不滿直接影響工作，創造一種環境讓員工發泄怨恨，可以減輕不滿。只有當不滿情緒發泄出來後，人才能恢復理智，重新達到心理平衡。在日本等發達國家，許多公司都設有宣洩室，讓受委屈的員工在這裡以適當的方式將他們的怨恨發泄出來。

第五，開設工作心理諮詢。目前由於工作壓力大，人際關係緊張，許多人都存在強烈的心理負擔，甚至出現心理疾病症狀。開設工作心理諮詢可以幫助員工化解挫折感。

四、綜合型激勵理論

人的工作是一個整體，激勵過程也是一個整體，孤立地看待各個理論的做法是錯誤的。同樣，單從某一方面採取激勵措施，往往也不能奏效。綜合激勵理論試圖將各種激勵理論歸納起來，來探討激勵的全過程。下面將介紹波特爾和勞勒的綜合激勵模式以及迪爾的綜合激勵模式。

1. 波特爾和勞勒激勵模式

美國學者波特爾（L. W. Porter）和勞勒（E. E. Lawer）以期望理論為基礎，對公平理論、成就需要理論、強化理論等理論進行整合，形成一種綜合的激勵模式，我們稱之為波特爾和勞勒激勵模式，如圖8-8所示。

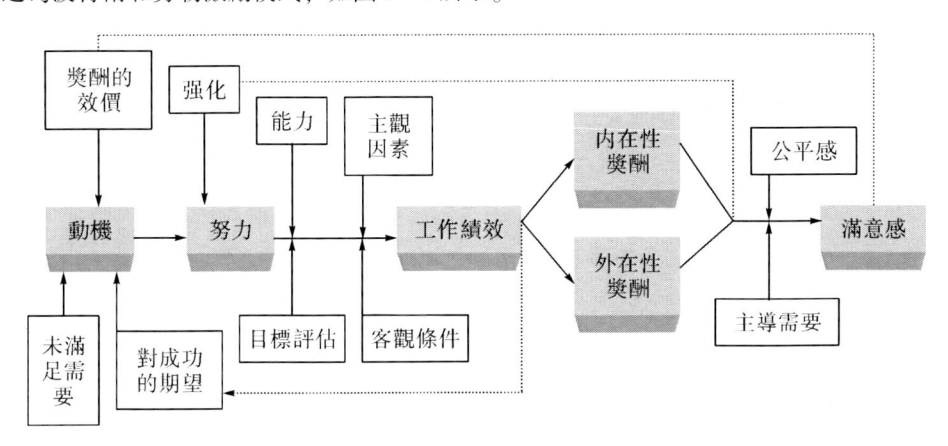

圖8-8 波特爾—勞勒綜合激勵模式

該模式認為，激勵的基本過程是：動機導致努力，努力產生工作績效，績效產生滿意感。在這個過程中包含了許多變量，這些變量從不同側面影響著激勵過程。下面我們簡要分析這個模型。

（1）動機導致努力。動機是工作的原動力，其強度決定了努力程度。產生動機的原因是多方面的，主要包括這樣幾個方面：一是未滿足的需要。內容包括生理需要、安全需要、社會交往需要、尊重需要、成就需要、自我實現需要等。需要越迫切，產生的動機就越強烈。二是對自己能否成功的預期。預期受個人能力、對任務和環境的判斷等影響，期望值越高，信心越強。期望值也會受過去期望實現情況影響。從長遠來看，確立適宜的期望值更有利於激發動機。三是效價，即成功後獲得獎勵的價值。這個價值是多方面的，有直接的也有間接的，取決於個人的主導需求。獎勵與需求狀況的彌合程度，決定了效價的大小。

（2）努力導致工作績效。個人努力是為了實現目標，但能否實現目標，還取決於以下幾個條件：一是個人能力，包括實際能力和能力的自我認知。對個人能力認知過高會減少努力程度，過低則會影響信心，都不利於達到好的工作績效。可通過培訓、學習等方式提高個人能力和對個人能力的準確認知。二是個人是否設置目標以及目標

的高低。目標本身具有激勵作用，有目標的行為比沒有目標的行為更具有指向性。具有一定難度的目標能夠更好地激勵員工。工作目標本身是一種內在性激勵因素，能夠激發動機。三是個人主觀認識和客觀環境。積極的認識必然會以積極的行動去工作，應培養員工積極、樂觀的精神。客觀環境也是實現工作目標的基礎，應為工作配備良好的工作條件，這些條件包括保健因素和激勵因素，管理者要善於將保健因素轉化為激勵因素。四是強化。在個人努力過程中，應根據分階段目標達成情況及時給予反饋，增強員工工作信心或幫助員工糾正偏差。

（3）工作績效帶來獎酬。當工作達到目標後，應給予相應的獎酬。獎勵強度和關聯性至關重要。獎勵包括內在性獎勵和外在性獎勵。強度應達到一定的閾值，否則不能引起員工的關注。對獎勵無知覺的員工會認為自己的勞動不被重視，於是會產生失落感，從而減少對工作的熱情和付出。當然，獎勵強度過大也不合適，一方面加大成本，另一方面使員工今後的期望值增高，出現失望的可能性增大。關聯性是指獎酬與工作績效之間的關係。關聯性高意味著員工的努力得到回報的可能性高，從而激勵員工努力工作；相反，關聯性低，員工會認為干好干壞一個樣，從而減少工作的努力程度。

（4）獎酬帶來滿足感。滿足感是一個人努力的最終目的，我們實施的獎酬應給員工帶來滿足感，但獎酬並非一定會帶來員工的滿足感。這其中有幾個因素值得關注：一是獎酬是否針對員工的需求。員工的需求呈現多層次性，當員工有高層次需要時，你給他低層次的獎勵，員工自然不會滿意；相反，當一名工人正需要養家糊口的錢時，你卻讓他參加單位為獎勵先進工作者而組織的旅遊，他也不會感到滿意。二是要掌握員工的主導需要。前面我們提到員工的需求是多層次的，要照顧到每一種需求是不現實的，但每個人在某一特定時間都會有一個主導需求，我們要善於發現主導需求，針對主導需求給予相應的獎勵。三是創造公平感。公平理論認為，獎酬的激勵作用不是取決於獎勵的絕對值而是取決於獎勵的相對值，因此採用科學考評結果作為獎酬依據，正確誘導員工認知以及採用合適的獎酬制度非常重要。表8-5是常用獎酬分配律比較。

表8-5　　　　　　　　　　獎酬分配律的比較

分配律	採用條件	影響因素
貢獻率	1. 主要目的是提高生產率 2. 對團隊協作性要求不高	1. 明確每個人的職責和任務 2. 分配者的貢獻與收益，個人特點 3. 任務艱鉅性與對工作者能力的認識
需要律 社會責任律	1. 團隊協作要求高 2. 個人工作差異性低 3. 分配者能力強，足以把握局勢	1. 對需要本身合法性與正統性的認識 2. 需要的性質
平均律	1. 團隊氛圍比較重要 2. 難以判斷員工貢獻 3. 獎酬分配者的認識能力差	1. 獎酬分配者的性別（女性比男性更願採用平均律） 2. 任務的性質

2. 迪爾的綜合激勵模式

綜合激勵模式的另一個代表是美國學者迪爾教授提出的以數學公式表述的激勵模式，公式如下：

$$M = V_{it} + E_{ia}V_{ia} + E_{ia}\sum_{j=1}^{n} E_{ej}V_{ej}$$

上式中，M 代表某項任務的激勵水準；E 表示期望值；V 表示效價；i 表示內在的；e 表示外在的；a 表示完成；j 表示外在獎酬項目。

由以上公式可知，激勵水準由三項組成：第一項 V_{it} 表示該項工作本身提供的內在獎酬之效價，這是由工作本身提供的激勵，屬於激勵因素的作用，是一種內在激勵。第二項 $E_{ia}V_{ia}$ 表示對工作任務完成的期望與效價之積，反應了工作任務完成所引起的激勵程度，這也是一種內在激勵。第三項 $E_{ia}\sum_{j=1}^{n} E_{ej}V_{ej}$ 表示各種可能的外在獎酬所引起的激勵效果之和，這是一種外在激勵。

迪爾的綜合激勵模式綜合了內容型激勵理論和過程型激勵理論的內容，強調了人的激勵過程是外激勵和內激勵綜合作用的過程，要提高激勵水準應從內激勵和外激勵兩方面進行。

第三節　激勵的應用

一、激勵的實施步驟

一般而言，組織中激勵的實施分為六個步驟，如圖 8-9 所示。

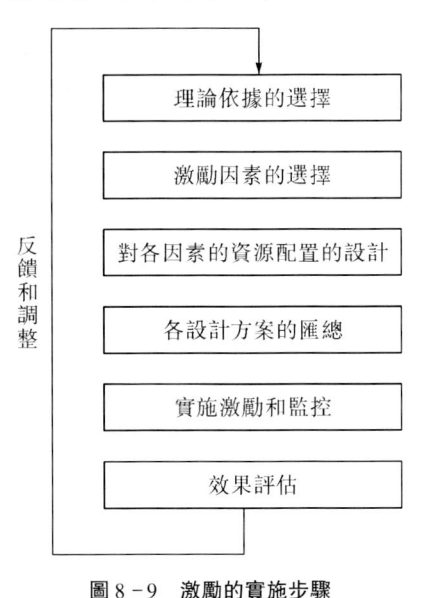

圖 8-9　激勵的實施步驟

1. 激勵理論的選擇

根據政府和行業的法律法規、企業所從事的產業特徵、企業所處的市場情況等企業的外部環境條件，以及企業組織、團隊和個人三個層次的具體情況，選擇適合本企業的激勵理論。根據所選擇的激勵理論，對激勵因素做出相應的選擇，因為激勵因素是隨著激勵理論的變化而變化的。要根據企業面臨的實際情況來選擇激勵理論的一個或多個結合。

2. 激勵因素的選擇

對激勵因素的選擇必須針對企業的實際情況。一方面對企業從組織、團隊和個人三個方面進行詳細的調查，然後確定激勵因素，選擇員工有需求（慾望）和動機的激勵因素；另一方面要考慮不同部門、不同年齡、不同性別的員工對激勵的不同要求，對於不同需求的員工要給予不同的激勵因素。

3. 對各個因素的資源配置進行設計

結合企業現有的人力、物力、財力等資源狀況，為重要的激勵因素設計方案。例如，如果員工看重自我發展，注重自身能力的提升，則可以通過培訓、職業生涯規劃、海外教育等手段來進行激勵；如果管理人員注重權力動機的滿足，則企業可以選派能力優秀的管理人員任分公司的領導。

4. 各設計方案的匯總、整合

將所有的激勵方案匯總，制定一個整體的實施方案。從組織、部門和個人三個層次來考慮方案的效率和可行性。

5. 實施激勵和監控

按照制定的激勵措施實施激勵。根據部分強化理論，為了更有效地強化員工的行為，要注意激勵的時間間隔和激勵頻率。對於員工出現了企業期望出現的行為表現時，企業對該行為的出現可以每次給予強化，也可以間隔強化；可以立即給予強化，也可以延遲進行強化。企業激勵的不同時期應採取不同的激勵間隔和激勵頻率，企業在選擇時也要考慮到企業的情況和企業員工的實際情況。

一般而言，為了更有效地激勵員工，可以採用間隔強化的激勵方式，即不是在員工每一次出現企業期望的行為時都立即給予強化，而是間隔一定期限對員工的行為進行強化。如此，員工為了探索如何能夠得到強化，會更多地表現出企業期望的行為。例如，月薪、年薪和季度獎金，並不是員工某一天工作出色就給予獎勵，而是一個月甚至在更長的時間裡都表現出色才給予獎勵。激勵措施的實施需要一貫性和連續性。激勵的效果往往不是立刻能夠見效的，所以激勵措施需要一段時間的持續性。

6. 效果評估

激勵措施實施一段時間之後，需要對激勵實施的效果進行評估。首先需要評估員工工作努力程度是否有較大的提高。可以通過績效考核部分的員工工作態度的考察來檢測員工工作努力程度的變化。其次可以通過銷售業績、顧客滿意度、顧客回頭率等間接方式來評估激勵效果。但是，需要注意的是，工作績效受到員工工作能力和客觀條件的制約，工作努力程度提高，並不一定導致工作績效的上升，所以激勵還需要和員工的培訓以及提供良好的工作條件相結合。不能簡單地認為如果員工工作業績沒有

明顯變化，激勵措施就沒有效果。

二、激勵方式

組織激勵的方式一般有下列幾種：

1. 物質激勵

在知識經濟時代的今天，人們生活水準已經顯著提高，金錢與激勵之間的關係漸呈弱化的趨勢。然而，物質需要始終是人類的第一需要，是人們從事一切社會活動的基本動因，物質激勵仍然是激勵的重要形式。金錢激勵包括採取工資的形式或其他鼓勵性報酬、獎金、優先認股權、公司支付的保險金，或在做出成績時給予物質獎勵。

2. 目標激勵

目標激勵，就是確定適當的目標誘發人的動機和行為，達到調動人的積極性的目的。目標左右一種誘因，具有引發、導向和激勵的作用。一個人只有不斷追求高目標，才能激發其積極向上。管理者要將員工內心深處的成就感和追求成功感挖掘出來，並協助他們制定詳細的實施步驟，在隨後的工作中引導和幫助他們努力實現目標。當員工的目標感強烈並迫切地想要實現時，那麼員工對此就會投入極大的熱情，對工作產生極大的責任感。

3. 尊重激勵

管理者不重視員工的感受，不尊重員工的勞動成果，就會打擊員工的工作積極性，使他們的工作僅僅是為了報酬，激勵效果就會大大削弱。尊重是加速員工自信心爆發的催化劑，尊重激勵是一種基本激勵方式。上下級之間的相互尊重是一種強大的精神激勵，它有助於增進企業員工之間的和諧，有助於增強企業的團隊凝聚力，有助於增強員工對組織的歸屬感。

4. 參與激勵

員工在工作中都有參與管理的要求和願望，創造和提供一切機會讓員工參與管理是調動他們積極性的有效方法。毫無疑問，很少有人參與商討和自己有關的行為而不受激勵的。因此，讓員工恰當地參與管理，既能激勵員工，又能為企業的成功獲得有價值的信息。通過參與，形成員工對企業的歸屬感、認同感，可以進一步滿足員工自尊和自我實現的需要。

5. 工作激勵

工作本身具有激勵的作用。為了更好地調動員工的工作積極性，管理者要考慮如何才能使工作本身更加具有意義和挑戰性，給員工一種自我實現感。比如，重新進行工作設計，使工作內容豐富化和擴大化，並創造良好的工作環境。公司還可以通過員工與崗位的雙向選擇，通過使員工對自己的工作有一定的選擇權來實施激勵。

6. 個人發展激勵

知識經濟時代的來臨，使得當今世界日趨信息化、數字化、網絡化，知識更新速度不斷加快，從而使員工知識結構不合理和知識老化現象日益突出。員工雖然在實踐中不斷豐富和累積知識，但仍需要對他們採取等級證書學習、進高校深造、出國培訓等激勵措施。通過這種學習來充實他們的知識，培養他們的能力，給他們提供進一步

發展的機會，滿足員工自我實現的需要。

7. 負激勵

激勵並不全都是正面的，激勵也包括許多負激勵措施。例如，淘汰制、罰款、降職和開除等措施。淘汰制是一種懲罰性控制手段。按照激勵中的強化理論，激勵可採用處罰方式，即利用帶有強制性、威脅性的控制技術，如批評、降級、罰款、降薪、淘汰等來創造一種令人不快或帶有壓力的環境，以否定某些不符合要求的行為。現代管理理論和實踐都表明，正面激勵的作用遠大於負面激勵，因此在管理實踐中要謹慎地使用負激勵。

本章小結

本章內容是激勵理論與應用。首先從內容型激勵、過程型激勵、行為調整型激勵和綜合型激勵四個方面分別闡述了各種類型激勵理論的內容和激勵作用；其次重點介紹了各種激勵理論在實踐中的應用。

關鍵概念

1. 需求與激勵　　2. 內容型激勵　　3. 過程型激勵　　4. 行為調整型激勵
5. 綜合型激勵　　6. 正激勵　　　　7. 負激勵　　　　8. 滿意感

本章思考題

1. 激勵過程包含了哪些因素？各因素之間存在怎樣的關係？
2. 動機是什麼？激勵是什麼？
3. 有哪些類型的激勵理論，各種類型的激勵理論的內容是什麼？
4. 激勵理論是如何被應用到組織實踐活動中的？

案例分析

王永慶用人的兩大法寶[1]

在世界化工行業中，一提到臺灣地區的王永慶，幾乎無人不曉。他把臺灣塑膠集團推進到世界化工工業的前 50 名。臺塑集團取得如此輝煌的成就，是與王永慶善於用人分不開的。他從多年的經營管理實踐中，創造了一套科學的用人之道，其中最為精闢的是「壓力管理」和「獎勵管理」兩大法寶。

王永慶始終堅信「一勤天下無難事」。他一貫認為承受適度的壓力，甚至主動迎接

---

[1] 王永慶管理精髓 [OL]. http://wenku.baidu.com/view/485eeafe700abb68a982fb5a.html.

挑戰，更能充分表現一個人的生命力。王永慶的生活閱歷，使他對這一問題的感受比一般人更為深刻。他在總結臺塑企業的發展過程時說：「如果臺灣不是幅員如此狹窄，發展經濟深為缺乏資源所苦，臺塑企業可以不必這樣辛苦地致力於謀求合理化經營就能求得生存及發展的話，我們是否能做到今天的 PVC 塑膠粉粒及其他二次加工均達世界第一不能不說是一個疑問。臺塑企業能發展至年營業額逾千億新臺幣的規模，可以說就是在這種壓力逼迫下，一步一步艱苦走出來的。」他又說：「研究經濟發展的人都知道，為什麼工業革命和經濟先進國家會發源於溫帶國家，主要是由於這些國家氣候條件較差、生活較艱難，不得不求取一條生路，這就是壓力條件之一。日本工業發展得很好，也是在地瘠民困之下產生的，這也是壓力所促成的。今日臺灣工業的發展，可說也是在『退一步即無死所』的壓力條件下產生的。」

事實的確如此。臺塑企業如果當初不存在產品滯銷，在臺灣沒有市場問題的話，王永慶就不會想出擴大生產，開闢國際市場的高招；沒有臺灣塑膠粉粒資源貧乏的嚴酷事實，他就不會有在美國購下那 14 家 PVC 塑膠粉粒工廠之舉。當然，臺塑公司也就不會有今天的規模。

王永慶深刻地研究了這一問題，把它用於企業管理中，創立了「壓力管理」的方法。壓力管理，顧名思義，就是在人為壓力逼迫下的管理。具體地說，就是人為地造成企業整體有壓迫感和讓臺塑的所有從業人員有壓迫感。

首先是企業發展的生命力。隨著時間的推移，臺塑企業的規模越來越大，生產 PVC 塑膠粉粒的原料來源將是一個越來越嚴峻的問題。儘管臺塑在美國有 14 家大工廠，但美國的尖端科技與電腦是領先世界各國的，臺塑與這樣的對手競爭，壓力是巨大的。他們必須去開闢更多的原料基地，企業才會出現第二個春天。這既是企業的壓力，也是王永慶的壓力。

再說全體從業人員的壓力。臺塑的主管人員最怕「午餐匯報」。王永慶每天中午都在公司裡吃一盒便飯，用餐後便在會議室裡召見各事業單位的主管，先聽他們的報告，然後會提出很多犀利而又細緻的問題逼問他們。主管人員為應付這個「午餐匯報」，每週工作時間不少於 70 小時，他們必須對自己所管轄部門的大事小事十分清楚，對出現的問題做過真正的分析研究，才能夠過關。由於壓力太大，工作又十分緊張，臺塑的很多主管人員都患有胃病，醫生戲稱它是午餐匯報後的「臺塑後遺症」。

王永慶呢？他每週的工作時間在 100 小時以上，由於他追根究底、鉅細無遺，整個龐大的企業都在他的掌握之中，他對企業運作的每一個細節也都了如指掌。由於他每天堅持鍛煉，儘管年逾古稀，但身體狀況仍然很好，而且精力十分充沛。

隨著企業規模的擴大，人多事雜，單靠一個人的管理是不夠的，必須依靠組織的力量來推動。臺塑集團在 1968 年就成立了專業管理機構，具體包括總經理室及採購部、財務部、營建部、法律事務室、秘書室、電腦處。總經理室下設營業、生產、財務、人事、資材、工程、經營分析、電腦 8 個組。這有如一個金剛石的分子結構，只要自頂端施加一種壓力，自上而下的各個層次便都會產生壓迫感。自 1982 年起，臺塑又全面實施了電腦化作業，大大提高了經濟效益。

「壓力」是必要的，但是合理的激勵機制也是不可缺少的。王永慶對員工的要求雖

近乎苛刻，但對部屬的獎勵卻極為慷慨。臺塑的激勵方式有兩類。一類是物質的，即金錢；一類是精神的。有關臺塑的金錢獎以年終獎金與改善獎金最為有名。王永慶私下發給幹部的獎金稱為「另一包」（因為是公開獎金之外的獎金）。這個「另一包」又分為兩種：一種是臺塑內部通稱的「黑包」；另一種是給特殊有功人員的「杠上開包」。1986年「黑包」發放的情形是：課長、專員級10萬～20萬元（新臺幣）；處長、高專級20萬～30萬元（新臺幣）；經理級100萬元（新臺幣）。另外還給予特殊有功人員200萬～400萬元（新臺幣）的「杠上開包」。走紅的經理們每年薪水加紅利可達四五百萬元（新臺幣），少的也有七八十萬元（新臺幣）。此外還設有成果獎金。對於一般職員，則採取「創造利潤，分享員工」的做法，員工們都知道自己的努力會有回報，因此他們都拼命地工作。臺塑的績效獎金制度造成了1＋1＞2的效果。

案例思考題

1. 你如何理解王永慶的「壓力管理」和「激勵管理」的關係？
2. 你認為應該如何處理好「壓力管理」和「激勵管理」的關係？
3. 你如何理解王永慶的特殊激勵手段，如發「紅包」、「黑包」及「杠上開包」？

第九章　薪酬管理與薪酬設計

學習目標

1. 瞭解報酬與薪酬的區別及聯繫
2. 瞭解薪酬管理的相關概念
3. 熟悉並掌握薪酬管理體系的基本流程
4. 熟悉激勵薪酬與福利的相關概念
5. 掌握薪酬制度的設計過程與方法

引導案例

YT公司的薪酬制度[①]

　　YT公司是一家大型的電子企業。2006年，該公司實行了企業工資與檔案工資脫鉤，與崗位、技能、貢獻和效益掛鉤的「一脫四掛鉤」的工資、獎金分配制度。

　　一是以實現勞動價值為依據，確定崗位等級和分配標準。崗位等級和分配標準經職代會通過確定。公司將全部崗位劃分為科研、管理和生產三大類，每類又劃分出十多個等級，每個等級都有相應的工資和獎金分配標準。科研人員實行職稱工資，管理人員實行職務工資，工人實行崗位技術工資。科研崗位的平均工資是管理崗位的2倍，是生產崗位的4倍。

　　二是以崗位性質和任務完成情況為依據，確定獎金分配數額。每年對科研、管理和生產工作中有突出貢獻的人員給予重獎，最高的達到8萬元。總體上看，該公司加大了獎金分配的力度，進一步拉開了薪酬差距。

　　YT公司注重公平競爭，以此作為拉開薪酬差距的前提。如對科研人員實行職稱聘任制，每年一聘。這樣既穩定了科研人員隊伍，又鼓勵優秀人員脫穎而出，為企業長遠發展提供源源不斷的智力支持。

[①] YT公司的薪酬制度［OL］．百度文庫，http://wenku.baidu.com/view/59b418ce0508763231121206.html.

第一節　薪酬理論概述

一、薪酬與報酬的基本概念

　　1. 薪酬的含義

　　薪酬是指員工從企業那裡得到的各種直接的和間接的經濟收入。簡單地說，它就相當於報酬體系中的貨幣報酬部分。[①]

　　在企業中，薪酬一般由三個部分構成，一是基本薪酬；二是激勵薪酬；三是間接薪酬。基本薪酬指企業根據員工所承擔的工作或者所具備的技能而支付給他們的較為穩定的經濟收入。激勵薪酬是指企業根據員工、團隊或者企業自身的績效而支付給他們的具有變動性質的經濟收入，這兩個部分加起來就相當於貨幣報酬中的直接報酬部分，這也構成了薪酬的主體。間接薪酬就是給員工提供的各種福利。與基本薪酬和激勵薪酬不同，間接薪酬的支付與員工個人的工作和績效並沒有直接的關係，往往具有普遍性，是企業福利的表現（見圖9－1）。

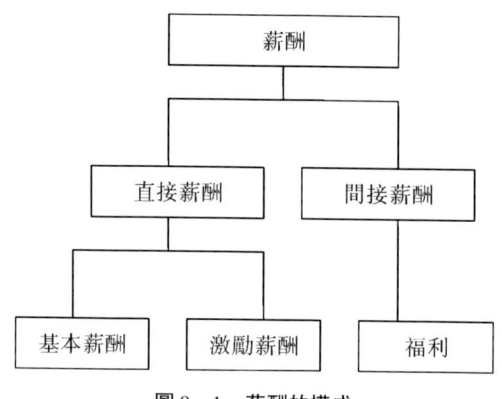

```
                    薪酬
                     │
         ┌───────────┴───────────┐
      直接薪酬                  間接薪酬
         │                       │
   ┌─────┴─────┐                 │
 基本薪酬   激勵薪酬            福利
```

圖9－1　薪酬的構成

　　2. 報酬的含義

　　在管理實踐中，最容易與薪酬發生混淆的一個概念就是報酬。報酬是指員工從企業那裡得到的作為個人貢獻回報的他認為有價值的各種東西。報酬一般分為內在報酬和外在報酬兩大類。內在報酬是指員工由工作本身所獲得的心理滿足和心理收益，如決策的參與、工作的自主權、個人發展、活動多元化以及工作挑戰性等。外在報酬則通常指員工所得到的各種貨幣收入和實物，它包括兩種類型，一種是貨幣報酬，如工資、獎金等，這部分即是薪酬；另一種是非貨幣報酬，如寬大的辦公室、私人秘書等。貨幣報酬又可以分為兩類，一種是直接報酬，如工資、績效獎金、股票期權和利潤分享等；二是間接報酬，如保險、帶薪休假和住房補貼等（見圖9－1）。

[①] 董克用，葉向峰. 人力資源管理概述［M］. 北京：中國人民大學出版社，2003：258.

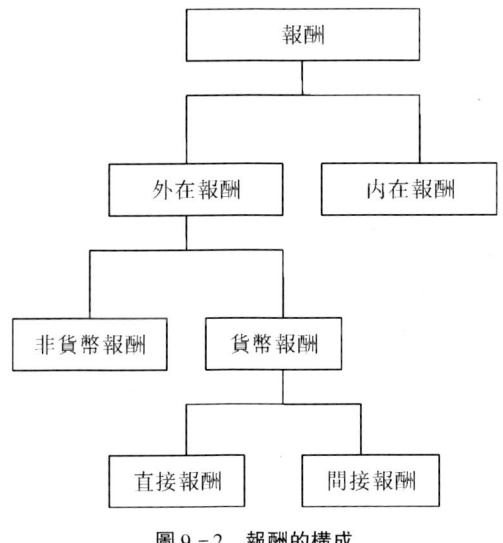

```
                    報酬
                   /    \
              外在報酬   內在報酬
              /    \
         非貨幣報酬  貨幣報酬
                   /    \
              直接報酬  間接報酬
```

圖 9-2　報酬的構成

3. 薪酬的作用

一個完整的薪酬結構，應該同時具有三方面的作用，即保障作用、激勵作用與調節作用。

（1）保障作用：薪酬的保障作用是通過基本工資來體現的，員工所獲薪酬數額至少能夠保證員工及其家庭生活與發展的需要。

（2）激勵作用：良好的薪酬結構能夠激勵員工發揮積極性與創造性，能夠很好地完成組織的績效指標。

（3）調節作用：薪酬的調節作用主要以福利的形式來表現。福利是企業關心員工、展現社會責任感的重要方面。通過提供各種福利與保險待遇，可使員工對企業有一種信任感和依戀感，形成良好的組織氣氛。

二、薪酬管理

1. 薪酬管理的含義

薪酬管理是指企業在經營戰略和發展規劃的指導下，綜合考慮內外部各種因素的影響，確定自身的薪酬水準、薪酬結構和薪酬形式，並進行薪酬調整和薪酬控制的整個過程。

薪酬水準是企業內部各類職位以及企業整體平均薪酬高低的概況，它反應了企業支付的薪酬的外部競爭性。薪酬結構是企業內部各個職位之間薪酬的相互關係，它反應了企業支付薪酬的內部一致性。薪酬形式是指在員工和企業總體的薪酬中，不同類型的薪酬組合方式。薪酬調整是指企業根據內外部各種因素的變化，對薪酬水準、薪酬結構和薪酬形式進行相應的變動。薪酬控制是指企業對支付的薪酬總額進行測算和監控，以維持正常的薪酬成本開支，避免給企業帶來過重的財務負擔。

2. 薪酬管理的內容

薪酬管理的主要內容有下列幾項：

（1）薪酬水準管理；

（2）薪酬結果管理；

（3）薪酬體系管理；

（4）薪酬關係管理；

（5）薪酬形式管理；

（6）薪酬政策和薪酬制度管理。

3. 薪酬管理的目標

薪酬管理活動主要達到以下目標：

（1）吸引和留住組織需要的優秀員工；

（2）鼓勵員工提高工作所需的技能和能力；

（3）鼓勵員工高效地工作；

（4）創造組織所希望的文化氛圍；

（5）控制營運成本。

4. 薪酬管理與人力資源管理各個模塊之間的關係

（1）薪酬管理與職位設計

薪酬管理與職位設計關係密切。管理者要根據職位設計和崗位評估的結果來進行薪酬設計。職位等級設計過寬或過窄必然導致薪酬等級的設計不合理。

（2）薪酬管理與員工招聘

企業的薪酬管理制度會傳遞企業的經濟實力、業績水準、價值導向等信息，可以為應聘者提供必要的信息支持。另外，合理的薪酬制度可以減輕員工招聘的工作量，如針對高級管理人員或技術人員的高薪酬可以迅速吸引大批合格的求職者，減少招聘宣傳工作，從而降低招聘成本。

（3）薪酬管理與培訓開發

薪酬具有激勵的功能，合理的薪酬制度會營造一種積極向上的氛圍，員工會主動要求參加培訓，進行再學習，不斷提高自身的技能和素質，從而增加整個組織的競爭力。

（4）薪酬管理與績效管理

可變薪酬作為薪酬的重要組成部分，其確定的依據就是員工的績效考核結果。合理的薪酬制度會與績效管理形成相輔相成的協調關係，提升員工的工作熱情，進而提高整個組織的工作績效。

三、激勵與薪酬管理

1. 公平理論與薪酬管理

公平理論是美國心理學家亞當斯在1967年提出的。該理論側重於研究薪酬大小與努力水準的關係，探討薪酬的合理性對員工工作積極性的影響。該理論指出，員工的工作動機，不僅受其所得的絕對薪酬（自己的實際收入）的影響，也受其收入相對值

影響（自己收入與他人收入的比較）。如果員工發現自己投入與收益的比例與別人的投入收益比例相等時，便認為是應該的、正常的，因此心情舒暢，工作努力；反之，就會產生不公平感。當然，薪酬過高所造成的不公平感也可能產生，但往往持續不久，因為員工可以重新評估，從而心理上感到合理。

公平理論告訴我們，企業的薪酬體系必須滿足公平要求。員工在很大程度上是通過與他人所獲工資的對比來評價自己所獲的工資的，並且他們的工作態度與工作行為都會受到這種比較活動的影響。

在進行薪酬水準和結構決策時，需要注意員工可能會對工資進行三種類型的社會比較。一是工資比較的外部公平性，二是工資比較的內部公平性，三是工資比較的個人公平性。

2. 雙因素論與薪酬管理

大量的調查發現，員工感到不滿意的因素與員工感到滿意的因素是不同的，前者往往是由外界工作環境引起的，後者是由工作本身產生的。造成員工不滿意的原因是由於企業政策、行政管理、監督、與主管的交往關係、工作關係、與下級的關係、安全方面等因素處理不當。這些因素改變了，只能消除員工的不滿，而不能激發其工作積極性，此類因素稱為「保健因素」。另外員工感到滿意的因素主要是工作富有成就感、工作成績得到社會的承認、工作本身具有挑戰性、負有重大責任、在職業上得到發展成長等。這類因素的改善能夠激勵員工工作的積極性和熱情，提高生產率，此類因素稱為「激勵因素」。雙因素理論的應用對於薪酬管理具有重大的指導意義，具體表現為以下幾點：

（1）重視薪酬的激勵作用。

（2）在薪酬結構中應對基本工資進行科學的設計，以保障員工基本的生活與工作需要。應相對穩定，原則上只升不降，不能隨意變動。

（3）在考核的基礎上加大獎金、績效工資的比例。

（4）注意防止激勵因素向保健因素轉化。

（5）彈性福利制使福利多元化，使其帶有「激勵」色彩，值得肯定。

（6）值得注意的是，在薪酬設計中，要根據不同崗位來設計體現「保健因素」的基本工資。

3. 期望理論與薪酬管理

此理論可以用下列公式來表示：激發力量（動機力量）＝期望×效價。該公式表明：假如一個人把目標的價值看得越大，估計能實現的概率越高，那麼激勵的作用就越強。為使激發力量達到最佳值，提出人的期望模式如圖9－3所示：

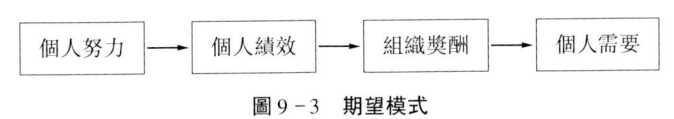

個人努力 → 個人績效 → 組織獎酬 → 個人需要

圖9－3　期望模式

期望理論認為，員工提高相應的績效所能獲得的薪酬水準會進一步增強自己的工作動機並提高自己的工作效率。因此運用該理論必須處理好以下三對關係：

（1）努力與績效的關係；

（2）績效與獎酬的關係；

（3）獎酬與個人需求的關係。

影響薪酬水準的因素很多，主要有：①影響員工個人薪酬水準的因素有工作績效、職務（或崗位）、技術和文化水準、工作條件、年齡和工齡等。②影響企業整體薪酬水準的因素有生活費用和物價水準、工資支付能力、地區和行業工資水準、勞動力市場供求狀況、工會作用和企業薪酬策略等。

第二節　薪酬管理體系設計

一、薪酬管理體系設計的基本原則

1. 公平性

企業員工對薪酬的公平感，也就是對薪酬發放是否公平的認識與判斷，是設計薪酬制度和進行薪酬管理時首先要考慮的因素。

一般說來，薪酬的公平性可以分為以下三個層次：

（1）外部公平性。即同一行業、同一地區或同等規模的不同企業中類似職務的薪酬應基本相同。因為此類職務對員工的知識、技能與經驗要求相似，付出的腦力與體力也相似，薪酬水準也應大致相同。

（2）內部公平性。即同一企業中，不同職務的員工所獲得的薪酬應正比於其各自對企業做出的貢獻，使員工不致產生薪酬不公平的感覺。

（3）個人公平性。即同一個企業中佔據相同職位的員工，所獲得的薪酬應與其做出的貢獻成正比；同樣，不同企業中職位相近的員工，其薪酬水準也應基本相同。

2. 競爭性

競爭性是指在社會上和人才市場中，企業的薪酬標準要有吸引力，才足以戰勝競爭對手，招到企業所需的人才，同時也才能留住人才。

3. 激勵性

激勵性是指在內部各類、各級職務的薪酬水準上，適當拉開差距，真正體現薪酬的激勵效果，從而提高員工的工作熱情，為企業做出更大貢獻。

4. 經濟性

提高企業的薪酬水準，固然可以提高其競爭性與激勵性，但同時會不可避免地導致企業人力成本的上升。因此，薪酬水準的高低不能不受經濟性的制約，也就是要考慮企業自身的實際能力。

5. 合法性

合法性是指企業的薪酬制度必須符合現行的法律法規，否則將難以順利推行。

在薪酬管理的過程中，要綜合考慮以上原則，靈活地制定出最有效的薪酬方案，為企業的發展吸引到最合適的人才。

二、薪酬管理體系設計的模式

1. 薪酬四分圖

從差異性與剛性兩個維度對薪酬的各個組成部分進行特徵分析，如圖9-4所示。

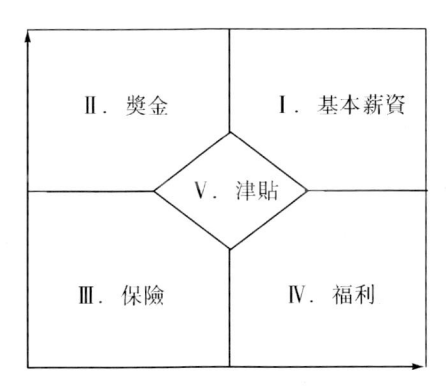

圖9-4 薪酬四分圖

圖9-4中橫坐標代表剛性，即不可變性；縱坐標代表差異性，即薪酬各部分在不同員工之間的差別程度。

（1）基本薪酬（基本工資）

處於第一象限的基本薪酬屬於高差異性和高剛性。也就是說，在企業內部，員工之間的基本薪資差異是明顯的，這是由職位價值決定的。如果員工調換職位，不能帶走原來的職位工資，而是領取現行新職位工資，這表現出較強的剛性。

（2）獎金

處於第二象限的獎金屬於高差異性和低剛性。即由於員工的績效、為企業做出貢獻相差較大，所以獎金表現出高差異性。而且，隨著企業經濟效益和戰略目標的變化，獎金也要不斷調整，表現出低剛性。

（3）保險

處於第三象限的保險，其成分較複雜。如醫療保險是低差異、高剛性的；而養老保險則是高差異、高剛性的。

（4）福利

處於第四象限的福利，是人人均可享受的利益，而且不能輕易取消，因此是低差異、高剛性的因素。

（5）津貼

處於四個象限中心的津貼，種類比較多，有的是低差異、高剛性的，有的則是高差異、低剛性的。

2. 薪酬模式設計

員工的薪酬模式的設計，就是將上述幾個組成部分合理地組合起來，形成可供選擇的三種薪酬模式。

(1) 高彈性模式

在這種模式下,員工的薪酬主要是根據員工近期的績效決定的。如果某段時期員工的工作績效很高,那麼所支付的薪酬相應也高,反之亦然。因此,不同時期,員工的薪酬起伏可能較大。

在這種模式下,獎金和津貼的比重較大,而福利、保險的比重較小。這種模式具有較強的激勵功能,但是員工缺乏安全感。

如果員工的工作熱情不高,人員的流動性較大,可以採取這種模式,加大績效在薪酬結構中的比重,激勵員工做出更大的貢獻。

(2) 高穩定模式

在高穩定模式下,員工的薪酬主要取決於工齡與企業的經營狀況,與個人的績效關係不大,員工的收入相對穩定。薪酬的主要部分是基本薪酬,而獎金的比例很少。薪酬的發放主要根據企業的經營狀況及個人薪資的一定比例發放或者平均發放。

高穩定模式的好處是員工具有較強的安全感,不足是缺乏激勵功能,而且企業的人工成本增長很快,企業負擔過重。這些方面在企業的薪酬中體現得較多。

(3) 折中模式

這種模式吸收了高彈性和高穩定兩種模式的優點,合理組合薪酬的各個組成部分,能夠不斷地激勵員工提高績效,而且還能夠讓員工有安全的感覺。

這種模式在操作時需要結合企業的生產經營目標和工作特點以及企業的收益情況,合理地進行搭配使用。

三、薪酬管理體系設計的基本流程

制定健全合理的薪酬方案與制度,是企業人力資源管理中的一項重大決策,需要有合理完整的程序來保證。

典型的薪酬管理體系設計的流程如圖9-5所示。圖中實線方框表示了各個步驟的名稱,虛線方框則說明各個對應步驟的主要內容與活動,流程的順序用箭頭表示。

1. 制定本企業的薪酬原則及策略

企業必須在其發展戰略的基礎上制定企業的薪酬原則和策略,並在此基礎上建立一套對內具有公平性、對外具有競爭性的薪酬體系。在制定企業的薪酬原則和策略之前,可對本企業的組織現狀進行深入的調查和研究。只有充分瞭解本企業的實際薪酬結構狀況,才可能設計出具有可操作性的薪酬管理體系。企業現狀調查一般包括以下內容:企業現行組織結構、工作職位分佈、各職位工作內容和作用;各類人員的構成、薪酬水準、各類人員的薪酬在企業薪酬總額中的比例;企業員工對現行工資制度的滿意度及最不滿意的問題;企業經營績效、各種技術經濟數據;勞動力成本對整個成本的影響程度;各項成本和費用對企業利潤的影響程度;利潤增長潛力、空間在哪裡;企業產品和生產技術水準。

2. 工作分析

工作分析是職位管理最重要的一個內容,它不僅是工作設計的重要依據,更是編寫工作說明書以及工作評價的基礎。工作分析主要對組織中各項工作職務的特徵、規

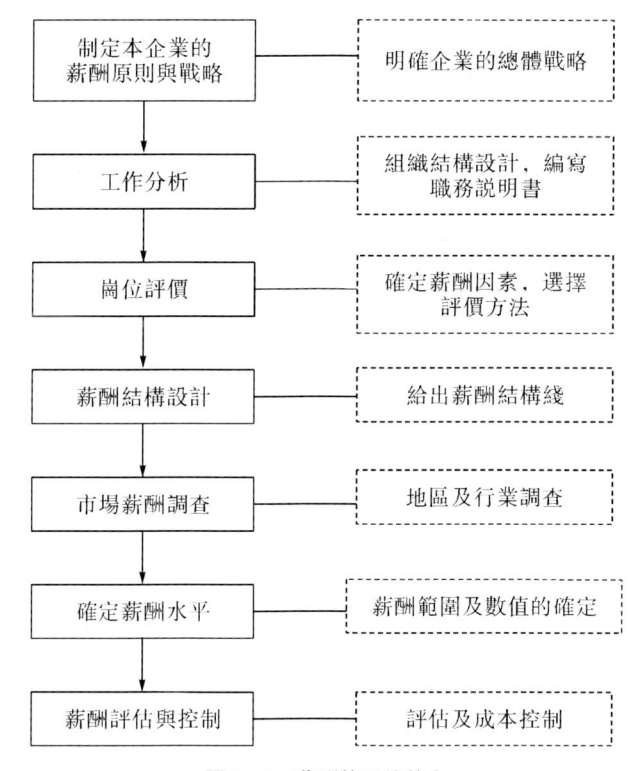

```
制定本企業的          明確企業的總體戰略
薪酬原則與戰略
      ↓
    工作分析    ——  組織結構設計,編寫
                    職務說明書
      ↓
    崗位評價    ——  確定薪酬因素,選擇
                    評價方法
      ↓
   薪酬結構設計  ——  給出薪酬結構綫
      ↓
   市場薪酬調查  ——  地區及行業調查
      ↓
   確定薪酬水平  ——  薪酬範圍及數值的確定
      ↓
   薪酬評估與控制 ——  評估及成本控制
```

圖9-5 薪酬管理的基本

範、要求、流程以及對完成此工作的員工的素質、知識、技能要求進行描述。它的結果是編寫工作說明書,為整個人力資源管理提供有價值的基礎信息。

工作(崗位)說明書是對企業中各種職位(崗位)的職責、權限和任職條件資格做出的系統而具體的說明和規定,是選人和評價人的標準,是確立工資水準的依據。根據工作職位(崗位)說明書,可以進行工作職位(崗位)分類和企業員工分類,為進行工作評價和薪酬設計提供依據。

3. 崗位評價

崗位評價,是根據工作分析的結果,按照一定的標準,對工作的性質、強度、責任、複雜性及所需的任職資格等因素的差異程度,進行綜合評估的活動。[1] 它以崗位任務在整個工作中的相對重要程度的評估結果為標準,以某具體崗位在正常情況下對工人的要求進行的系統分析和對照為依據,而不考慮個人的工作能力或在工作中的表現。

崗位評價包括兩個步驟:一是收集與工作有關的信息;二是將所收集到的信息進行評估、比較,以衡量工作崗位的相對價值及其在組織中的等級地位。崗位評價要根據各個崗位的相對價值劃分崗位的等級;崗位評價要有統一的評價標準,消除由崗位、工作內容等因素引起的崗位難度差異,使員工的薪酬具有可比性,確保工資制度的

---

[1] 楊明海,等. 工作分析與崗位評價[M]. 北京:電子工業出版社,2010:155.

公平。

4. 薪酬結構設計

（1）確定企業所有工作（或職位、崗位）的平均工資水準。這要根據市場調查的結果和本企業人工成本情況確定。影響平均工資水準的各經濟數據包括：人工成本占成本費用總額的比重；百元人工成本實現總產值（勞動生產率）、實現利潤額和實現銷售收入等。這些數據都從不同側面反應了企業人力資源的貢獻水準，貢獻高於市場可適當提高平均工資，貢獻低於市場可適當降低平均工資。

（2）建立工作結構，確定企業內部各種不同工作之間的相對價值即相對工資水準。這要根據市場調查和工作評價結果進行比較確定。首先根據職位（崗位）說明書中的工作描述和任職資格條件要求，進行工作分析。把各職位的工作特徵歸納出來，再為這些工作特徵確定相應的價值，用報酬要素點數來表示，點數越多表示該職位對企業越重要，工資水準越高。

5. 市場薪酬調查

薪酬市場調查是對企業所支付的薪酬情況做系統的收集和分析判斷過程。一個好的薪酬市場調查，可以幫助企業瞭解薪酬水準在產品市場和勞動力市場上的位置，既有利於控制勞動力成本，又能保持對關鍵人才的吸引、留住和激勵，贏得人才競爭優勢，同時還可以預測企業薪酬政策在將來的變化和發展，為企業制定薪酬制度、控制薪酬總水準、各類人員薪酬相對水準、各類人員的薪酬等級劃分提供基本數據。

調查的內容可以分為以下幾個部分：產品市場競爭數據、勞動力市場競爭數據、法律環境調查數據等。

市場調查方法有兩種主要的方式。首先，要充分利用社會上的信息資源，廣泛收集各種相關的技術、經濟數據，如勞動力市場上的各類人員的指導價；統計部門公布的各行業各類人員的薪酬水準；產品市場上的產品價格和各企業產品在市場上的佔有率等。

6. 確定薪酬水準

設計薪酬結果之後，薪酬系統的基本框架就確定了。之後，管理人員要根據薪酬結構來進行薪酬水準的確定。薪酬水準的確定，即薪酬範圍和數值的確定，包括工資分等和定薪。工資分等和定薪就是將薪酬分成若干等級，按照一定的順序進行排列，再將金額相近的薪級歸為一組，最後給每一個組別定薪。

個人工資水準的確定應根據企業薪酬支付方式，分別計算個人各部分工資，然後相加就是員工個人工資水準。概括來講，根據員工個人所從事的工作職位（崗位）結合本人素質等級做出的工作評價結果（點數）在工資等級表中查找相應位置來決定基本工資水準；獎金即短期激勵工資，按照企業績效標準對員工實際工作業績評定的結果進行分配；風險工資對某些員工是存在的，但對大部分員工是不存在的；補貼與福利按政府政策進行。

獎金的確定，首先依據企業績效水準和支付能力決定當期獎勵工資總額；再依據員工所在單位績效水準，按照事先確定的計算公式計算該單位獎勵工資總額；最後依據員工所在單位所有員工的工作評價結果和所有員工的績效評價總分，計算出每個績

效分的價值平均值，再用這個平均值去乘以某個員工的工作評價結果點數和績效分就是本人的獎金額。員工獎金每個月都是變動的。

7. 薪酬評估與控制

薪酬管理體系設計完成之後，就可以在組織內部形成薪酬體系並進行推廣實施。在薪酬系統的制定和實施過程中，及時的溝通、必要的培訓是保證薪酬管理體系設計成功的因素之一。薪酬是對人力資源成本和員工需求進行權衡的結果。隨著企業內外部環境的不斷變化，企業有必要在薪酬系統實施的過程中，定期對員工的薪酬需求和滿意度進行調查，在保持相對穩定的前提下，對薪酬進行定期調整。

四、薪酬體系設計應注意的幾個問題

企業在制定薪酬政策時應主要從這幾個方面來考慮，即薪酬的對外競爭性、薪酬對內公平性及企業本身的支付能力。

1. 薪酬政策的對外競爭性

為了保持企業在行業中薪資福利的競爭性，吸引優秀的人才加盟，企業人力資源管理部門的一項重要工作就是參加薪酬調查，瞭解類似企業在薪資福利方面的數據，以此為參數調整本年度企業的薪資福利政策。除了參加一年一度的薪酬福利調查之外，企業還會根據需要為某一特殊職位專門聘請專業的管理諮詢企業做相關數據的調查，正所謂知己知彼，百戰不殆。

但這是否意味著企業只有支付最高的薪酬才能吸引最優秀的員工呢？在摩托羅拉、IBM 公司，它們所支付的薪酬在同行業中並不是最高的，但卻吸引了它們所需要的優秀人才。

各個企業在薪酬支付政策上很不相同，在一些企業，它們的薪酬政策是給最優秀的人才支付最有競爭力的薪酬，因為它們認為，它們的人才是最優秀的，薪酬當然是最好的。但在另外一些企業裡，它們可以支付較高的薪酬，但是它們在薪酬支付上並不占先，卻同樣可以吸引到最優秀的員工。企業文化、企業的名氣、員工在企業的發展機會、企業的經營業績，這些使員工並不會因為企業的薪酬不是最高而不加入這個企業。吸引人才，薪酬是一個重要因素，但員工最後選擇的往往是企業的整體環境。

2. 薪酬設計一定要結合企業的實際

每個企業的薪酬設計都是不同的，在引進其他企業的薪酬設計經驗時，管理專家建議我們一定要慎重，單純講一項薪酬計劃好與不好是幼稚的，適不適合企業狀況這一點才重要。

在公司的不同階段、在不同類型的公司中，激勵重點會有所不同。比如公司在投資階段，人力資源、財務部門很重要；而在以成本為中心的公司如貝爾實驗室，研發開拓人員很重要，是激勵的重點；但在以利潤為中心的公司，銷售人員就成為了激勵的重點。同樣，在企業的不同階段以及不同的企業中，激勵的重點也是不同的。企業制定薪酬福利的指導思想是吸引最好的人才，留住最好的人才，激勵員工努力工作。但是由於各個企業目標不同、市場的狀況不同、員工的需要不同、企業的預算不同、企業之間的成熟度不同，所以不能盲目照搬別人的經驗。

3. 重視員工的福利願望

有關的調查數字顯示，在相當多的企業裡，薪酬福利計劃一經制訂，就許多年「躺」在上面睡大覺，很少有人再花心思去想想這些計劃執行起來有什麼問題，是不是員工需要的，哪些方面可以改進，福利計劃激勵員工的效果怎麼樣。

而在一些公司裡，有專人負責改進已有的薪資福利計劃，並根據需要去研究和開發新的項目。在上海的貝爾公司，它的福利政策，始終隨著人才市場及員工需要變化而不斷改變。公司員工平均年齡 28 歲，正值成家立業之年，購房置業是他們生活中首要考慮的問題。為此，上海貝爾推出了無息購房貸款，為員工在房價高漲之下的購房助一臂之力。而且員工工作滿規定年限，此項貸款還可以減半償還。

4. 按績效表現支付薪酬

「按表現來支付薪酬」（Pay For Performance）是有效的薪酬支付體系的一條基本原則。好的薪酬計劃一定是公平的，在以前我們研究過的諸多薪酬體系的案例中，支付不與業績掛勾往往是薪酬計劃失敗的重要原因。為了使薪酬更公平，許多企業都試圖先使評估做得更合理、更科學，充分考慮企業部門之間的特殊性。不少企業採用了 360 度績效考核辦法，上級、下級、客戶、跨部門同事、同部門同事互相評估。

做業績評估及管理的時候一定要避免考核目標過於單一，比如對銷售人員的評估，如果僅從「銷售業績」來考核就是典型的目標設計過於單一，結果是銷售員會繞開其他的方面，片面追求銷售額，這樣的業績考核結果是不科學的。建議在目標設定時要把握幾個原則即 SMART 原則，其中「S」是明確的、具體的（Specific），「M」是可衡量的（Measurable），「A」是可操作的（Attainable），「R」是相關的（Relevant），「T」是有時限的（Time-defined）。

在業績考核方面，一些公司的做法值得借鑑，如摩托羅拉公司在員工業績考核方面設定的目標不僅包括其在財政、客戶關係、員工關係、合作夥伴之間的表現，也包括對員工的領導能力、戰略計劃、客戶關注程度、信息和分析的能力、個人發展、過程管理方法等的考察。思科公司薪資標準主要跟職位相關，薪資的漲幅與每個人的能力直接掛勾，業績好會多漲，業績平平漲得少。在通用電氣公司則只獎勵那些完成了高難度工作指標的員工。公司的薪酬制度中的一個關鍵原則是要把薪酬與工作表現直接掛勾，公司按實際績效付酬，公司的準則是不把報酬和權力綁在一起。這樣，即使職位沒有得到晉升，工資級別卻可以根據業績提升。

第三節　激勵性薪酬與福利

一、個人激勵薪酬

個人激勵薪酬是指以員工個人的績效表現為基礎而支付的薪酬，這種付出方式有助於員工不斷地提高自己的績效水準。個人激勵薪酬主要有以下幾種形式：

1. 計件制

計件制是根據員工的產出水準和工資率來支付相應的薪酬。例如，企業規定每生

產1件產品可以得到10元的工資，那麼員工每天生產20件產品，可以得到200元的工資。在實踐中，往往不是採用直接的計件制，而是差額計件制，即對於不同的產品產出水準分別規定不同的工資率，以此來計算工資。例如，員工每天生產率在1～10件水準，那麼每件產品8元工資；如果員工每天的生產率在10～20件，那麼每件產品10元工資。

2. 工時制

工時制是根據員工完成工作的時間來支付相應的薪酬。基本的工時制是標準工時制，就是首先確定完成某項工作的標準時間，當員工在標準時間內完成工作任務時，依然按照標準工作時間來支付薪酬。由於公共的工作時間縮短了，這就相當於工資率提高了。標準工時制有兩種變化的形式，一種是哈爾西的50-50獎金制，該形式是指通過節約工作時間而形成的收益在企業和員工之間平均分享。另一種是羅恩制，指員工分享的收益根據其節約的時間的比率來確定。例如，某項工作的標準工作時間是5小時，員工只用了4小時就完成了，那麼因工作時間節約而形成的收益，員工就可以分享到20%。

3. 績效工資

績效工資就是根據員工的績效考核結果來支付相應的薪酬。由於有些職位的工作很難用數量和時間來進行量化，因此上述兩種方法不能適用，要借助績效考核的結果來支付激勵薪酬。績效工資有兩種形式，一是績效調薪，二是績效獎金。

（1）績效調薪

績效調薪是指根據員工的績效考核的結果對其基本薪酬進行調薪。調薪的週期因不同的公司而有所不同，一般按年來進行。而且調薪的比例根據績效考核結果來確定，績效考核結果越高，調薪的比例越高，如表9-1所示。進行績效調薪時，要注意由於薪酬具有剛性，員工對於工資的下調會有強烈的抵觸情緒，因此對於下調薪酬的部分不應超出該等級的薪酬區間，即員工基本薪酬的增加或減少不能超出該員工所在薪酬等級的最小值。

表9-1　　　　　　　　　　績效調薪比例

績效考核等級	S	A	B	C	D
等級說明	非常優秀	優秀	合格	存在不足	有很大差距
績效調薪幅度	6%	4%	0	-1%	-3%

（2）績效獎金

績效獎金是指根據員工的績效考核結果給予的一次性獎勵。績效獎金只針對績效優良者，不針對績效不良者。

績效獎金與績效調薪存在三點不同。第一，對基本薪酬的影響不同。績效調薪是對基本薪酬的調整，績效獎金則不會影響到基本薪酬。第二，支付的週期不同。績效調薪是對基本薪酬的調整，因此不可過於頻繁，否則會增加人力資源管理成本。績效獎金不涉及基本薪酬的變化，因此週期可以相對較短，一般按月或按季來支付。第

三，績效調薪的幅度要受薪酬區間的限制，而績效獎金則不會受到限制。

二、群體激勵薪酬

群體激勵薪酬是指以團隊或企業的績效為依據來支付薪酬。群體激勵薪酬的優點是它使員工更加關注團隊和企業的整體績效，增進團隊的合作，從而更有利於整體績效的實現。群體激勵薪酬的缺點是團隊內對群體績效沒什麼貢獻的員工也因此得到了群體激勵薪酬，產生了「搭便車」現象。群體激勵薪酬有以下幾種形式：

1. 利潤分享計劃

利潤分享計劃是指對代表企業績效的某種指標通常是利潤指標進行衡量，並以衡量的結果為依據來對員工支付薪酬。利潤分享計劃有兩個優勢，一是將員工的薪酬和企業績效聯繫在一起，因此可以促進員工從企業的角度去工作，增加員工的責任感；二是利潤分享計劃所支付的報酬不計入基本薪酬，有助於調整薪酬的靈活性。在企業經營良好時支付較高的薪酬，在企業經營困難時支付較低的薪酬。

利潤分享計劃一般有三種形式，一是現金現付制（Cash or Current Payment Plan），即以現金的形式及時兌現員工應得到的利潤分享。二是遞延滾存制（Deferred Plan），即利潤中應發給員工的部分不立即發放，而是轉入員工的帳戶，留待未來支付，通常和企業的養老金制度結合在一起。有些企業規定如果員工的服務期限沒有達到規定的年限，就無權得到或全部得到這部分薪酬。三是混合制（Combined Plan），即前兩種形式的結合。

2. 斯坎隆計劃（Scalon Plan）

斯坎隆計劃是20世紀20年代中期由美國的一位工會領袖約瑟夫·斯坎隆提出的一個勞資合作計劃，以成本節約的一定比例來給員工發放獎金。它的操作步驟是：

第一步，確定收益增加的來源，通常用勞動成本的節約表示生產率的提高，用次品率降低表示產品質量的提高，以及生產成本的節約。將上述各種來源的收益增加額加總，得出收益增加總額。

第二步，提留和彌補上期虧空。收益增加額一般不全部進行分配，如果上期存在透支則要先彌補虧空。此外，要從收益增加額中提取一定的比例作為資金儲存，得到收益增加淨值。

第三步，確定員工分享收益增加淨值的比重，並根據這一比重計算出員工分配的總額。

第四步，將可分配的總額除以工資總額，得出分配的單價。員工的工資乘以這一單價，即可得到該員工分享的收益增加數額。

3. 魯卡爾計劃（Rucker Plan）

魯卡爾計劃在原理上與斯坎隆計劃相似，但是計算的方式要複雜得多。它的基本假設是員工的工資總額保持在一個固定的水準上，然後根據公司過去幾年的記錄，以其中工資總額占生產價值（或淨產值）的比例作為標準比例，以確定獎金的數額。

4. 股票所有權計劃

股票所有權計劃就是讓員工部分地擁有公司的股票或者股權。雖然這種形式是針

對員工個人來實行的，但是由於它和公司的整體績效緊密聯繫在一起，因此將它歸入群體激勵薪酬中來。股票所有權計劃主要有三類：現股計劃、期股計劃和期權計劃。

（1）現股計劃

現股計劃指公司通過獎勵的方式向員工直接贈送公司的股票或者參照股票當前的市場價格向員工出售公司的股票，使員工立即獲得現實的股權。這種計劃一般規定員工在一定時間內不能出售所持有的股票，這樣股票價格的變化就會影響員工的收益。通過這種方式，可以促使員工更加關心企業的整體績效和長遠發展。

（2）期股計劃

期股計劃指公司和員工約定在未來某一時期內員工以一定的價格購買一定數量的公司股票，購買價格一般參照股票的當前價格。這樣，如果未來股票的價格上漲，員工按照約定的價格買入股票，就可以獲得收益；如果未來股票的價格下跌，那麼員工就會有損失。因此，員工會通過自身的努力來實現公司的目標，以期望未來公司股票價格上漲，從而獲得收益。

（3）期權計劃

期權計劃與期股計劃相類似，不同之處在於公司給予員工在未來某一時期內以一定價格購買一定數量公司股票的權利。但是，員工到期可以行使這項權利，也可以放棄這項權利，購買股票的價格一般也要參照股票當前的市場價格來確定。

三、福利

1. 福利的含義

福利是指企業支付給員工的間接薪酬。在勞動經濟學中，福利又被稱為小額優惠。與直接薪酬相比，福利具有兩個重要的特點：一是直接薪酬往往採取貨幣支付和現期支付的方式；而福利多採取實物支付或延期支付的形式。二是直接薪酬具有一定的可變性，與員工個人直接相關；而福利則具有準固定成本的性質。

2. 福利的作用

（1）增強企業員工的凝聚力

員工福利為企業全體成員的身心健康與才能的發展以及改善生活環境等創造了良好的條件，並且在一定程度上縮小了生活差距，使廣大員工有「公平感」和「平等感」；同時，員工福利待遇的高低直接依賴於本企業的經濟效益，因此就有助於培養員工為集體福利而勞動，發揚集體主義精神，對穩定勞動集體和消除人員流動現象也有著重要影響。

（2）提高員工覺悟，促進努力工作

員工福利是在勞動報酬以外，由相關部門根據實際需要將企業的（部分）勞動成果分配給員工，福利內容多與改善員工的物質文化生活密切相關，每一個人享受的福利機會均等。因此，員工較之按勞分配更能直接體驗到主人翁地位和社會主義的優越性，從而有利於提高廣大員工的社會主義覺悟，激發他們為集體也為自己而勞動的熱情。

（3）員工福利也是一種投資，而且能長遠地取得效益

員工福利解決了員工生活上的後顧之憂和經濟困難，改善了生活，使他們精力充沛、心情舒暢地工作，從而提高勞動生產率（工作效率），取得更大的經濟效益。員工福利用在文化學習、體育娛樂方面的費用是「智力投資」。它提高了員工的勞動力素質，所帶來的效益更是其他投資所不能比擬的。

3. 福利的內容

（1）國家法定福利。這是由國家相關的法律和法規規定的福利內容，具有強制性，任何企業都必須執行。法定福利主要包括以下幾項內容：

①法定的社會保險。包括基本養老保險、基本醫療保險、失業保險、工傷保險和生育保險。

②公休假日。如實行每週兩天的公休制度。

③法定休假日。中國目前的法定休假日包括元旦、春節、端午節、勞動節、中秋節、國慶節和法律規定的其他休假日。

④帶薪休假。勞動者連續工作一年以上，享受帶薪年休假。

（2）企業自主福利。企業自主福利項目不具有任何強制性，企業可根據本企業的實際情況設立。表9-2列出了美國企業的一些福利項目。

表9-2　　　　　　　　　　美國企業自主福利項目

保險	醫療保健	退休
企業與員工告別費 補充失業保險 家庭事務：兒童護理、老人照顧 財政幫助 人壽保險 法律訴訟保險 員工持股計劃 財務諮詢 信用合作 企業提供的轎車和支出帳戶 教育輔導 工作調動和搬遷幫助	醫療保健 牙齒保健 處方用藥 心理諮詢 保健計劃 企業的補充醫療保險 社會與娛樂活動 網球場 保齡球隊 公益服務獎勵 提供自主的活動 自助餐 娛樂項目	退休前諮詢服務 退休員工保健計劃 個人退休金帳戶 殘疾人退休福利 假期和班上休息 午餐和工間休息 葬禮和喪親假 家庭事假和病假

［資料來源］中國企業國際化管理課題組. 企業人力資源國際化管理系統［M］. 北京：中國財政經濟出版社，2002：203. 引用時有刪節。

4. 員工福利設計應注意的問題①

（1）福利水準要同企業的經濟負擔能力相適應

企業的福利需與企業經濟效益掛勾，不能強求一律、相互攀比。在市場競爭日益

---

① 段霞. 關於企業員工福利設計問題的探討［J］. 現代經濟信息，2010（1）.

激烈的今天，企業生產成本的高低直接影響著自身競爭力的強弱。人力資源福利作為企業員工福利支出的一部分，作為企業雇傭成本的一部分，福利的高低對企業的生產成本具有直接的影響。在當今形勢下，企業在市場競爭中具有很大的不確定性，經濟效益也會隨之呈現波動的趨勢。然而，員工的福利卻是具有剛性的。在這種情況下，當企業的經濟效益降低，員工的福利卻不易隨之下滑，從而使企業陷入兩難的境地。企業是獨立的經濟實體，因此要根據自己的經濟狀況來確定福利的規模、項目和標準。各企業應該經過充分的調查、分析，制定出切實可行的最佳福利方案，少花錢多辦事。企業在進行福利設計時，要根據企業自身的實際情況，制訂相關的福利計劃，尋求企業效益和福利水準的平衡點。

（2）正確處理福利與工資的比例關係

工資和福利增長都是提高員工生活水準的有效途徑。但是，在當今社會，按勞分配是消費品分配的主要經濟規律。這就決定了工資應該滿足職工需要的基本來源，福利只能作為工資的補充。這是因為福利主要是根據需要分配的，同員工的勞動量沒有直接聯繫。如果員工福利占主要比重，不僅在財力上達不到，還會削弱工資激勵職能的充分發揮，阻礙國民經濟的發展。

（3）將培訓作為員工的一種福利形式

培訓對於一個企業來說，具有重要的現實意義，能提高員工的工作積極性，培養團隊精神，從而提高工作效率，增強企業的凝聚力。對員工進行培訓，一方面可以增加他們的新知識和技能，提升人力資本價值；另一方面可以形成一個較為完整的培訓體系，通過對不同層次員工進行不同內容的培訓，體現全體性和針對性。

第四節　薪酬制度

薪酬制度是指將企業的薪酬政策制度化、規範化。企業的薪酬制度是企業的一項基本制度，是企業人力資源管理體系的重要組成部分。

一、薪酬制度的作用

1. 激發員工的工作積極性

薪酬是激發員工工作熱情的最有效因子，每個人兢兢業業從事崗位工作也都是因為有承諾的工資因子的激勵作用。固然有不收取報酬的義務勞動，但多數人從業最直接的目的還是獲取報酬，所以，企業的薪酬機制一定要適應員工和形勢的需要，更何況報酬的多少與員工的工作績效息息相關。換句話說，員工的努力程度直接決定其最終得到的酬勞，它對員工的激勵效果不言而喻。

2. 滿足員工獲得尊重的需要

根據馬斯洛需求層次理論，員工有了基本的工資保障，就有了更高層次的精神追求，這也是企業設計薪酬激勵時必須加以重視的。一些企業讓員工參與企業管理就是出於這樣的考慮。這不是物質上的工資給付，而是一種純粹的精神激勵。讓員工參與

企業管理的重要事項，加強他們和領導的溝通，在重大問題的處理上聽取員工的建議，不僅會增強員工的主人翁意識，滿足其獲得尊重的需要，讓其產生自身的成就感和對企業的歸屬感，而且在整個企業形成強大的凝聚力，使企業的發展有源源不斷的後勁力量。

3. 能給員工帶來成就感

員工的基本工資報酬和精神報酬都有了保障，這種付薪機制就達到了預期效果，如果能堅持這樣的合理付薪機制，長時間後員工會感到自己的價值得到了認可，萌生出發自內心的成就感。這種成就感使員工得到了高層次的滿足。有成就感的員工，會形成企業發展的骨幹力量，以所在企業為榮。[1]

二、薪酬制度的不同選擇

每個企業都是不同的，無論資源、業務規模、平臺承載能力、現金支持力度等。因此，企業在制定薪酬制度時，應結合自身企業的發展、企業的戰略以及企業的價值觀，不求制定最優的方案，但求找到與企業相匹配的方案，根據不同的發展時期，制定不同的薪酬制度。

1. 基於發展戰略的薪酬模式選擇

企業設計薪酬首先必須在發展戰略的指導下，制定相對於當地市場薪酬行情和競爭對手薪酬水準的企業自身薪酬水準策略。

（1）市場領先型薪酬模式。採用這種薪酬模式的企業，薪酬水準在同行業的競爭對手中是處於領先地位的。領先薪酬模式一般基於以下幾點考慮：市場處於成長期或快速擴張期，有很多市場的機會和成長空間，對高素質人才需求迫切；企業自身處於高速成長期，薪酬的支付能力比較強等。

（2）市場跟隨型薪酬模式。採用這種模式的企業，實行的是市場跟隨戰略，一般都建立或找準了自己的標杆企業，企業的經營與管理模式都向自己的標杆企業看齊，同樣，薪酬水準跟標杆企業差不多就行了。

（3）成本導向型薪酬模式。企業在制定薪酬水準策略時不考慮市場和競爭對手的薪酬水準，只考慮盡可能地節約企業生產、經營和管理的成本，這種企業的薪酬水準一般比較低，實行的是成本領先戰略。有些公司可以依靠其綜合優勢，而不必花費最高的工資就可以找到企業需要的人才，並可以利用其公司的品牌、培訓機制等來激勵和留住人才。因此，在採取成本領先戰略的基礎上，才可能用較低的工資獲得足夠的優秀人才。

（4）混合型薪酬模式。混合薪酬策略就是在企業中針對不同部門、不同崗位、不同人才，採用不同的薪酬策略。比如對於企業核心與關鍵人才採用市場領先薪酬策略，而對一般人才、普通崗位採用非領先的薪酬策略。這種薪酬模式相對較為複雜，不利於企業人力資源的管理，需要成立專門的薪酬機構對各種人才的薪酬進行量身定制。

---

[1] 孫莎. 淺議中國中小企業薪酬制度現狀［J］. 勞動保障世界，2011（5）.

2. 基於發展階段的薪酬模式選擇

由於企業在初創、成長、成熟、衰退等不同發展階段表現出巨大的差異，所以企業也需要針對所處的階段對採用的薪酬體系模式做出相應的變化，選擇適合企業發展現狀的方案。表9－3是不同發展階段的企業對薪酬體系的選擇，基本薪酬、獎金、福利的不同組合構建了不同的薪酬體系，對員工的激勵和約束效果不盡相同。

表9－3　　　　　　　不同發展階段的企業對薪酬體系的選擇

企業發展階段	固定工資	獎金	福利	模式
初創期	高	低	低	高穩定模式
高成長期	具有競爭力	高	低	高彈性模式
成熟期	具有競爭力	具有競爭力	具有競爭力	折中模式
穩定期	高	低	高	高穩定模式
衰退期	高	無	高	高穩定模式
更新期	具有競爭力	高	低	高彈性模式

3. 基於價值取向的薪酬模式選擇

由於各個企業所處的環境、形成和發展的歷史、領導者的風格等各種因素的影響，使各個企業的主導價值有所不同，而不同的價值取向引導了不同的薪酬策略和薪酬體系的選擇。有些企業偏向個人主義，工作強調個人成就、獨立工作，工作結果強調個人貢獻，在這種情況下，薪酬設計多選用以績效獎金為主，工資回報的是個人成就，重視短期目標的實現。有些企業偏向團隊合作，企業的價值實現以集體成就為主，人們的集體和團隊意識強，以這種價值導向的企業傾向於以集體業績為重要準繩。[1]

三、薪酬制度的實施與反饋

1. 薪酬制度的實施

薪酬制度在實施過程中要保證公開、公正、公平，堅持多方參與原則，讓員工參與薪酬制度的建立。在支付薪酬時，企業應該向員工提供薪酬清單，讓員工充分瞭解薪酬的構成。薪酬制度的實施主要包括以下幾個步驟：

第一步，落實薪酬制度實施的組織和人員。企業在實施薪酬制度之前要挑選有關人員組成專門的實施團隊，負責整個實施過程的推進和統籌，同時負責與高層管理者、人力資源部門、財務部等相關部門進行溝通，及時反饋有關信息。

第二步，資金保障。任何一個制度的推行，都需要有一定的物質和資金作為基礎。在薪酬制度的實施過程中，薪酬項目專家組可以提前申請一部分必要的經費和補貼。

第三步，宣傳工作。在薪酬制度實施前和實施過程中，向員工宣傳是一項必不可少的程序。通過宣傳，人力資源管理者可讓員工充分瞭解薪酬制度的合理性，以求得贊同和支持，減少實施過程中的摩擦和阻力。

---

[1] 劉俊榮. 淺談中小民營企業薪酬制度的建立［J］. 經營管理者，2011（9）.

第四步，實施過程監控。在薪酬制度的實施過程中，薪酬項目專家和薪酬制度的制定者要對薪酬制度的實施過程進行全程監控，以及時糾正偏差，解決實施過程中出現的問題。

2. 薪酬制度的反饋

薪酬制度實施過程中，企業還要進行薪酬制度反饋信息的處理工作，主要通過對反饋信息的整理和分析，充分瞭解薪酬制度的實施效果，及時發現疏漏和問題，進行及時的調整和修正。

反饋信息包括外部反饋信息和內部反饋信心。外部反饋信息主要包括社會輿論反應、相關主管部門的反應等。外部反饋信息的收集和處理工作有兩個重點，一是關注業內或競爭對手對新制度實施的看法；二是測試新制度是否符合國家的相關規定。

內部反饋信息包括普通員工的反饋信息和高層管理人員的反饋信息。普通員工的反饋信息主要包括普通員工對新制度是否感到公平、員工的滿意度是否有所提高。企業應建立暢通的信息反饋系統，全面聽取員工的各種意見和建議，以達到完善薪酬制度的目的。高層管理人員的反饋信息主要集中在成本控制和工作效率方面，如企業的薪酬水準是否兼具經濟性和競爭性、員工的工作積極性是否提高、企業的生產效率是否提高等。

四、企業各類人員薪酬的設計方法

1. 管理人員的薪酬設計

生產操作員工的工作大都需遵循嚴格詳盡而具體的職務要求，他們的工作績效在很大程度上取決於他們自己的努力程度、技術操作熟練程度、以及他們所採用的技術與設備等工作環境。管理及行政人員則不同，他們的工作是綜合性的，涉及多種因素，常常需要主動對情況做出自主分析與權衡，並做出決策，他們的工作績效很大程度上取決於自身的能力和努力。因此，對於管理職位和專業技術職位來說，職位評價只是部分地回答了如何為這些員工付酬，因為這些職位在若干方面不同於生產職位和事務性職位。一般情況下，管理人員的薪酬是根據個人工作對組織的相對貢獻值以及個人履行職責的工作業績來確定的。確定管理人員工資包括了三個子因素：一是科學知識、專門技術和實踐經驗，用來反應工作對承擔者的教育背景和工作經驗的要求；二是管理技巧要求，這是指適應經營、管理、協調等各種管理情景並能一體化的技巧；三是人際關係技巧要求，這是指人際關係方面的積極的、熟練的、面對面交往的技巧。

2. 專業技術人員的薪酬設計

專業技術人員是指非管理類專業技術人員諸如工程師等。專業技術人員的薪酬確定制度有一些特殊的問題。對此所作的調查工作表明，薪酬主要用於鼓勵他們的創造性和解決問題的能力，薪酬因素難以比較和測量。進一步來說，專業技術人員對於企業經濟狀況的影響通常與個人的實際努力程度並無直接聯繫。例如，工程師的發明是否成功依賴於許多因素，如產品的生產與銷售情況。事實上，多數企業採用市場定價的方法來評價專業技術職位。他們通過市場確定專業職位的薪酬水準，由此建立基準職位的價值體系。然後建立這些基準職位和企業其他的專業職位的薪水結構。具體地

講，每個專業技術職業系通常只有 4~6 個工資等級，每個工資等級要求有變化幅度較大的薪酬系列。這種方法有利於確保企業之間在吸引某位才能出眾的專業人員時保持競爭力，而企業也可以廣泛地尋找所需要的員工。

3. 生產性員工的薪酬設計

一是計件工資制，是指確定每件產品的計件工資率，將生產人員的收入和產量直接掛勾。建立有效的計件工資制要求進行職位評價和工業工程設計。職位評價可以確定職位的小時工資率。但計件工資制的關鍵問題是產量標準，而這些標準通常通過工業工程設計制定。其表達形式一般為單位產品的限時耗或每小時的標準產量。計件工資制的優點是便於計算，易於為員工所理解，計量原則公平，報酬直接同業績掛勾，具有很好的激勵效果。而計件工資制的缺點是：企業一旦發現其工人的收入高於平均水準，便會提高產量標準。此外，小於計件工資率也要進行相應的調整，重新進行職位評價。因此，如果新的職位評價確定了新的小時工資率，那就必須修訂計件工資率，這將是一項非常繁瑣的事情。

二是標準工時制，主要是通過確定標準工時的工資率，將生產人員的收入與標準工時直接掛勾。標準工時制與計件工資制的區別在於：標準工時制是根據生產人員績效高於標準水準的百分比支付相同等比例的獎金。這個計劃假定工人都有固定的基本工資。標準工時制具有計件工資制的大多數優點，它便於計算、易於理解，而且獎勵以時間為單位而不是以貨幣為單位。[1]

本章小結

本章內容是薪酬管理與薪酬設計。本章首先闡述薪酬的基本概念、內涵及主要內容，在此基礎上論述了薪酬管理的意義與內容；其次闡述薪酬管理體系，以及如何建立薪酬管理體系，重點強調薪酬管理體系建立的基本原則、步驟和方法；接下來論述了薪酬的激勵作用，如何建立激勵性薪酬管理體系；最後介紹薪酬制度的基本內容以及如何建立和實施薪酬制度，其中包括企業各類人員的薪酬設計原則和方法。

關鍵概念

1. 薪酬　　　2. 薪酬管理　　　3. 薪酬管理體系　　　4. 激勵性薪酬
5. 薪酬制度　6. 薪酬分配

---

[1] 蔣莉. 企業薪酬制度設計之我見 [J]. 經營管理者，2010 (9).

本章思考題

1. 什麼是報酬？什麼是薪酬？薪酬的組成部分有哪些？
2. 薪酬管理的含義與內容是什麼？
3. 論述重要的薪酬管理理論。
4. 個人與群體的薪酬激勵方式有何區別？
5. 薪酬管理體系的設計有哪幾個步驟？
6. 不同類型的企業人員在薪酬設計上有何區別？應該如何設計不同類型員工的薪酬水準？

案例分析

泰門網絡公司三種崗位薪酬體系[①]

泰門網絡公司是一家網絡服務商，成立於1998年，現有員工200多人，許多人都是在某一領域擁有專長的專家，80%的技術人員都具有博士學位，公司產品年更新率達到30%。是什麼樣的利益回報有如此巨大的吸引力，致使大批優秀人才對泰門網絡公司投入如此大的熱情呢？答案就是泰門網絡公司的薪酬水準和薪酬體系。

在泰門網絡公司有三個重要的崗位：項目管理、研究開發和系統工程。

這三種崗位總體薪酬水準都比較高，年度平均總薪酬都超過10萬元。公司高利潤在這三種從業人員的薪酬水準上得到充分體現，見表9-4。

表9-4　　　　　　　　各崗位年薪酬總額

崗位名稱	薪酬範圍/年
研究開發經理	23萬~29萬元
系統工程經理	15萬~20萬元
項目管理經理	11萬~14萬元

從表9-4中可以看出，在薪酬總體水準比較高的基礎上，對於不同性質的崗位，薪酬水準也存在一些差距。項目管理人員平均薪酬水準最低，系統工程人員收入相對較高，研究開發人員的薪酬最高。這也從側面反應出了泰門網絡公司對不同崗位人員的重視程度的差異。這種薪酬差異是由該公司系統集成業的行業特點決定的。

泰門公司主要靠技術服務和提供解決方案獲利，因此，對崗位技術水準要求的高低對薪酬有直接影響。對於研發人員，他們對企業的貢獻在於通過技術研究和技術實踐為公司累積技術資本，是保證企業長期、穩定發展的基礎，是增強企業市場競爭力

[①] 泰門網絡公司三種崗位薪酬體系 [OL]. 百度文庫, http://wendang.baidu.com/view/24124f7b1711cc7931b71603.html.

的前提。對於系統工程人員，主要通過具體的工程實施和技術支持保證工程項目的順利執行，但往往使用成熟的技術工具，在技術上沒有太多研究突破。至於項目管理人員，工作中已經包含部分行政管理的成分，技術含量最低，因此，薪酬水準低於研發和系統工程人員。表9-5揭示了上述三種崗位薪酬構成的成分及其比重。

表9-5　　　　　　　　　三類崗位薪酬的構成及其比重　　　　　　　　　單位:%

崗位名稱	基本工資總額	補貼總額	變動收入總額	福利總額
系統工程經理	71	2	18	9
研究開發經理	81	2	6	11
項目管理經理	80	2	10	8

從薪酬構成比例來講，不同性質的崗位差異明顯。這是由各個崗位所承擔的工作任務的不同性質所決定的。最突出的特點是系統工程人員的固定收入比例明顯低於項目管理和研發人員，而變動收入比例卻最高。系統工程人員的工作任務是完成整個工程的實施，工程週期可能是幾周、幾個月，甚至跨年度。在實施過程中可能會出現種種問題，從而導致企業受到損失。企業的通常做法是減少系統工程人員的固定收入比例，加大獎勵作用的變動收入比例，用來激勵員工通過努力保證工程項目的順利實施，有效降低項目執行的風險。相反，對於研發和項目管理人員，工作的失敗風險比較小，因此增加固定收入的策略起到了留住員工的作用。

案例思考題

1. 泰門網絡公司薪酬體系的優勢在哪裡？
2. 你認為泰門網絡公司的薪酬體系存在什麼問題？為什麼？
3. 你對泰門網絡公司的薪酬體系有何建議？

第十章 勞動關係管理

學習目標
1. 瞭解勞動關係的含義及其內容
2. 瞭解各種勞動人事法規政策的作用
3. 理解勞動者的權利與地位
4. 熟悉勞動爭議的解決方式、程序
5. 瞭解目前勞動關係的熱點問題

引導案例

如何處理沈某與公司的矛盾[①]

某公司因有緊急生產任務，與公司工會協商後，公司領導決定安排員工近期每天加班兩小時。技術人員沈某感到身體不適，認為自己無力加班，便找到公司領導請假。公司領導不予準假，因為沈某並沒有充分理由證明自己身體不適，也沒有出示醫院證明。沈某仍表示要回家休息。最終，沈某還是在公司領導未同意的情況下沒有加班。兩天後，公司領導通知沈某，要求她停職並寫出書面檢查，檢討自己的錯誤，其當月績效工資也將被扣發。

沈某認為，加不加班是職工個人的事，況且自己確實是身體不適，無法加班。公司不該扣她的錢，更不應該停止她的工作。她要求公司領導更正決定。

但公司領導認為，加班是和工會協商後的結果，職工應該參加。何況她未經允許，擅自離開是曠工行為，當然得扣她的績效工資，停職是對她這種行為的懲罰。

那麼，公司扣發沈某績效工資並停止她工作的做法是否正確呢？

第一節 勞動關係概述

一、勞動關係的含義

1. 勞動關係

勞動關係具有兩個方面的概念：一個是法律概念，一個是人力資源的概念。在中

[①] 拒絕加班就應當扣工資嗎？[OL]. http://old.www.sg.com.cn/633/633a57.htm.

國，調整勞動關係的根本法律是《中華人民共和國勞動法》。它是調整勞動關係以及與勞動關係密切聯繫的其他關係的法律規範，其作用是從法律的角度確立和規範勞動關係。

勞動關係是指國家機關、企事業單位、社會團體和個體經濟組織（統稱用人單位）與勞動者個人之間，依法簽訂勞動合同，勞動者接受用人單位的管理，從事用人單位安排的工作，成為用人單位的成員，從用人單位領取報酬和受勞動保護所產生的法律關係。在實際生活中，用人單位沒有與勞動者簽訂勞動合同的現象相當普遍，但只要雙方實際履行了上述權利與義務，即形成事實上的勞動關係。事實上的勞動關係與勞動關係相比，僅僅是欠缺了書面合同這一形式要件，但並不影響勞動關係的成立。[1] 勞動關係有如下特點：

（1）主體雙方具有平等和隸屬性。勞動關係成立前，勞動者與用人單位是平等的主體，對是否建立勞動關係，以及建立勞動關係的條件、內容等問題，雙方可在平等自願、協商一致的基礎上依法確定。勞動關係建立後，勞動者是用人單位的職工，處於提供勞動力的被領導地位；用人單位則成為勞動力使用者，處於管理勞動者的領導地位，雙方形成領導與被領導的隸屬關係。

（2）它具有在社會勞動過程中形成和實現的特徵。勞動法律關係的基礎是勞動關係。只有在將勞動者與用人單位提供的生產資料相結合以實現社會勞動的過程中，才可能形成勞動者與用人單位之間的法律關係。實現社會勞動過程，也就是勞動法律關係得以實現的過程。勞動過程形成和實現勞動法律關係，使勞動法律關係與市場、流通過程中形成和實現的民事法律關係區別開來。

（3）勞動法律關係的要素包括：①主體。勞動法律關係的主體一方是勞動者，另一方是用人單位。勞動者指勞動力所有者，包括所有自願參加社會勞動的公民。用人單位指生產資料的所有者或經營管理者，在中國包括企業、個體經濟組織和一定範圍中的國家機關、事業單位、社會團體。②內容。即指勞動法律關係的主體雙方依法享有的權利和承擔的義務。③客體。即勞動法律關係主體雙方的權利與義務共同指向的對象，也即勞動者的勞動行為。

2. 雇傭關係與勞務關係

雇傭關係是指受雇人（雇員）利用雇傭人（雇主）提供的條件，在雇傭人的指示、監督下，以自身的技能為雇傭人提供勞務，並由雇傭人提供報酬的法律關係。它的特點是：

（1）它的主體雙方具有平等性，沒有隸屬性。雇傭法律關係主體之間是平等的法律關係，雇傭法律關係的產生、變更和消失以及履行，均是平等的，沒有管理與被管理的隸屬關係。

（2）它具有以當事人意思為主導的特徵。作為雇傭法律關係，它的產生、變更和消失，以當事人的意思表示為標誌，體現了當事人的意思自治，國家基本不干預。

（3）它主要是在流通領域發生的關係，而不是在社會勞動過程中發生的關係。它

---

[1] 張善秀. 對中國目前存在的幾種用人關係之分析 [J]. 商場現代化, 2006 (20).

的要素包括：①主體。雇傭法律關係的主體，不僅包括自然人，也包括法人、合夥、國家、外國組織以及其他特殊組織（包括非法人組織、清算組織等）。②內容。它的內容，即權利與義務，具有廣泛性。③客體。既包括行為，也包括物、智力成果及與人身不可分離的非物質利益（人格和身分）。

勞務關係是勞動者與用工者根據口頭或書面約定，由勞動者向用工者提供一次性的或者是特定的勞動服務，用工者依約向勞動者支付勞務報酬的一種有償服務的法律關係。勞務關係的特徵：一是雙方所產生的社會關係是完全平等的民事法律關係；二是提供勞務的一方取得報酬是以勞動結果為準；三是勞務關係中提供勞務的一方自行承擔風險。在勞務合同中，勞務提供人與勞務接受人約定，由受雇人向勞務接受人直接提供勞務，勞務接受人向勞務提供人支付勞務費，勞務接受人在接受勞務的過程中應當提供適當的勞動保護和勞動條件。如果受雇人向勞務接受人提供的勞務不符合勞務合同的約定，勞務提供人應當向勞務接受人承擔違約責任。

二、勞動關係的法律特徵

勞動法所規定的勞動關係主要有以下三個法律特徵：
（1）勞動關係是在現實的勞動過程中發生的關係，與勞動者有著直接的聯繫。
（2）勞動關係的雙方當事人，一方是勞動者，另一方是提供生產資料的勞動者所在單位，如企業、事業單位、政府部門等。
（3）勞動關係的一方勞動者要成為另一方所在單位的成員，並遵守單位的內部勞動規則。[①]

三、勞動關係的基本內容

勞動關係所包括的基本內容有：勞動者與用人單位之間在工作時間、休息時間、勞動報酬、勞動安全衛生、勞動紀律與獎懲、勞動保險、職業培訓等方面形成的關係。此外，與勞動關係密不可分的關係還包括勞動行政部門與用人單位、勞動者在勞動就業、勞動爭議和社會保險等方面的關係，工會與用人單位、職工之間履行工會的職責和職權，代表和維護職工合法權益而發生的關係等。

四、勞動關係的重要性

勞動關係的重要性，是由其在企業管理中的關鍵作用決定的。管理者深刻地理解勞動關係並能夠正確地處理這方面的問題，可以獲得以下幾個方面的好處：
1. 能夠提高企業的盈利能力
罷工、勞動生產率低、關鍵員工跳槽等都是對企業盈利優勢的明顯破壞。而這些問題的避免有得於提高企業的盈利能力。
2. 有利於管理者的能力提高
如果某一個管理者所管轄的單位或部門經常出現勞動關係糾紛，或者某一起糾紛

---

① 張德. 人力資源開發與管理 [M]. 北京：清華大學出版社, 2001：293.

引起了極為嚴重的後果，那就說明這位管理者的管理能力有問題，管理績效就會受到不良影響。它也說明這位管理者缺乏人力資源管理技術。在人力資源管理越來越受到重視的今天，如何處理好勞動關係已經是管理者職業發展的關鍵。

3. 能夠幫助避免糾紛，或有效地處理糾紛

建立並保持良好的勞動關係，可以使員工在一個心情愉快的環境中工作，即使出現一些問題或糾紛也能夠較好地解決，避免事態的擴大。

4. 有助於處理日常管理中的許多問題

管理人員具備了勞動關係的理念和技能，在面臨很多現實的管理問題時，就能夠正確地認識這些問題，並以恰當的思路來解決它們。

五、勞動人事法規政策

1. 《中華人民共和國勞動法》

勞動法（Labour Law），是調整勞動關係以及與勞動關係密切聯繫的社會關係的法律規範的總稱。這些法律條文規定工會、雇主及雇員的關係，並保障各方面的權利及義務。中國的勞動法是《中華人民共和國勞動法》，於1995年1月1日起施行。《中華人民共和國勞動法》包括13章，分別是總則、促進就業、勞動合同和集體合同、工作時間和休息休假、工資、勞動安全衛生、女職工和未成年工特殊保護、職業培訓、社會保險和福利、勞動爭議、監督檢查、法律責任、附則。勞動法的制定是為了保護勞動者的合法權益，調整勞動關係，建立和維護適應社會主義市場經濟的勞動制度，促進經濟發展和社會進步。

2. 《中華人民共和國勞動合同法》

《中華人民共和國勞動合同法》是在2007年6月29日由第十屆全國人民代表大會常務委員會第二十八次會議通過，並由中華人民共和國主席令發布的關於勞動合同的法律條文。《中華人民共和國勞動合同法》自2008年1月1日起施行。勞動合同法共分8章98條，包括：總則、勞動合同的訂立、勞動合同的履行和變更、勞動合同的解除和終止、特別規定、監督檢查、法律責任、附則。勞動合同法是規範勞動關係的一部重要法律，在中國特色社會主義法律體系中屬於社會法。[1] 勞動合同法的制定是為了完善勞動合同制度，明確勞動合同雙方當事人的權利和義務，保護勞動者的合法權益，構建和發展和諧穩定的勞動關係。

3. 《中華人民共和國勞動合同法實施條例》

為了貫徹實施《中華人民共和國勞動合同法》而制定的《中華人民共和國勞動合同法實施條例》於2008年9月3日國務院第二十五次常務會議通過，2008年9月18日公布，自公布之日起施行。本條例共分為總則、勞動合同的訂立、勞動合同的解除和終止、勞務派遣特別規定、法律責任、附則六部分。本條例要求各級人民政府和縣級以上人民政府勞動行政等有關部門以及工會等組織，應當採取措施，推動勞動合同法的貫徹實施，促進勞動關係的和諧。

---

[1] 百度百科：勞動合同法［OL］. http://baike.baidu.com/view/1027506.htm.

4.《中華人民共和國就業促進法》

2007年8月30日由第十屆全國人民代表大會常務委員會第二十九次會議通過，以中華人民共和國主席令第七十號發布，自2008年1月1日起施行。為了促進就業，促進經濟發展與擴大就業相協調，促進社會和諧穩定，制定了《中華人民共和國就業促進法》。作為一部與民眾利益密切相關的法律，就業促進法在起草之初就受到社會各界的廣泛關注。人們期待這部法律的制定和實施能為擴大就業、發展和諧勞動關係帶來福音。歷經三次審議，反覆修改，就業促進法正式出抬。禁止就業歧視、扶助困難群體、規範就業服務和管理等諸多人們關心的就業問題在這部法律中都有體現。就業促進法的制定是為了促進就業，促進經濟發展與擴大就業相協調，促進社會和諧穩定。

5.《中華人民共和國勞動爭議調解仲裁法》

為了公正及時解決勞動爭議，保護當事人合法權益，促進勞動關係和諧穩定，中華人民共和國第十屆全國人民代表大會常務委員會第三十一次會議於2007年12月29日通過《中華人民共和國勞動爭議調解仲裁法》，自2008年5月1日起施行。調解仲裁法的制定是為了公正及時地解決勞動爭議，保護當事人的合法權益，促進勞動關係和諧穩定。

第二節　勞動者的地位與權益

一、勞動者的地位

勞動者是企業生產經營活動的主體，是企業財富的創造者，也是社會財富的創造者。任何一個企業或事業單位，沒有全體勞動者的努力工作，是無法達到組織目標，實現其經濟效益和社會效益的。因此，勞動者在企業內處於主體地位，而經營管理者則處於主導地位，二者相輔相成，缺一不可。

在中國，勞動者是國家的主人，在整個社會行使當家做主的權利，在企業內部享有法定的民主權利，在全民所有制和其他公有制企業中，職工享有主人翁的地位和權利。

二、勞動者的權利

中國的勞動法規定了勞動者在勞動關係中的各項權利，其主要的權利如下：

1. 勞動者有平等就業和選擇職業的權利

第一，勞動者有平等就業的權利。勞動權也稱勞動就業權，是指具有勞動能力的公民有獲得職業的權利。勞動是人們生活的第一基本條件，是一切物質財富、精神財富的源泉。它是有勞動能力的公民獲得參加社會勞動和切實保證按勞取酬的權利。公民的勞動就業權是公民所有的各項權利的基礎，如果公民的勞動權不能實現，其他一切權利也就失去了基礎和意義。

第二，勞動者有選擇職業的權利。勞動者選擇職業的權利是指勞動者根據自己意

願選擇適合自己才能的、自己喜好的職業。勞動者擁有自由選擇職業的權利，有利於勞動者充分發揮個人的特長，促進社會生產力的發展。

2. 勞動者有取得勞動報酬的權利

取得勞動報酬是公民的一項重要的權利。中國《憲法》明文規定的各盡所能、按勞分配的原則，是中國經濟制度的重要組成部分。《憲法》還規定，實行男女同工同酬，國家在發展生產的基礎上，提高勞動報酬和福利待遇。

3. 勞動者享有休息休假的權利

中國《憲法》規定，勞動者有休息的權利，國家建設和發展勞動者休息和休養的設施，規定職工的工作時間和休假制度。中國《勞動法》規定的休息時間包括工作間隙、兩個工作日之間的休息時間、公休日、法定節假日以及年休假、探親假、婚喪假、事假、生育假、病假等。

4. 勞動者有獲得勞動安全衛生保護的權利

勞動安全衛生保護，是保護勞動者的生命安全和身體健康，是對享受勞動權利的主體切身利益最直接的保護。這包括防止工傷事故和職業病。如果勞動保護欠缺，其後果不是某些權益的喪失，而是勞動者健康和生命直接受到傷害。目前中國已制定了大量的關於勞動安全保護方面的法規，形成了安全技術法規制度、職業安全衛生行政管理制度以及勞動保護監督制度。

5. 勞動者有接受職業技能培訓的權利

中國《憲法》規定，公民有受教育的權利和義務。受教育既包括受普通教育，也包括受職業教育。公民要實現自己的勞動權，必須擁有一定的職業技能，而要獲得這些職業技能，則越來越依賴於專門的職業培訓。因此，勞動者若沒有職業培訓權利，勞動就業權就成為了一句空話。

6. 勞動者有享受社會保險和福利的權利

疾病、年老等是每一個勞動者都不可避免的。社會保險是勞動力再生產的一種客觀需要。中國勞動保險包括生育、養老、疾病、傷殘、死亡、待業、供養直系親屬等。

7. 勞動者有提請勞動爭議處理的權利

勞動爭議指勞動關係當事人因執行勞動法或履行集體合同和勞動合同的規定引起的爭議。勞動關係當事人，作為勞動關係的主體，各自存在著不同的利益，雙方不可避免地會產生分歧。用人單位與勞動者發生勞動爭議，勞動者可以依法申請調解、仲裁、提起訴訟。勞動調解委員會由用人單位、工會和職工代表組成。勞動仲裁委員會由勞動行政部門的代表、同級工會、用人單位代表組成。解決勞動爭議應貫徹合法、公正、及時處理的原則。

8. 法律規定的其他勞動權利

其他勞動權利是根據勞動法相關法規和有關地方法規而具體化的勞動權利。

管理者必須認識到，這些權利是勞動者生存、發展、提高勞動水準的必備條件，對用人單位與勞動者自己都是有利的。

三、工會、職代會的地位和作用

1. 工會

中國的工會組織與西方國家的工會組織是不同的。在西方國家，勞動者完全處在勞動力市場之中。勞動者尋求工作與勞動力市場的供求狀況關係很大。勞動者與雇主直接存在著討價還價的關係，而且勞動者在討價還價中處於劣勢地位。因此，雇員用來抵消資方討價還價的力量來自於聯合起來的工會。在討價還價中，工會的作用是代表勞動者的利益，平衡雇主的經濟實力。在中國，工會是職工自願結合的工人階級的群眾組織。中國的《工會法》規定，工會應組織和教育職工依照憲法和法律的規定行使民主權利，發揮國家主人翁的作用，通過各種途徑和形式，參與管理國家事務，管理經濟和文化事業，管理社會事務；協助人民政府開展工作，維護工人階級領導的、以工農聯盟為基礎的人民民主專政的社會主義國家政權。

按照中國《工會法》的規定，工會在企業管理特別是維護職工的合法權益方面應起積極的作用。目前，工會在企業的民主管理、參政議政、廠務公開等方面發揮了積極的推動作用。

2. 職工代表大會

實行職工代表大會制度是中國國有企業的另一特點。依照有關企業職工代表大會條例，職工代表大會的基本職權有以下五項：

第一，定期聽取廠長（總經理）的工作報告，審議企業的經營方針、長遠和年度計劃、重大技術改造和技術引進計劃、職工培訓計劃、財務預決算、自有資金分配和使用方案，提出意見和建議，並就上述方案的實施做出決議。

第二，審議通過廠長（總經理）提出的企業的經濟責任制方案、工資調整計劃、獎金分配方案、勞動保護措施方案、獎懲辦法及其他重要的規章制度。

第三，審議決定職工福利基金使用方案、職工住宅分配方案和其他有關職工生活福利的重大事項。

第四，評議、監督企業各級領導幹部，並提出獎懲和任免的建議。

第五，主管機關任命或者免除企業行政領導人員的職務時，必須充分考慮職工代表大會的意見。

總之，在中國的企業勞動關係中，工會和職工代表大會在確保勞動者的權益得以實現方面起著非常重要的作用。

第三節　勞動爭議及處理

一、勞動爭議概述

1. 勞動爭議的概念

勞動爭議指用人單位和勞動者之間因勞動權利和勞動義務所發生的糾紛。[①] 目前，中國有關勞動爭議的法律法規主要有《企業勞動爭議處理條例》、《企業勞動爭議調解委員會組織及工作規則》、《勞動爭議仲裁委員會辦案規則》、《最高人民法院關於審理勞動爭議案件適用法律若干問題的解釋》等。

2. 勞動爭議的種類

（1）終止勞動關係的勞動爭議，指企業開除、除名、辭退職工或職工辭職、離職而發生的勞動爭議。

（2）執行勞動法規的勞動爭議，指企業和勞動者之間因執行國家有關工資、保險、福利、培訓、勞動保護規定而發生的爭議。

（3）履行勞動合同的勞動爭議，指企業和勞動者之間因執行、變更、解除勞動合同而發生的爭執。

（4）其他勞動爭議。

二、解決勞動爭議的基本原則

在勞動關係的發展中，勞動關係各方出現矛盾是不可避免的。正確地處理勞動爭議，是維護和諧的勞動關係，發揮人力資源潛力的重要方面。在處理勞動關係中的矛盾時，雙方都應遵循一定的原則。

1. 調解和及時處理的原則

用人單位和勞動者發生勞動爭議，當事人可以依法申請調解、仲裁、提起訴訟，也可以協商解決。調解是指在雙方當事人自願的前提下，由勞動爭議處理機構在雙方之間進行協調和疏通，目的在於促使爭議雙方相互諒解，達成協議，從而結束爭議的活動。

處理勞動爭議，應遵循及時處理的原則。勞動爭議案件具有特殊性，它關係到職工的就業、報酬、勞動條件等切身利益問題，如不及時迅速地予以處理，勢必影響職工的生活和生產秩序的穩定。勞動法規定，提出仲裁要求的一方應當自勞動爭議發生之日起60日內向勞動仲裁委員會提出書面申請。仲裁裁決一般應在收到仲裁申請的60日內做出。

2. 在查清事實的基礎上依法處理的原則，即合法原則

勞動爭議處理機構應當對爭議的起因、發展和現狀進行深入細緻的調查，在查清

[①] 陳維政，餘凱成，程文文. 人力資源管理 [M]. 北京：高等教育出版社，2006：357.

事實、明辨是非的基礎上，依據勞動法規、規章和政策做出公正處理。達成的調解協議、做出的裁決和判決不得違反國家現行法規和政策規定，不得損害國家利益、社會公共利益或他人合法權益。

　　3. 當事人在適用法律上一律平等的原則，即公正的原則

　　這一原則包含兩層含義：一是勞動爭議雙方當事人在處理勞動爭議過程中法律地位平等，平等地享有權利和履行義務，任何一方都不得把自己的意志強加於另一方；而勞動爭議處理機構應當公正執法，保障雙方當事人行使權利，對當事人在適用法律上一律平等，不得偏袒或歧視任何一方。

三、解決勞動爭議的途徑和方法

　　勞資雙方在解決勞動爭議時，除了遵循以上原則外，還要通過一定的途徑，採用合適的解決方法。根據勞動法的規定，中國目前的勞動爭議處理機構為勞動爭議調解委員會、勞動爭議仲裁委員會和人民法院。這是解決勞動爭議的三個現實的渠道。

　　1. 通過勞動爭議委員會進行調解

　　根據勞動法的規定，在企業內部可以設立勞動爭議調解委員會。勞動爭議調解委員會由職工代表、用人單位代表和工會代表三方組成。其調解活動是群眾自我管理、自我教育的活動，具有群眾性和非訴性的特點。

　　勞動爭議調解委員會調解勞動爭議一般應遵循以下步驟：

　　(1) 申請：指勞動爭議當事人以口頭或書面方式向本單位勞動爭議委員會提出調解的請求，由其當事人自願申請。

　　(2) 受理：指勞動爭議調解委員會接到當事人的調解申請後，經過審查，決定接受申請的過程。受理包括三個過程：第一，審查。即審查發生爭議的事項是否屬於勞動爭議，只有屬於勞動爭議的糾紛事項才能受理；第二，通知並詢問另一方當事人是否願意接受調解，只有雙方當事人都同意調解，調解委員會才能受理；第三，決定受理後，應及時通知當事人做好準備，並告知調解時間、地點等事宜。

　　(3) 調查：經過深入調查研究，瞭解情況，掌握證據材料，弄清爭議的原委，以及調解爭議的法律政策依據等。

　　(4) 調解：調解委員會召開準備會，統一認識，提出調解意見；找雙方當事人談話；召開調解會議。

　　(5) 製作調解協議書：經過調解，雙方達成協議，即由調解委員會製作調解協議書。

　　2. 通過勞動爭議仲裁委員會進行裁決

　　勞動爭議仲裁委員會是依法成立的、獨立行使勞動爭議仲裁權的勞動爭議處理機構。它以縣、市、市轄區為單位，負責處理本地區發生的勞動爭議。

　　以仲裁的方式來解決勞資雙方發生的勞動爭議在世界各國是比較普遍的一種方式。勞動爭議仲裁委員會由勞動行政主管部門、同級工會、用人單位三方代表組成，勞動爭議仲裁委員會主任由勞動行政主管部門的負責人擔任。勞動行政主管部門的勞動爭議處理機構為仲裁委員會的辦事機構，負責辦理仲裁委員會的日常事務。勞動爭議仲

裁委員會是一個帶有司法性質的行政執行機關，其生效的仲裁決定和調解書具有法律強制力。

在勞動爭議仲裁中應該遵循以下三個原則：

第一，調解原則。先行調解，調解無效再及時仲裁。

第二，及時、迅速原則。勞動爭議仲裁委員會必須嚴格依照法律規定的期限結案，即「仲裁裁決一般應在收到仲裁申請的60日內做出」。

第三，一次裁決原則。勞動爭議仲裁委員會對每一起勞動爭議案件實行一次裁決即行終結的法律制度。當事人不服裁決的，可在收到仲裁書之日起15日內，向有管轄權的人民法院起訴。期滿不起訴的，仲裁決定書即發生法律效力。

勞動爭議仲裁一般分為五個階段：

第一階段：受理案件階段；

第二階段：調查取證階段；

第三階段：調解階段；

第四階段：裁決階段；

第五階段：執行階段。

3. 通過人民法院處理勞動爭議

人民法院並不處理所有的勞動爭議，只處理如下範圍內的勞動爭議案件：

第一，爭議事項範圍：因履行和解除勞動合同發生的爭議；因執行國家有關工資、保險、福利、培訓、勞動保護的規定發生的爭議；法律規定由人民法院處理的其他勞動爭議。

第二，企業範圍：國有企業；縣（區）屬以上城鎮集體所有制企業；鄉鎮企業；私營企業；「三資」企業。

第三，職工範圍：與上述企業形成勞動關係的勞動者；經勞動行政機關批准錄用並已簽訂勞動合同的臨時工、季節工、農民工；依據有關法律、法規的規定，可以參照本法處理的其他職工。

人民法院受理勞動爭議案件的條件是：

第一，勞動關係當事人之間的勞動爭議，必須先經過勞動爭議仲裁委員會仲裁。

第二，必須是在接到仲裁決定書之日起15日內向人民法院起訴的，超過15日，人民法院不予受理。

第三，屬於受訴人民法院管轄。

四、勞動協商與談判

1. 勞動協商與談判的模式

在勞動力市場中，供需雙方（在西方即為勞資雙方）討價還價的格局形成了雙方的協商與談判。勞資雙方協商與談判的主要內容是圍繞著工資標準、勞動條件、解雇人數，還有其他有關職工的權益問題。勞資雙方的代表，一方是勞動者代表即工會，另一方是雇主。從勞資協商與談判的整體模式上來看，目前國際上主要有三種基本模式。在此以工資水準的協商與談判為例作簡要介紹：

（1）要由國家宏觀層次上的勞資雙方談判決定。這種談判的模式主要在新加坡、奧地利、挪威、瑞典等國家施行。

（2）主要由產業中觀層次勞資雙方談判決定。這種談判模式主要在德國、荷蘭、瑞士等國家施行。

（3）主要由企業微觀層次勞資雙方談判決定。這種談判模式主要在英國、加拿大、美國、法國、義大利、新西蘭、澳大利亞、日本等國家施行。

2. 中國勞動協商制度的發展趨勢

隨著中國勞動力市場的逐步建立和完善，也應逐步建立和完善勞動協商談判制度，以確保企業和職工雙方的權益均受到尊重，使所有的企業經營者同所有的職工群眾之間，形成一種正常的、民主的新型工資分配協調機制，從而使企業內部分配關係達到協調發展，以利於調動、發揮和保護職工群眾的勞動積極性。

在中國的社會環境下，勞資雙方協商與談判主要以企業內部勞動協商為主。協商的雙方，一方為工會，另一方為企業經營者。協商談判的內容主要有：①職工工資、福利增長幅度；②工資結構如基本工資、獎金、補貼結構、工資的年齡結構、工資的崗位結構等。雙方達成的協議主要由企業行政負責履行，工會（或職代會）監督企業行政履約。

隨著社會主義市場經濟的發展，企業內部勞動協商所要解決的勞動關係問題也應該逐步擴大範圍，諸如用工與辭退工人、解雇工人、工作時間及休假、補充保險與職工福利、勞動保護等。協商談判的層次也可以逐漸由微觀的企業雙方擴大到中觀層次等。

第四節　勞動關係的熱點問題

中國社會主義市場經濟體制還在建設之中，發展還不是很成熟，在勞動關係方面仍有許多需要逐步健全的地方。以下幾個方面是需要我們特別注意的：

一、勞動保護與社會保障

1. 勞動保護

勞動保護，是為了保護勞動者在勞動過程中的安全和健康所採取的各種技術措施和組織措施的總稱。勞動保護的主要任務有：

第一，保證安全生產——採取各種有效的措施，減少和消除勞動中的不安全、不衛生因素，改善職工的勞動條件，滿足其安全需要。

第二，實現勞逸結合——採取各種必要措施，使職工有勞有逸，保證勞動者休息和娛樂。

第三，實行女工保護——由於生理特徵的不同，女工需要實行特殊的保護措施和條件。

第四，組織工傷救護——保證勞動者一旦發生工傷事故，立即得到良好的治療。

做好職業中毒和職業病的預防工作和救治工作。

2. 社會保障

社會保障的主要內容包括：基本養老保險、失業保險、基本醫療保險、工傷保險、生育保險等社會保險。過去，在計劃經濟體制下，這些都是由企業直接負擔的。現在社會主義市場經濟逐步將這些保險社會化。但是目前社會保障制度才剛剛開始建立，有許多不完善的地方，需要我們不斷地探討。

二、懲處的公平

1. 懲處的基本概念

懲處的目的是促使員工在工作中行為審慎。在這裡「審慎的」行為被界定為遵守規章制度。在組織中，規章制度的作用與法律在社會上的作用一樣。當員工違反這些規章制度時，組織就要給予恰當的紀律處分。一個公平而恰當的紀律處分程序基於三個前提：一是規章制度；二是逐步漸進的處罰制度；三是申訴程序。

2. 懲處準則

懲處的第一準則是保證你的懲處行動被認為是公平的，因此有必要由一位公正的仲裁人來批准。仲裁人在確定你的懲處行動是否有「正當理由」時可能要遵照以下準則：

第一，紀律應當與管理人員對同樣事件的一般反應方式一致。

第二，仲裁人應當讓員工對制定任何規定程序的內在原因提出質詢。

第三，調查應當得到能充分證明行為不當的證據。

第四，實用的規定、程序或懲處應得到公平的、沒有差別的實施。

第五，懲處應當與錯誤的性質、程序以及犯錯誤的員工過去的歷史相匹配。

除了以上準則之外，還應該考慮下面一些準則：

一是互相商議的權利；

二是不要讓你的下屬失去尊嚴，保全面子的需要；

三是提供證據是你的義務；

四是要抓住事實；

五是在生氣的時候不要行動。

三、辭職與解雇

1. 解雇的概念

解雇指員工與企業的雇傭關係的非自願性終止。解雇是企業對員工最嚴厲的紀律處分，因此，它也是應慎重採用的手段。具體講，解雇應當是正當的、有充分理由的。而且，只有在採取了所有幫助改善或挽救該員工的適當步驟均告無效的情況下才應採取解雇手段。

2. 解雇的原因

解雇的原因可分為工作業績不合要求、行為不當、缺乏從事本職工作的資格、工作要求改變等幾種類型。

工作績效不合要求可界定為一直沒有完成指定任務或一直不符合規定的工作標準。具體的原因包括曠工過多、行動遲緩、一直不符合額定的工作要求，或對公司、主管或同事持反感的態度。

行為不當可界定為蓄意、有目的地違反企業的規定，可能包括偷盜、吵鬧和不服從。

缺乏從事本職工作的資格界定為某員工雖然很勤奮但沒有能力從事企業指定的工作。通過培訓後，該員工仍無法承擔所擔任的工作時，企業才不得已而解雇。

工作要求改變可界定為在工作性質改變以後，員工沒有能力從事指定的工作。同樣，在其本職工作被淘汰時，員工可能會被解雇。這裡再強調一下，該員工可能很勤奮，工作也很努力。因此，如果有可能的話，企業應該盡力留住這個員工，設法給他（她）調動工作。

不服從指故意藐視或不服從上司的正確領導或正當的指揮。

3. 解雇的程序

如果發生解雇，在制定解雇程序時應遵循以下步驟：

一是在採取任何最後行動之前，進行警告。必須讓員工知道他或她的工作業績不合要求，或存在其他原因。

二是確認已經以書面的形式提出了最後的警告。

三是做好解雇前的工作交接準備。

四是預測被解雇人的反應，避免其發生過激的行為。

五是注意其他人員對解雇行為的反應，做好溝通工作。

六是實施解雇前的談話。

七是辦理解雇手續。

4. 辭職

辭職，也稱為隨意終止，指勞動關係可以由雇主或雇員因任何原因而隨意終止。也就是說，勞動關係可以由雇主或雇員任何一方隨意終止。在終止雙方的勞動關係時，無論誰提出來，首先是按照國家有關法律法規辦理辭職手續，其次是根據雙方的勞動協議辦理辭職手續。

四、退休

退休是一個人停止自己工作的時間，通常在 60～65 歲之間。但由於企業實行的提前退休激勵方案，現在，提前退休的人越來越多。退休是一種苦樂交織的體驗，一方面，退休是一個人職業生涯的終點，他（她）可以休養，享受他們的勞動成果，不必再為工作操心；而另一方面，他們要面對一種新的生活，突然閒在家裡，無事可做，在心理上會有失落感。企業在處理員工的退休問題上，不應該只是簡單地辦理退休手續，而是應積極開展退休前後的一系列工作，使退休人員順利完成這一關鍵的轉折。一般來講，企業應該注重兩個方面的工作，一個是退休前的諮詢服務，為即將退休的員工解答有關問題，排除心理障礙；另一個就是成立離退休辦公室，負責組織退休人員的有關活動，豐富他們的退休生活。

本章小結

本章主要內容是勞動關係管理。首先闡述了勞動關係的基本概念和內容，介紹了中國有關勞動關係的一些法律法規，比如《中華人民共和國勞動法》、《中華人民共和國勞動合同法》和《中華人民共和國勞動合同法實施條例》等五個法律文件；其次闡明了勞動者的權利和義務；接著論述了中國目前對勞動關係起著非常重要作用的組織形式——工會和職代會；闡明了工會和職代會的主要職責和作用；最後論述了勞動糾紛、爭議和衝突的處理原則、過程和方法。

關鍵概念

1. 勞動關係　2. 勞動法　3. 勞動合同法　4. 工會、職代會
5. 勞動糾紛　6. 勞動爭議　7. 勞動爭議仲裁　8. 勞動保護

本章思考題

1. 勞動關係的概念是什麼？勞動關係的內容是什麼？
2. 請論述勞動關係的主要作用，它與企業人力資源管理的關係是什麼？
3. 中國目前的勞動人事法規有哪些？
4. 勞動爭議的基本概念是什麼？如何解決勞動爭議？
5. 勞動關係的熱點問題有哪些？

案例分析

外資公司員工是否享有探親假的權利？[1]

黎某和妻子均是碩士研究生，畢業後兩人被分回原籍杭州，共同在當地的某科研機構從事科研工作。1997年，北京的某外商獨資公司向黎某發來邀請函，高薪聘請黎某到該公司工作。黎某徵得妻子同意後，只身一人來到了北京，與外資公司簽訂了五年的勞動合同，擔任了該公司的總工程師，工作了一年多，也沒回家探望過妻子。

2001年春節前夕，黎某找到公司總經理：「我想回杭州和妻子一起過春節，順便把今年的探親假休完後，再回來上班。」

「探親假？什麼探親假？咱們是外資公司，沒有國有企業中那些亂七八糟的這假那假。本公司只遵守《勞動法》的規定，因為《勞動法》中沒有規定探親假，所以本公

---

[1] 非國有企業或公司有義務給員工探親假嗎？［OL］. http://blog.hr.com.cn/index.php/action-viewknowledge-itemid-221401.html.

司沒有探親假。」黎某看到總經理態度非常堅決，也沒敢再繼續要求，打算回杭州休完7天春節假，就回來上班。

回到杭州，黎某把公司沒有探親假一事告訴了妻子，妻子感到很納悶：「我聽說有些外資公司也是有探親假的呀，為什麼你們公司沒有呢？」

第二天是大年初一，夫妻倆一起騎車去看望黎某的父母。不料，在路上，妻子被一輛超速行駛的汽車撞倒，造成左腿骨折，住進了醫院。

春節假期過後，黎某與公司總經理通了電話，先把妻子受傷之事說了，然後，他又一次提出他應該享受探親假，並告訴總經理，他為了在醫院照顧妻子，現在就要休30天的探親假。總經理再一次重申，本公司沒有探親假。他要照顧妻子，只能按事假處理。

一個月後，黎某回到了北京，發現公司果然對他按事假進行處理，停發了一個月工資。無奈，黎某向市勞動爭議仲裁委員會，提出了仲裁申請，主張自己有享受探親假的權利，要求公司補發他一個月工資。

案例思考題

1. 你認為該外資公司是否應該設立探親假？為什麼？
2. 勞動爭議仲裁委員會應該如何解決這一爭議？

國家圖書館出版品預行編目（CIP）資料

人力資源管理 / 沈遠平 編著. -- 第一版.
-- 臺北市：財經錢線文化發行：崧博, 2019.12
　　面；　公分
POD版

ISBN 978-957-735-950-6(平裝)

1.人力資源管理

494.3　　　　　　　　　　108018083

書　　名：人力資源管理
作　　者：沈遠平 編著
發 行 人：黃振庭
出 版 者：崧博出版事業有限公司
發 行 者：財經錢線文化事業有限公司
E-mail：sonbookservice@gmail.com
粉絲頁：　　　　　網址：
地　　址：台北市中正區重慶南路一段六十一號八樓 815 室
8F.-815, No.61, Sec. 1, Chongqing S. Rd., Zhongzheng Dist., Taipei City 100, Taiwan (R.O.C.)
電　　話：(02)2370-3310　傳　真：(02) 2388-1990
總 經 銷：紅螞蟻圖書有限公司
地　　址：台北市內湖區舊宗路二段 121 巷 19 號
電　　話：02-2795-3656　傳真：02-2795-4100　　網址：
印　　刷：京峯彩色印刷有限公司（京峰數位）

　本書版權為西南財經大學出版社所有授權崧博出版事業股份有限公司獨家發行電子書及繁體書繁體字版。若有其他相關權利及授權需求請與本公司聯繫。

定　　價：320 元
發行日期：2019 年 12 月第一版
◎ 本書以 POD 印製發行